讓錢自己長！
你不是缺錢，只是沒種創業
陳亞輝 著

無本商機

另類思維賺大錢

BUSINESS OPPORTUNITIES

從零開始賺大錢，那些不可思議的創業點子

創業不需要大量資本，只需發揮自身優勢和獨特思維，
即可在競爭激烈的市場中脫穎而出！
具體操作指南和成功故事幫助你掌握創業技巧，激發
他們的創業熱情和實踐能力，成為成功的創業者！

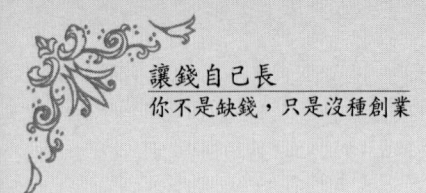

目錄

前言 vi

第一章
創業要趁早，大學校園裡商機無限　　001

影片履歷，新潮求職開啟成功之門.................002
DIY餐廳，自己動手其樂無窮..........................006
夏日「冰心」，為愛情解渴..............................010
多動腦筋，小小影印店也賺錢.........................014
賣考研教材，落榜考生賣出滾滾財源..............016
集腋成裘，校園租書也賺錢.............................017
學習用具轉賣，轉出大筆財富.........................019
籃球高手，打籃球也能玩出財富.....................020
兼職人力銀行，為人牽線搭橋賺錢.................022
影印資料，考試臨近錢也來了.........................023
生日吧，別人生日我賺錢.................................024
數位產品保養，低成本生意也賺錢.................026
女大學生開服裝廠，有夢想就了不起..............027
課餘擺攤，我是這樣月入兩萬.........................030

第二章
一無所有不可怕，敢想敢做空手也能套白狼　　033

CONTENTS

空手租店面 034

租空地開夜市，沒錢也當老闆 038

替人摘椰子，爬樹也賺錢 041

嚇出來的商機――賣寵物籠小賺一筆 049

許以好處――木匠翻身變老闆 050

賣人氣，湊熱鬧人多鈔票多 051

看護開養老院，我把愛心變成財富 053

農村孩子都市賣蚯蚓，無本生意賣出即獲利 056

老年人活動中心，賺樂活錢 059

替人接送小孩上下學，好信譽帶來好收入 060

外地工作者廣告隊，利用別人的閒置時間賺錢 062

「三顧豪門」，一紙創業書換來千萬財富 063

第三章
奇思妙想，好點子帶來好生意　　　　　　**067**

做廠刊，出色服務贏得大筆財富 068

成人禮：你長大，我賺錢 072

幫老闆收集新聞，資訊也有價 075

特價商品轉賣，轉出滾滾財源 086

留名牆：給別人留名，為自己添財 093

換個位置，俄羅斯工藝品迂回的財富戰術 097

為鞋穿「襪子」，在社區賣寧靜 101

變老照相館，最浪漫的事就是和你一起慢慢變老 109

恐怖廣告：越恐怖越賺錢 115

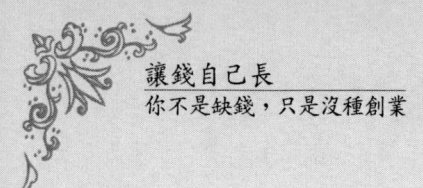

主動辭職開瓷器店，闖出新天地 116
翱翔藍天，空中「飛」來財富 121
面具相親大會，讓大齡未婚青年告別羞答答 125
情感腳踏車，只租不賣 129
穿上求愛 T 恤，大膽推銷愛情 132
牆上種花，另類創業財源滾滾 135
同名俱樂部，賺不同人的錢 139
培訓準爸爸，圓了財富夢 144
另類父愛，週末爸爸開啟成功之門 148
小小幸福袋裡的大財富 153

第四章
發揮自身優勢，特殊技藝成攬金高手　　165

翻譯族譜，故紙堆裡翻出的成功 166
為高樓大樓「戴綠帽」，農大學生勇闖財富路 170
無心插柳，年輕人開家庭餐廳圓了房車夢 174
教老人使用現代化家電，另類「教學」也賺錢 179
老外開 WC，堅持自我有「錢途」 185
時尚女孩：我的裸露裝紅了 189
手指舞：巧手百變舞出滾滾財源 192
變廢為寶，裝修廢物搖身成搶手兒童玩具 196
為孩子順奶，匯出大事業 200
孕婦裝到母子裝，形變情不變 204
化相親妝讓有情人終成眷屬 208

CONTENTS

陪人相親,「十五瓦燈泡」點亮財富之燈..................217
把水果當裝飾品擺放,擺出滾滾財源..................221
從業務員到兩千五百萬身家的公司老闆..................225
愛書女孩,修書賺了五百萬..................230
打大肚皮主意,在大肚皮上做廣告的女孩賺了五百萬............235

前言

或許您已經到了而立之年,卻一無所有;或許您不甘心為別人打工,想幹一番自己的事業;或許您早有創業想法卻找不到方向。別沮喪,先看下面一則故事。

1970年代,大陸剛恢復高考,一個農夫高興得手舞足蹈。別人笑他說:「恢復高考關你什麼事啊?你小學沒畢業,斗大的字認識沒幾個,難道你也要去參加高考不成?」那個農夫笑而不語。他發動親朋好友查清所有大學的地址和信箱,給每個校長都寫了一封信,希望為他們製作校服。大學剛開始招生,校務主管們正為幾千人的校服發愁。接到信件後,校長們馬上就回信同意讓他們製作校服。毫無疑問,那位農夫狠賺了一筆。

看完這則故事,您會有什麼感想?沒錯,您肯定佩服那位農夫的眼光。他能夠大膽地把恢復高考和賺錢聯繫起來,靈感在剎那間閃現,便想到了校服的商機。作家靈感閃現時,揮筆便可寫出傳世名篇;畫家靈感來了,揮筆潑墨,一氣呵成絕世佳作。商海浮沈,同樣需要靈感和想像力。古往今來,許多有名商人的名氣並不只在於其財富的多少,還在於其賺錢手法、手段的獨特,令後世景仰、模仿。

成功是一門藝術,讀完本書介紹的故事,您或許會靈感閃現,發現一扇通往財富的大門。

第一章
創業要趁早，大學校園裡商機無限

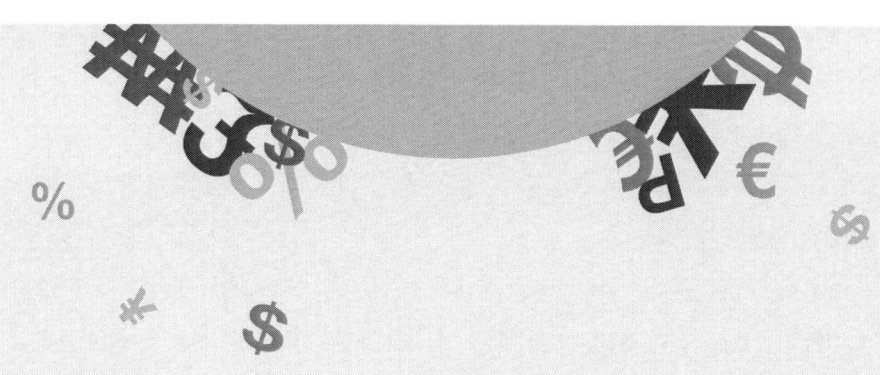

如今，大學畢業生越來越多，就業壓力越來越大。很多有遠見的大學生，在不影響學習的情況下，開始嘗試創業。這種歷練能夠為他們今後自主創業積累經驗。一般來說，一所大學學生人數都在萬人以上，這可是個不小的市場！裡面隱藏著不少商機！

影片履歷，新潮求職開啟成功之門

　　大學生找工作必須要有履歷，一般來說，履歷都是在電腦上排版製作好後再列印出來。但一名大學生竟突發奇想，製作影片履歷，走出了一條不同尋常的創業道路。大學畢業後，張強憑藉著出色的電腦知識，很快被一家文化傳播公司錄用。這家文化傳播公司具有高知名度，主要業務是為各大企業製作廣告創意影片，張強在公司就是負責加工和包裝影像資料。

　　公司的業務很多，張強每天都忙得團團轉，有時還加班到深夜。為了放鬆自己，張強加入一家戶外運動俱樂部。每到週末，張強就背著背包和一大群朋友到野外遊玩。

　　一個週末，張強和朋友到野外燒烤。閒聊中，張強和一位新認識的朋友聊到工作。張強告訴對方，公司最近將要為一名大客戶製作廣告影片。無意中，張強還將廣告影片中一些細節透露給了對方。

　　幾天後，張強所說的那名客戶撤單，理由是別的公司有更好的創意。張強所在的公司調查後，發現有人洩露了公司的祕密，最終追查出是張強所，張強立即被公司開除。

　　失業後，張強在人力銀行轉了兩週，始終沒有找到如意的工作，發出去的履歷如石沉大海，根本沒有回音。張強於是打電話追問，人資回答說：「我們每天收到那麼多的履歷，根本沒時間看。」

　　必須有一份與眾不同的履歷才能引起對方的注意。張強突然靈感閃現，為什麼不做一份影片履歷呢？自己以前包裝過那麼多影像，製作一份影片履歷簡直就是小菜一碟。

第一章　創業要趁早，大學校園裡商機無限
影片履歷，新潮求職開啟成功之門

張強立即行動，將成績單、個人學習工作經歷、獲得的榮譽等，製作成幻燈片，同時將生活和工作中的一些照片加進去，人資就可以更全面了解自己。接著，張強對著電腦的鏡頭，錄製了一段中英文的個人能力闡述和職場觀念、態度演說。最後，張強運用自己的專業技能加工這段錄影，很快，一份精美的影片履歷就完成了。人資只要打開檔案，就可以像看電視那樣，觀看他的履歷。

張強對自己的影片履歷很滿意。他找了十三家適合自己的公司，然後把自己的影片履歷一一發送過去。第二天，十三家公司全都打電話給張強，其中五家甚至讓張強次日直接來上班。一份影片履歷竟然這麼實用，這完全出乎張強的意料。這五家公司該選哪家呢？仔細考慮後，張強的決定卻是，哪家都不去。張強想，每天都有那麼多人求職，既然影片履歷這麼有用，肯定有市場。張強決定創業，開發影片履歷這個空白市場。

創業之初，資金是個大難題。註冊公司，張強沒有足夠的資金，他只好註冊一間工作室。製作影片履歷要添購一些設備，張強拿出積蓄，購買了電腦、攝影機、印表機、掃描器、傳真機等設備。一切準備就緒後，身上的錢所剩無幾。

為了拉到客人，張強每天都頂著烈日發傳單。可一個星期過去了，張強竟然沒有拉到一位客人。付出了那麼多，卻沒有一點回報，張強體會到了創業的艱辛。為了了解求職者的想法，張強每發出一份傳單都要問對方對影片履歷的看法。很多求職者都說：「影片履歷聽起來不錯，只是太貴了。」

張強想想也是，自己把影片履歷價格定為每份五百確實有點高，張強把價格降低到四百元，但一個星期過去了還是無人問津。張強詢問求職者，大多數人還是說價格貴。張強於是把製作影片履歷的價格降到兩百五十一份，還是拉不到業務。張強很困惑，價格都這麼低了，還是無人問津，問題到底出在哪裡呢？張強的好友勸他說：「你還得把價格再降低些。」張強很困惑：「我總不能把價格降到製作一份普通履歷的水準吧？」

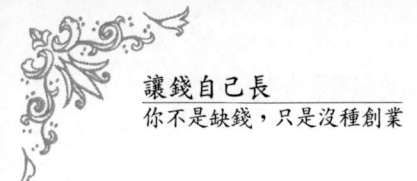

最終，張強不但不降價，反而把製作一份影片履歷的價格提高到四百五十元。好友很不解：「你瘋了？一百五十元一份都沒有人願意做，四百五十元一份不把人嚇跑才怪。」張強卻滿懷信心，他說：「花四百五十元能找到一份稱心如意的工作並不貴，關鍵是求職者對花了錢能否找到工作沒有信心。」為此，張強決定，先期免費為求職者製作影片履歷，求職者找到工作後才收錢。

這次，張強看準了求職者的心理，很快就接到了訂單。第一筆訂單，張強為一名大學生製作影片履歷。張強讓韋度穿著整齊的西裝，對著攝影機發表了一段激情洋溢的個人能力介紹和職場觀點，然後將他的個人經歷和獲獎證書製作成幻燈片，最後剪輯包裝。

憑藉著影片履歷，大學生很快就找到一份工作，而且薪水遠高出期待。簽下勞動契約的那天，韋度如約將四百五十元付給張強，並對影片履歷讚歎不已。

之後，張強又連續接到訂單，為五十多名求職者製作影片履歷，其中，四十多名求職者憑藉影片履歷成功找到工作。那個月，張強賺了三萬多元。

一天，張強為一名求職者製作影片履歷時，該求職者抱怨說：「影片履歷是很不錯，但只能在網上投遞。」

這是個很現實的問題，但難不倒張強。為了使影片履歷大有作為，張強推出了一項新服務，即代投履歷。每次徵才活動上，張強都派人將公司的聯繫方式記下來，然後將求職者的履歷寄給對方，可以使求職者省時省錢。服務一推出，就受到了廣大求職者的歡迎，找張強製作影片履歷和代投履歷的人絡繹不絕。

正當張強準備在新的一年大展身手時，張強的業務第一次下滑，這可是個不好的預兆，張強調查後找到了原因。原來，在製作的影片履歷的過程中，求職者都只是念完自己的經歷，太呆板，許多公司開始不買帳了。張強製作的影片履歷是先期免費製作，求職成功後才收費，求職者找工作

失敗，就意味著生意虧本。

張強趕緊想方設法改良，為了使影片履歷具有美感，張強將求職者帶到公園或者海邊拍攝。這樣人資在瀏覽求職者的履歷時，還可以欣賞到美景。讓求職者講述自己的特長、愛好太空洞乏味，張強改為讓求職者表演才藝，求職者的特長愛好，可以生動形象展示給人資。

改良後的影片履歷大受歡迎，求職者憑藉新履歷很快找到工作，張強的生意頓時回升。

五月的一天，張強正忙於生意，一家企業負責人打電話給他，該企業的負責人告訴張強：「你為求職者製作的影片履歷很有創意。能不能幫我們企業製作一份『企業徵才影片』？」

原來，該企業一直苦於招不到優秀人才，想製作一份能夠全面展示企業形象的「徵才影片」，在人力銀行播放，以吸引優秀人才加盟，張強爽快答應了對方的要求。

張強派攝影師到該企業拍攝，接著，張強構思了宣傳語，再找配音人員配音，最後包裝影像。一週後，一份精美的「企業徵才影片」就製作完成了。該企業付給張強五千元的費用。

該企業播出「徵才影片」後，吸引了很多求知者投放履歷，很快就招到了合適的人才。

經過這件事後，張強發現為企業製作「徵才影片」也是個不小的市場，於是將業務擴大到為企業製作「徵才影片」。

此項業務一推出，立即大受歡迎，許多企業都找到張強，請張強為它們做徵才影片。張強的收入也迅速增加，月收入已經突破了十萬元。找工作必須要有履歷。傳統的履歷都是紙質，很難將一個人的優點及形象完全展示給企業。影片履歷之所以受到歡迎，就是因為它彌補了這個缺點，能夠將一個人的履歷像播放電影一樣，播放給人資觀看，非常形象生動。因此，如能把一些呆板的事物藝術化、形象化，也是一種成功。

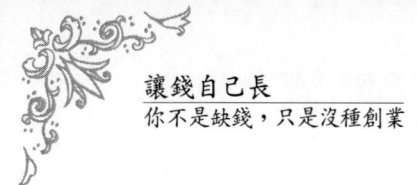

DIY餐廳，自己動手其樂無窮

　　遠離家鄉到外地上大學，很多人吃不慣學生餐廳。畢竟，學生餐廳供應的飯菜以當地的口味為主。有什麼辦法呢？到外面吃？太貴！自己做？條件不允許。一名大學生看到商機，開起了DIY餐廳。孫昭月到外地上大學後，愁眉不展，整天悶悶不樂。原來，來自北部的她根本吃不慣南部口味的菜，每次帶飯回來，她都是只吃了幾口就吃不下去了。由於吃不飽飯，打不起精神，課上到一半就聽不下去了，心裡想的全是家鄉的美味菜餚。

　　兩個多月後，她瘦了十多斤，臉色非常蒼白。更可怕的是，由於聽不進去課，她的考試有兩科不及格。在這樣下去，不但搞垮了身體，還將因為多門考試不及格被學校開除。可是有什麼辦法呢？學生來自四面八方，飲食上各有各的口味，餐廳根本不可能做到滿足每一個人。校外倒是有許多餐廳，但她家經濟條件很一般，只能偶爾去一次。

　　後來，孫昭月買了酒精爐、小鐵鍋和油、鹽等材料，在宿舍炒菜。每天放學後，同學們都到餐廳買便當去了，她卻匆匆到學校旁邊的菜市場買菜。當同學都吃完飯回來休息時，她才剛剛做好飯。吃飯時間雖然晚了些，但由於菜是自己做的，口味非常適合自己，孫昭月吃得飽飽的，從此不再挨餓。

　　然而，在宿舍做飯畢竟違反了校規，加上多少影響其他室友，被人檢舉。孫昭月的廚具全被沒收了，她還差點被處分。無奈之下，孫昭月只好到學校附近，以六百元的月租租了一個單間當廚房，每天到那裡做飯。雖然每月多花六百元，但她畢竟可以吃飽吃好。

　　最初，同學都很不理解她，幹嘛那麼麻煩去做飯，到餐廳吃不是更節省時間嗎？可是，他們也很快吃膩了餐廳的飯菜。一天，好友問孫昭月：「我也吃不慣餐廳，我與你合租做飯好嗎？」孫昭月當即答應。有人與她合租，能減少房租負擔，她求之不得呢。

第一章　創業要趁早，大學校園裡商機無限
DIY餐廳，自己動手其樂無窮

後來，又有幾個人與孫昭月合租房間做飯，那個十幾平方公尺的單間擺了好幾個瓦斯爐，每天下課後非常熱鬧，大家邊做飯邊說笑，非常開心。細心的孫昭月想，學校一萬多人，肯定還有很多人像自己一樣，吃不慣餐廳的飯菜，假如租一間房子，低價提供他們爐具，讓他們自己做飯，他們肯定很樂意，自己還能賺點錢呢。

孫昭月把自己的想法告訴好友符娜麗，符娜麗也有這樣的想法，兩人一拍即合。她們利用週末的時間分工合作，孫昭月去找合適的房子，符娜麗去購買爐具。孫昭月找了一個上午，終於在學校後門左側以四千元的月租，租了一間一百二十多平方公尺的平房。好友則批發回了十套瓦斯爐。

接著，她們到相關機關申請執照，還取了個好聽的名字：月麗DIY餐廳，意思是自己動手做。只要花四十塊，即可在DIY餐廳做一次飯，月租更優惠。

所有的準備工作做好後，十月二十三日，孫昭月和符娜麗在校網和學校公告欄發布了DIY餐廳開業的消息。為了迅速提高知名度，她們決定第一個星期到DIY餐廳做飯的顧客全免費。一時間，DIY餐廳人滿為患。

張海雲今年升上大二，到現在還吃不慣餐廳的飯菜，得知孫昭月開了DIY餐廳後，抱著試試看的態度來做飯。當走進DIY餐廳時，她發現這家餐廳裝修非常雅緻，做飯的廚具、各種醬料一應俱全。她彷彿回到了家裡，動手做了一頓豐盛的飯菜。她說：「這裡環境很不錯，價格又合理，以後我會常來。」

隨著來DIY餐廳做飯的人逐漸增多，孫昭月發現了一個問題，很多人都抱怨說：「來這裡做飯好吃又充滿樂趣，只是我們還要自己出去買菜，太麻煩了。我們還要上課呢，哪有那麼多時間去買菜？」

孫昭月想想也是，他們做菜本來就很花時間了，如果再去市場挑三揀四買菜，多麻煩！她與符娜麗商量後決定，兩人輪流一大早起來，到市場買一些同學常吃的菜。為了保鮮，她們還咬咬牙，買了一台冰箱，將菜冷凍起來。解決了買菜問題後，來DIY餐廳做飯的人更多了。

讓錢自己長
你不是缺錢，只是沒種創業

　　由於剛創業，孫昭月和符娜麗經驗不足，餐廳缺少什麼，該買什麼，她們考慮不夠周全。一天，她們正忙著招呼同學，突然一名女同學驚叫了一聲，從廚房衝出來說：「這下慘了，我的衣服都是油漬，可能再也洗不掉了。」原來，該同學炒菜時，不小心把油濺到衣服上。她抱怨孫昭月，幹嘛不準備些圍裙？孫昭月和符娜麗這才猛然想起。第二天，她們買回了十幾條圍裙。

　　十一月二十五日，一對情侶慕名來 DIY 餐廳做飯，男孩幫女孩洗菜，女孩掌廚，儼然一對小夫妻。飯做好後，兩人面對面坐著，男孩夾菜給女孩，因餐廳裡人較多，女孩一直很羞澀，臉紅紅的。吃完飯，男孩對孫昭月說：「妳的餐廳很不錯，要是能在大廳裡設一些小的包廂就更好了，哪怕多花點錢，我們也願意。」

　　孫昭月覺得這個主意不錯，大學校園裡卿卿我我的情侶可不少。如果設置小包廂，就可以給他們一些私密的空間，任他們談情說愛。她當即和符娜麗忙起來。為了省錢，她們到材料行買回一些膠合板，找人鋸成合適的尺寸，然後在餐廳裡隔出了五間小包廂。凡是有選擇包廂吃飯的，多收五十塊錢。令孫昭月和符娜麗欣喜的是，自從有了包廂後，來 DIY 做飯的情侶迅速增多。

　　孫昭月想，情侶之間，男孩經常送花給女孩，如果進一些花在餐廳裡賣，不是可以多賺點外快嗎？她到批發市場批發回了許多玫瑰花，兩塊進價一枝玫瑰花，她賣五塊錢，竟然每天能賣出五十多枝。

　　自從開了 DIY 餐廳後，孫昭月和符娜麗每天忙得不可開交。其中，她們最討厭的就是洗碗了。每次同學們吃完飯後，她們必須得洗完一大堆碗才能回學校，稍微休息下，就匆匆趕去上課。兩人曾考慮過，請一名洗碗工，但考慮創業不容易，咬咬牙，還是堅持了下來。

　　一天中午，一個名叫馮剛宇的同學問孫昭月：「包 DIY 餐廳做一次飯多少錢？」原來，那天是馮剛宇的生日，班裡大部分同學都送了生日禮物，他想請同學到餐廳吃一頓。可請這麼多人到餐廳吃飯，得花很多錢。後來他

第一章 創業要趁早，大學校園裡商機無限
DIY餐廳，自己動手其樂無窮

想，如果請同學們到DIY餐廳，自己動手做飯，既可以節省一大筆錢，還可以充滿樂趣呢。

聽了馮剛宇的情況，孫昭月當即以兩千元的價格讓馮剛宇包場。那晚，包場費和買菜錢，馮剛宇只花了三千多元，效果卻非常好。男女同學都踴躍報名做菜，爭相展露廚藝，吃得也很開心。

受到啟發的孫昭月想，大學裡有很多聚會，比如生日聚會、朋友聚會等，如果好好利用，既可以擴大生意，同時也能夠提高DIY餐廳的知名度。她馬上印了一些傳單，上面寫著：如果來DIY餐廳聚餐，價格更優惠。傳單發出去後，果然吸引了不少人來聚餐。

隨著來DIY餐廳做飯的人越來越多，每天臨近吃飯時間，餐廳裡擠滿了人。晚來的人根本沒多餘的爐具給他們做飯，他們只好排隊等待，抱怨聲此起彼伏。孫昭月意識到，一百二十平方公尺顯然已經不能滿足營業需求。她和符娜麗商量後，決定開分店。但開分店事務更多，光她們根本忙不過來，只好招了兩名大學生當幫手。

二〇〇八年三月十二日，她們的第一家分店終於開業了。與總店不同的是，分店的營業場所不是平房，而是一套五樓的三房兩廳，面積一百三十平方公尺。由於總店早已名聲在外，借助總店的影響，分店開業後，生意也很好。令孫昭月和符娜麗感到驚喜的是，DIY餐廳甚至還吸引了一些白領來就餐。

四月十五日，在廣告公司工作的李小姐攜男友前來「DIY」，男友洗菜、炒菜全包，還幫她盛飯夾菜，把她當公主似的伺候。飯後，李小姐向孫昭月提議說：「DIY餐廳裡應該放點音樂，這樣可以緩解顧客的壓力。」孫昭月覺得李小姐說得很有道理，立即買回了一套組合音響和一些輕音樂光碟。每到營業時間，她都播放輕柔的音樂，讓顧客在輕鬆舒緩的氛圍中做飯、吃飯。

這一點很能滿足一些白領的小資情調，她們在緊張的工作之餘，不時和心上人來此做飯、吃飯，體會準夫妻的生活。相對而言，白領的消費能

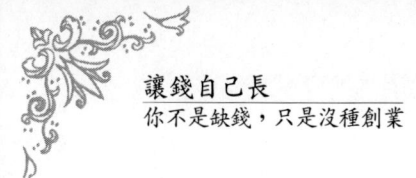

力更強,為了開發白領市場,孫昭月印刷了一疊精美的傳單,雇人在上下班的時間到各個辦公室門口送發。很快,分店的生意興隆,營利與總店不分上下。還沒畢業,孫昭月和符娜麗開DIY餐廳的月收入已經過萬元。日常生活中最重要的事莫過於吃飯了。飯菜不合口味,誰都會苦惱。DIY餐廳提供環境和設備給人們自己做,人們愛吃什麼就做什麼。更重要的是,自己動手做飯也是種樂趣。DIY餐廳成功的祕訣在於,它把主動權交給了顧客。

夏日「冰心」,為愛情解渴

　　人們大都感念冬天裡的一把火,因為它使人感到溫暖。冰塊卻鮮有人在意,但誰說冰塊無情呢?誰能讀懂冰塊裡的情,誰就找到了財富祕訣。林寸綏不可抗拒愛上了中文系的趙絲青。那時,他大四,趙絲青大一,兩人就讀同樣的大學。林寸綏愛得很深,情書雪花般飛向趙絲青,可趙絲青就是無動於衷,因為她覺得林寸綏不夠浪漫。

　　南方夏天來得特別早。四月二日,太陽已火辣辣曝曬著大地,氣溫高達三十六度,室內像蒸籠。趙絲青和室友熱得汗流浹背,喉嚨冒火。「要是每天都能喝上幾瓶冰鎮飲料該多好啊!」室友阿花咂咂嘴說。但她們都來自普通家庭,誰能每天喝上幾瓶冰鎮飲料呢?更何況,碳酸飲料喝多了對身體不好。

　　就在大家「想梅止渴」的時候,隔壁寢室的阿麗走進來,遞給趙絲青一個袋子說:「這是林寸綏送給你的。」趙絲青打開一看,裡面裝著一些冰塊。原來,林寸綏是本地人,今天天氣這麼熱,他猜想來自北部的趙絲青肯定受不了,於是從家裡帶了一些冰塊送給趙絲青,讓她降降溫。

　　幾個室友一看到冰塊,歡呼著圍上來,每人搶走了一塊。趙絲青竟一點都不生氣,林寸綏並不是她中意的人,他送的東西對她來說自然沒有意義。幾個室友把冰拿在手上把玩,直呼涼爽過癮。有的乾脆把冰含在嘴

第一章 創業要趁早，大學校園裡商機無限
夏日「冰心」，為愛情解渴

裡，感受冰冷帶給喉嚨的刺激。看到趙絲青無動於衷，室友責怪說：「你簡直就像冰塊一樣，冷酷無情，林寸綏這麼體貼的男人你都拒絕，你會後悔的。」

從那天開始，林寸綏每天都從家裡帶來冰塊送給趙絲青。可每次，趙絲青都慷慨讓室友「瓜分」。這事傳到林寸綏的耳朵裡，林寸綏竟然沒有絲毫的發怒，說：「只要她高興，怎麼都行。」

六月五日這天，天氣格外熱。晚上九點半，趙絲青上完自習，剛回到寢室，阿麗又提著一個大袋子走進來。不用說，肯定又是給大家送冰塊來了，室友一哄而上。阿麗卻往後一退，說：「這次的冰很特殊，得先給絲青。」

袋子打開後，室友頓時尖叫起來，原來，林寸綏送給趙絲青的是一顆冰凍成的心。只見這顆「冰心」晶瑩剔透，中間還有用木瓜片雕刻成的英文：I LOVE YOU！「他太浪漫了！」室友激動說，「絲青，你再不接受人家，我們可要搶了。」

這次，趙絲青終於收下了林寸綏的「冰心」，她讓「冰心」在手裡慢慢融化。快融化完時，她才把雕刻成「I LOVE YOU！」的木瓜片放進嘴裡，輕輕一咬，冰爽的木瓜香甜到心裡。

林寸綏送了九顆「冰心」後，趙絲青終於和他牽手並肩走在一起。這時，她才知道，「冰心」是林寸綏找來一個心形塑膠盒子，裝滿水，中間夾一片雕刻好字的木瓜後，放在冰箱裡冷凍而成。「只要妳喜歡，我每天送妳一顆。」林寸綏說。「誰要你那麼『多心』？我只要一顆。」趙絲青調皮說。

林寸綏追到趙絲青後，每天都送「冰心」給趙絲青，卻不再送冰塊給她室友。室友非常不滿，責怪她「重色輕友」。趙絲青只好讓林寸綏同時帶冰塊給室友消暑。其他寢室的女生得知消息竟然也過來搶。看到大家如此愛冰，趙絲青說：「乾脆我們製作冰來賣，這麼炎熱的天，肯定暢銷。」林寸綏也覺得這是個不錯的商機，便同意了。

賣冰首先得有足夠的冰，為此，除了菜，林寸綏把自家冰箱清空，

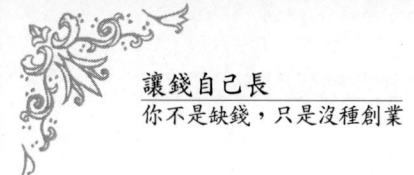

用塑膠盒裝冷開水,放到冰箱冷凍,一次可以製作幾百塊小冰塊。每天晚上,他騎腳踏車把冰塊拉到學校,然後和趙絲青分頭行動,各自在宿舍挨個推銷。由於夏天非常熱,加上冰塊價格便宜,每塊才五角,買冰塊的人很多。有的買來拿在手上玩,有的則含在嘴裡,給喉嚨以冰冷的刺激。一個晚上下來,兩人賣冰塊竟賺了兩百五十多元。

一天晚上十點多,林寸綏正賣冰,一名外文系大二男生問他:「你幹嘛不賣冰心呢?你不是很會做冰心嗎?」林寸綏很吃驚: 「他怎麼知道我很會做冰心呢?」後來他才知道,他用冰心追到趙絲青的故事已經在校園傳開了。該男生說得不錯,大學校園中有多少癡男怨女啊!「冰心」肯定可以為他們增添浪漫。

第二天,林寸綏抽空到超市買回二十多個心形塑膠盒,裝滿水,然後放到冰箱裡,凍成一顆顆「冰心」。然而,當他拿著「冰心」到男生宿舍推銷時,根本無人問津。怎麼會這樣呢?難道「冰心」並不像自己想像中那麼浪漫嗎?林寸綏百思不得其解。後來,政治系一位大三的男生分析了原因,他才恍然大悟。男生買「冰心」大都是送給喜歡的女生,需要事先想好送的時間和地點。林寸綏帶著「冰心」臨時推銷,他們沒有準備,根本沒辦法送。

了解原因後,林寸綏推出訂做「冰心」的服務,凡是想訂做「冰心」,可以提前一天打電話預訂。林寸綏做好「冰心」後,負責送貨上門。為了滿足一部分人向心上人表達心聲的需求,林寸綏還特別推出「表白冰心」,即在「冰心」中間,用水果片雕刻顧客想要對對方說的話。

訂做「冰心」的服務推出後,林寸綏的電話響個不停,光六月十三日就有十五人訂做「冰心」,體育系大四的一名男生訂做了一顆「玫瑰冰心」。林寸綏買來兩朵玫瑰,放進心形塑膠盒子裡,然後裝滿冷開水。十幾個小時後,「玫瑰冰心」做成了,只見「冰心」晶瑩透亮,裡面的玫瑰格外鮮紅。當該男生把「玫瑰冰心」送給他喜歡的女生後,該女生嬌羞而又激動收下了。女生的室友又讚歎又羨慕,女生虛榮心得到極大的滿足,很快和體育

第一章　創業要趁早，大學校園裡商機無限
夏日「冰心」，為愛情解渴

系的男生走到一起。

因訂做「冰心」的人很多，林寸綏不再做冰塊，專門做「冰心」。此時，他家裡的冰箱已經無法滿足製冰要求。林寸綏和趙絲青商量後，用賣冰賺來的錢買了大冰箱，專門用來製冰。有了大冰箱，林寸綏製作的「冰心」更多，他的「冷」生意也逐漸做出規模。

暑假來臨，為了擴大銷量，林寸綏還與一些禮品店聯繫，請他們代為推廣訂「冰心」服務。由於林寸綏的冰心很有浪漫情調，社會上訂做的人也很多，「冰心」的銷量也很驚人。

很快，冬天來了，賣冰生意自然也停止了。林寸綏和趙絲青仔細算了之後發現，短短幾個月賣冰，竟賺了十萬多塊。小試成功使他們對來年的生意充滿了自信。

二〇〇八年四月天氣轉熱後，林寸綏租了十平方公尺的小店面作為營業場所，然後到各個宿舍發傳單，先「攻下」校園市場。接著，他在報紙和一些著名網站登廣告，擴大社會知名度。由於準備很充足，加上有了經驗，「冰心」生意打開了局面，訂做「冰心」的人逐漸變多。

但不久，林寸綏遇到了難題。四月十二日，在中學當老師的張先生想送女友一份特別的禮物，可當他看了林寸綏做的「冰心」後，說：「你的想法很不錯，只是『冰心』的種類老是那幾種，送多了就沒有什麼新鮮感了。」張先生的話使林寸綏意識到，想要繼續經營「冰心」生意，必須不斷創新。

經過幾天的琢磨後，林寸綏決定增加「冰心」的種類，以滿足不同人的需求。因各種果汁有各自不同的顏色，林寸綏便用果汁做成不同顏色的冰心，比如用番茄汁加水做成「紅冰心」等。這些色彩斑斕的「冰心」一推出，立刻受到人們的追捧。

六月十日，在外商工作的李先生預訂了一個「冰心」，想送給女友。可當他收到「冰心」時卻不滿：「『冰心』倒是很好看，就是包裝太糟糕了。」原來，林寸綏做好「冰心」後，都是用塑膠袋裝著送給顧客，用塑膠袋裝

「冰心」，哪有什麼美觀可言？

林寸綏對李先生的抱怨非常重視。為了使「冰心」的包裝更好看，同時使「冰心」不易融化，林寸綏購買了一批保麗龍盒，專門用來裝「冰心」。「冰心」裝進保麗龍盒後，林寸綏還用漂亮的包裝紙包裝。包裝後的「冰心」更美觀、便攜，深受顧客稱讚。

在某政府機關工作的柯先生，今年已經四十五歲。九月二十三日是他和太太的結婚紀念日。他預訂了一顆用九十九顆葡萄加水凍成的「冰心」，寓意攜手到永久。「葡萄冰心」做好後，林寸綏細心漂亮的包裝。柯太太收到禮物時，以為這禮物應該跟以往差不多。可當她打開包裝看到「葡萄冰心」後，激動得連聲說：「這是他送給我的最有特色的禮物了。」

冰本來是價格低廉的物品，林寸綏做成色彩各異、能夠表達不同感情的禮品後，深受歡迎，它的價值翻倍增加，林寸綏也狠狠賺了一筆。熱戀中的人都很傻，只要是浪漫的事物，戀人花起錢來一點也不心疼。「冰心」正是由於滿足了情侶對浪漫的需求，才受到戀人的追捧。因此，如果你想到一個浪漫的點子，或許你就找到了一條成功的路。情能動人，因此，創業者不妨多在顧客的情感需求上動動腦子。

多動腦筋，小小影印店也賺錢

大學校園裡，每天影印資料的人很多，尤其是臨近考試的時候，影印店往往人滿為患。因此在大學校園裡開影印店的人不少，怎樣才能賺到錢呢？小趙是一名大三學生，還有一個學期他就要畢業了，班上的許多同學都已無心聽課，經常外出投履歷，找工作。小趙也製作了精美的履歷投遞。可面試了很多公司，要嘛沒有結果，要嘛給的薪水太低，他沒辦法接受。小趙對找工作失去了興趣和信心，開始琢磨著自己做點小生意，但他又不知道做什麼生意。經過幾天的觀察思考，小趙認為開家影印店比較適合自己，一是投入的資金少，風險也小。

多動腦筋，小小影印店也賺錢

一天，小趙走過校園時，看到有一家小店鋪貼出招租廣告。小趙進去問了店面的老闆，老闆告訴他，店面的月租是九千元。經過多次的砍價，老闆同意以每月八千元的價格租給小趙。小趙把自己的想法告訴了家人，得到了家人的支持，家人為他籌了十五萬元，第二天就匯過來。小趙馬上簽了合約，交了半年的鋪租兩萬元。接下來，為了節省開支，小趙到舊貨店買了電腦、印表機、傳真機、掃描器等設備。品質好的影印機價格很高，為了節省開支，小趙跑了很多家舊貨店，磨破了嘴皮，最終花了兩萬多元買回了一台二手影印機。購齊設備、拿到營業執照後，小趙只剩下兩萬多元了。

小店開張後，小趙既當老闆又當員工，一個人張羅店裡的大小事務。為了多賺點錢，小趙每天早早就開門營業，晚上要到十一點多才關店門。可即使如此，小趙第一個月沒有賺到錢也沒有虧錢，收支相抵。這樣下去自己豈不是白做了？小趙感到了從未有過的壓力，開始思考著如何把業務擴大。小趙決定打價格戰，別家影印一張 A4 紙要一塊，他只要五角。別家列印一張 A4 紙要二十元，他只要十五元。這一招果然奏效，小店的生意開始好起來。第二個月，小趙賺了四千多元。小趙很高興，他開始體會到成功的快樂。

一次去買列印紙時，遇到一個也是開影印店的同行，交談中對方說他的店每個月能有一萬多元的收入。小趙很吃驚，自己一個月辛苦下來才賺幾百塊，對方是怎麼賺到一萬多元的呢？小趙找一個同學幫忙看店兩天，他自己跑了很多地方，細心觀察了多家影印店。他發現很多店承攬很多業務，比如製作名片、刻章、刻字、講義製作、繪圖等。而且很多店和一些大公司保持很好的關係，這些公司有影印的工作都交給他們去做。要擴大業務，僅靠自己是忙不過來的。經過幾天的物色，小趙出三千五百元從另一家店挖了一個業務熟練的工人，把店裡的許多事都交給她打理，店裡的業務也擴大到了名片製作、刻章、水晶影像製作等。雇了工人以後，小趙有了很多的空閒時間，他開始聯繫一些雜誌社、出版社和一些大公司，承攬了許多業務。三個月後，小趙的影印店每月的收入也有一萬多元了。

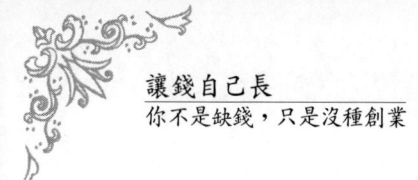

在忙的同時，小趙沒有放鬆自己。在業餘時間，他報名參加平面設計培訓班，為自己充電。這樣，小趙在聯繫到平面廣告的業務後，又多了一條賺錢的路，一個月下來，除去各種費用，他的影印店月收入有一萬五千多元。影印是很微利的生意，如果單單靠影印維持一個店面是很困難。小趙的成功在於，他充分利用店面，增加了其他業務。因此，在經營好主要業務的同時，不妨多思考一下，增加一些業務。

賣考研教材，落榜考生賣出滾滾財源

隨著就業市場競爭加劇，越來越多的大學畢業生加入到考研團隊中，而考研前前後後需要投入一筆不小的花費。有人從中看出商機，做起了跟考研有關的買賣。彭君是歷史系大四的學生。大四上學期，班裡同學紛紛為工作而忙碌。然而，前來應徵的公司少之又少，且不是什麼好公司。許多同學鎩羽而歸，無奈搖頭歎息。見形勢如此不妙，早就有考研打算的彭君決定放棄找工作，專心考研。

彭君喜歡文學，他找的導師在該學科領域很有造詣，他指定的專業課教材在許多書店都買不到。為此，他託一名同學幫他搜集他所報考系所的專業書籍，那同學找遍了幾家大書店也沒買到；最後只好到找到該校系的學生，高價購買。

不幸的是，彭君沒考上研究所。彭君將自己好不容易買來的這套教材放在網上出售，賭氣把價格開得比原價高 10%；令他十分吃驚的是，不到一天那套教材賣出去了。之後幾天，仍有很多人詢問那套教材有沒有賣。彭君就想開了，報紙上說，有很多人是跨領域跨學校考研。每所學校、每個系所指定的教材都不相同。而要想考上研究所，必須找齊導師指定的教材，對身考生來說是件難事。考研教材這麼好賣，可見這是個大市場。

彭君不再考研，也沒找工作，專心做考研教材買賣。他將各個校系院所羅列的考研教材列印下來，然後分門別類整理好。如此眾多的書目，想

要一下子找齊顯然不大可能。

彭君先把目標瞄準自己所在的城市。他到各個大學張貼廣告購買教材，還在各所大學的校園發文求購。不到一個星期，他就收購到了兩千多本教材。這些教材大都是大學畢業生低價甩賣，售價不到定價的三分之一。即便如此，這兩千多本教材花光了彭君大學四年打工的積蓄五萬多。彭君看著出租屋裡堆積成山的舊教材，心裡隱隱擔憂，這些書要是賣不出去，他的努力就白費了。

但事實就像他之前所預料的那樣，這些教材賣得很好。他把這些教材放到自己的網拍上，當天就賣出了五套。每套賺一百，五套賺了五百元。為了快速賣出教材，彭君還到各大考研網站和各個大學論壇發賣教材的貼文。很快，生意漸漸變好。每天能賣出上百套教材，收入近兩千元。那兩千多本教材不到一個月就賣完了。

後來，彭君乾脆自己建了個網站，在每所大學找一名學生做代理，讓學生幫忙收購和推銷教材，業務範圍還擴大到買賣考研筆記。彭君的生意恰好滿足了考研一族的需求，每年都很好，月入好幾萬元。每個考生參加考試都要付出一筆不小的開銷，其中最大的開銷在於購買教材、參考資料。共同科目的教材很容易找，但是專業科目就很難了。專業科目不找齊導師指定教材，通過的機率很低。如果有人替他們找齊教材，他們當然很樂意購買。有購買有出售，也就有了市場，更何況這還是一個很大的空白市場，找到了空白市場便等於發現了一座金山！

集腋成裘，校園租書也賺錢

一本書價格也就幾百塊錢，誰都買得起。市場上有人出租房子、車子，畢竟這些是大件商品，價格昂貴，一般人買不起。誰會想到，有人竟然做出租圖書的生意，而且生意還很好？

趙慶平時最大的愛好就是看書，每天晚上熄燈之前，他習慣看一下書

讓錢自己長
你不是缺錢，只是沒種創業

才睡覺。他家藏書很多，不愁沒書看；可是上了大學之後就不一樣了，雖說大學圖書館可以借書，但圖書館的書太舊，一些新書出來，圖書館要好久才上架，而且好書借的人多，晚了就借不到。他只好跟同學交換書看，他發現很多同學都跟他一樣的困擾。

校園裡有個生活區，一天趙慶經過那裡，看到一家小店面貼出轉讓廣告，**轉讓費才兩萬元，店面月租金僅四千元**。趙慶父親是個生意人，從小受父親的影響，比較有經濟頭腦，知道這店面的位置很好，買下來絕對能賺錢。

當天，他便買下了店面，第二天就有個人找上門來，願意出更多錢要他轉讓店面，趙慶不願意。

趙慶調查了幾天，不知道該做什麼生意。後來，他想到自己喜歡讀書卻借不到書的經歷，於是決訂做租書的生意。一個同學得知他的想法，勸說道：「一本書只不過幾百塊錢，租書能賺到什麼錢？」趙慶笑而不答，仍堅持自己的想法。

趙慶先花了五萬多元，買了六百多本最近一兩年的暢銷書。他為這些書製作了書套，以防因為過手次數太多而導致破損。在對小店簡單裝修後，他的租書店開始正式營業。每本書每天的出租價格是兩塊錢，當天就租出去了三百多本，營業額近一千元。

慢慢，租書店在學生中口耳相傳，前來租書的人越來越多。那六百本書根本滿足不了需求。很多人想租諸如金庸武俠、瓊瑤言情等曾經流行一時的書，為此他們抱怨不已。這類書若花錢買，成本較高。趙慶為了降低成本，花十萬多元從網上進了兩千多本二手書。書到了之後，他先消毒再上架。由於這些書切中人們的需求，出租率很高，一天能租出去一千多本，日營業額近千元，淨利潤有兩千多元。才兩個月，趙慶便收回了成本。

趙慶並不滿足於現狀，他繼續買進更多的好書，武俠、言情、漫畫，但凡是暢銷書，他店裡都有。僅半年，趙慶的租書店圖書藏量便增加到六萬多本。後來，趙慶還在小店增加了賣飲料等服務。平均下來，他每月淨

利有十萬元左右。生意擴大後，趙慶怕影響功課，花錢雇了兩名員工幫他打理小店。他賺到的錢不僅能支付自己的學費和生活費，還存了不少錢，成為同學中的「富翁」。

租書看似很薄利，但能多銷，也能賺到錢，趙慶的成功在於他瞄準了市場需求。

學習用具轉賣，轉出大筆財富

隨著人們生活水準提高，學生用具也越來越高級，很多學生有都筆記型電腦等。這些學習用具價格少則幾百元，多則幾千上萬元。正因為價值不菲，它們才有轉賣的空間，為有目光的人創造財富的機會。大二學生符華兵就讀於資工系。六月的一天，同系大四的學長趙遠志說，他馬上要畢業了，電腦用不到了，帶走又太麻煩，以後工作有錢肯定會換新的，留著沒什麼價值，想低價轉讓給符華兵。符華兵那時剛好做了幾個月的家教，賺了一萬多塊錢，覺得售價便宜，沒多想就答應了。最終，趙遠志以一萬元的價格，把他那原先售價高達三萬元的筆記型電腦賣給了符華兵。

當晚，符華兵拿著電腦回到宿舍，室友王立剛問他：「買這兩樣花了多少錢？」符華兵讓他猜。王立剛說：「即便是二手的怎麼著也要一萬五千多吧？」符華兵開玩笑說：「一萬一千賣給你要不要？」王立剛眼睛一亮說：「要，當然要！」符華兵沒想到自己一句玩笑，王立剛竟當真，非要纏著他賣給他。符華兵考慮到這筆買賣不虧本，便忍痛割愛賣給了王立剛。

這麼輕鬆就賺到四千元，符華兵興奮之餘，覺得轉賣這類學習用具利潤可觀。他家庭條件不太好，一直想找機會兼職賺錢。正好目前還沒找到新的兼員工作，不如轉賣學習用具試試。符華兵把自己的想法告訴女友朱慧，得到了朱慧的支持。

兩人先是到大四學生寢室，挨門問人家有沒有電腦、收音機等學習用具。許多畢業生，尤其已經有工作的畢業生，大都不想帶走這些物品。

雖說電腦可能用得上，但電腦更新很快，他們手中的電腦用了幾年全都過時了。

不到一個星期，符華兵便花了幾萬元收購到一部桌上型電腦、兩台筆記型電腦、三台多段收音機。他和朱慧分頭到各個宿舍推銷，然而，兩人忙了一個星期，電腦一台都沒賣出去。符華兵急壞了，電腦要是賣不出去，這筆生意鐵定虧本！

一天，符華兵在外文系男生宿舍推銷電腦時，一個同學對他說：「你的電腦是二手電腦，誰知道品質有沒有保證？萬一壞了，我的錢豈不白花？」符華兵才恍然大悟，電腦賣不出去，是因為沒有售後保證。此後，符華兵帶上自己的學生證上門推銷電腦，一旦有人有意向買，他就拿自己的學生證給對方看，還跟對方簽訂合約，電腦保固三個月。符華兵懂一點電腦知識，這些電腦在收購時，他都反覆檢查沒有故障才下手，品質一般不會有什麼問題。在符華兵推出保固協議後，僅一個星期，電腦、收音機全都賣出去了，符華兵淨賺一萬元。

符華兵將賺到的錢和原先的本錢繼續投入到轉賣學習用具生意中。在他和女友的努力下，轉賣學習用具的生意越做越大，他們的本錢很快滾到十多萬元。後來，他們還找品牌廠商合作，當他們產品的校園總代理，成了名副其實的小老闆。電腦等學習用品對家庭條件較好的學生來說是必需品，而家庭條件一般的學生想擁有卻買不起。符華兵的成功之處在於，他看到家庭條件一般的學生對這類學習用品有需求以及他們的購買能力，即他們只能買得起二手的。需要注意的是，從事這項買賣必須要精通電腦，否則收購到壞電腦只會賠本。看準了市場賣點，也就看準了成功的方向。

籃球高手，打籃球也能玩出財富

打籃球是體育運動，能跟財富掛上鉤嗎？能！只要多動腦筋就行！施展飛身高一百九十二公分，從小喜歡打籃球。中學時代，他一直是學校籃

球隊最出色的前鋒。施展飛以籃球特長被某大學特招，之後成為該校籃球隊的主力前鋒。

大二上學期的一天，一家大公司的老闆舒俊找到施展飛，開出一天兩千多元的價格請他去打籃球。原來，舒俊他們公司有一支籃球隊，每年參加總公司的籃球比賽幾乎都拿冠軍。去年他們公司過關斬將，拿到了決賽權，和另一家分公司爭奪冠亞軍。憑他們的實力，他們完全可以戰勝分公司；誰知分公司請了外援，打敗了他們。今年的比賽馬上要開始了，舒俊打聽到分公司還要請外援，不甘心落敗，也要請外援。舒俊是施展飛一個同學的哥哥，施展飛顧及那同學的面子，答應了舒俊。一個月後，施展飛替舒俊的公司出了口氣，大獲全勝。他總共打了十天球，拿到兩萬多元的報酬。

經舒俊介紹，施展飛又替別人打了幾次球，賺了幾千元。他乾脆將學校的球隊拉出去，讓隊友和自己一起發財。他們利用課餘時間替有比賽的公司打球。可是好景不長，後來有人揭發他們是大學生，而不是員工。他們的生意漸漸冷淡，沒什麼人再請他們打球。但是施展飛卻有了想法：人們生活水準提高後，參與各種活動的欲望越來越強，但是除了唱歌、跳舞、看電影，似乎沒有什麼別的節目了。如果舉辦籃球比賽，肯定有人觀看。

施展飛聯繫了一家體育館，以體育館的名義舉辦了一次當地籃球爭霸賽。施展飛聯繫了五家公司，拉到五十萬元的贊助。他在媒體發布廣告，此次籃球爭霸賽獎金冠軍十萬元，亞軍三萬元，季軍一萬元。同時對外售票，每張票價格從十五元到五十元不等。廣告刊出後，先後有十幾支球隊報名參賽。這十幾支球隊展開激烈角逐，每場比賽觀眾人數都超過一萬人。除去各種成本，這次籃球比賽活動賺到三十多萬元。施展飛拿到八萬多元的分成。

嘗到甜頭後，施展飛繼續舉辦足球、排球、乒乓球、羽毛球等比賽，不但鍛鍊了自己的能力，還賺到幾十萬元。大學畢業後，施展飛沒有找工

作，而是成立了體育文化公司，代理銷售體育用品，同時舉辦各種體育賽事。人們生活水準提高後，對生活品質的要求也越來越高。而健康是高品質生活的根本，體育運動更是根本中的根本，體育用品和體育活動大有市場，機遇只垂青有眼光的人。

兼職人力銀行，為人牽線搭橋賺錢

　　有的人想利用週末賺錢卻找不到兼職，而有的公司和個人想週末請人工作卻找不到人手。周彬為求職者和人資架起橋梁，自己也賺的口袋滿滿。周彬上大學後，不想花家裡的錢，便拚命當家教。最多時，他同時做三份家教。這種拚命打工的方法使他疲憊不說，還嚴重影響他的學習。有沒有更輕鬆的賺錢方法呢？周彬冥思苦想終於找到了，那就是做家教仲介。

　　周彬到處發小廣告，尋找家教工作。但聯繫到家教工作後，他自己不做，而是以二十元一份的價格轉給別的同學。短短一個月，他批發出去幾百份家教工作，賺了六千多元。可是，他貼的廣告很快被清除，他手頭的家教工作越來越少，收入又慢慢減少。

　　正在周彬為此苦惱之時，室友的話提醒了他：「要是有個人力銀行專門提供兼職的機會就好了，我們想打工就去那裡。」周彬眼睛一亮，校園裡想打工賺外快的人很多，而外面肯定有很多公司和個人想找兼職。如果開辦這麼一個兼職人力銀行應該有利可圖。

　　周彬大膽敲開校長辦公室的門，將自己想建立兼職人力銀行的想法告訴校長，並請學校將一個會議廳租給他，校長不但答應他的請求，還表揚了他。

　　周彬以月租僅一千五百元的價格，租到了學校一個會議廳週末的使用權。緊接著，周彬在媒體刊登廣告，若有公司或個人想應徵在校大學生週末兼職，可以前來他的兼職人力銀行挑選。不過，前來招人的公司或個人必須繳納一百～五百元不等的費用，費用多少要看招什麼樣的人才、做

什麼工作。廣告刊出後，不但引起了眾多公司注意，媒體的記者還採訪了他。這等於為周彬免費做廣告，短短幾天便有兩百多家公司和三十多人打來電話報名參加。確定了招人的公司、個人和工作種類後，周彬在校園公告欄裡張貼應徵廣告，想找工作的同學可以免費進入兼職人力銀行。

第一期兼職人力銀行舉辦很成功，偌大的會議廳擠滿了人。當天，有近三百名同學找到了兼員工作。後來，一些公司職員得知消息也來參加，對這些已經有工作還想兼職的人，周彬收取他們十元的入場費。除去各種成本，周彬舉辦兼職人力銀行月入好幾千元。很多同學在給公司打兼職的過程中，得到了公司的賞識，畢業後直接進入了該公司。

路是走出來的！周彬當家教仲介的經歷培養起了他的市場意識，使他看到了兼職人力銀行的商機。他的兼職人力銀行切中供需雙方的需求，為別人帶來好處，給自己帶來了財富。生活中，但凡是能幫人們解決困難、帶來好處的事情，大都很容易成功，關鍵是我們要善於發現。

影印資料，考試臨近錢也來了

影印一張 A4 紙的價格一般是一塊錢，可是如此薄利的生意卻也能賺錢！期末考試馬上就要到了，曹雲平時上課不愛記筆記，他死纏爛打，一位女同學才答應將筆記給他影印。曹雲拿著那本帶著淡淡香水味的筆記來到系上的影印室，卻見排起了長龍，全是那群像他一樣不專心記筆記的「壞蛋」。曹雲不想排隊，便到校外找了一家影印店影印。那家影印店的設備很先進，可就是業務太少，沒幾個人影印資料。曹雲影印完畢，付款時他驚訝發現，這裡的影印價格比學校的還便宜。曹雲總共影印了三百多張，才花了一百五十多元，省了近一半的錢。那家店主告訴他，要是影印一千份以上，還可以優惠。平時，同學為了方便，大都在學校裡影印資料，沒幾個人會為了省那麼一點錢而跑到校外。

當天，曹雲回到寢室後，到每間寢室推銷他的便利影印服務：他負責

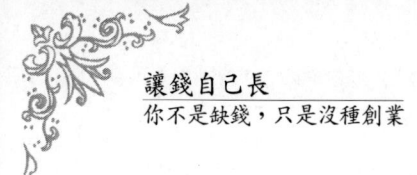
讓錢自己長
你不是缺錢，只是沒種創業

幫忙將資料拿去影印，價格跟學校影印室一樣。男生大都是懶人，更何況現在是影印筆記的高峰期，到學校影印室排隊是苦差事，誰不想輕鬆？曹雲很輕易接到了二十幾筆工作。

第二天，曹雲用書包背著厚厚一疊筆記到校外那家影印店影印。他總共影印了七千多張，這筆生意讓曹雲賺了三千五百多元。曹雲乾脆印了一盒名片，上面寫著：影印資料，找曹雲，取貨送貨上門，為您節省時間！拿到名片後，曹雲逐一到每間寢室送貨。

很快，曹雲手機響個不停，找他影印資料的人很多。他買了個大塑膠袋裝影印的資料，還買了一輛腳踏車代步。全校僅他一人在做這項業務，平時每天能印近兩千張資料，能賺五百多元。臨近考試的時候，一天能影印上萬份資料，收入上千元。同一件商品、同一項服務，在不同的店面有不同的價格。只要有差價，便有利潤空間。曹雲的成功在於他發現了差價，並抓住了同學偷懶的心理，推出取貨送貨上門的影印服務。同樣的價格，同學可以免去去影印室排隊的等待之苦，他們當然願意把資料給曹雲影印，曹雲不愁沒生意做，不愁賺不到錢。

生日吧，別人生日我賺錢

有些人生日喜歡叫上一大群朋友開PARTY，盡情玩耍。對於生日PARTY的開銷，人們總是很大方。既然有人大方花錢，當然也就有人賺錢。葛鷗大一上學期的一天，女友過生日。葛鷗想找個地方，叫上一群好友好好happy一番；可學校附近的酒吧和KVT規模都很小，全都沒有包廂。最終，葛鷗在一家小KTV給女友過生日。那家KTV音響很差，沒有什麼好的酒水供應，而且收費還很高，葛鷗和朋友們玩得很掃興。

葛鷗於是和女友商量，一起開一家生日吧，專門為學校過生日的人服務。女友起初很反對說：「學校周圍都有那麼多酒吧和KTV了，競爭那麼激烈，你開生日吧是自尋死路。」葛鷗仍固執己見，他分析說：「只要我的

生日吧服務周到、價格實惠，肯定能打敗它們。」女友將信將疑。

葛鷗不顧女友的反對，邁開了創業的步伐。他以一萬元的月租，租了學校附近的一套三室一廳的商住兩用房。這套房有一百多平方公尺，葛鷗對房間進行簡單裝修後，作為營業場所，拿到了開業執照。接著，葛鷗花了十萬多元購進一套頗為高級的音響，再找人做了個看板，掛在窗口，他的生日吧就這麼簡單開張了。第一個月只有他的同學和朋友光顧，除去各種成本，沒賺到什麼錢。

後來，葛鷗印製了傳單到各個寢室散發，還到校園網論壇發文。此外，他還請同學和朋友幫他拉客戶。每拉來一批客戶，他就給予五十～四百元不等的報酬，視人數而定。由於他的生日吧收費比較便宜，而且還提供紙牌、KTV、跳舞等多種服務，很快吸引了不少客戶，生意慢慢好轉。

一般生日晚會都有十人以上，一批客戶舉辦生日晚會消費總額在兩千～五千元之間，甚至更多。在女友的建議下，葛鷗還推出代訂蛋糕和鮮花以及高級生日派對策劃服務。這些業務推出後，不但方便了客戶，還增加了收入。隨著客源逐漸穩定，葛鷗還推出會員服務，凡是註冊為會員的客戶，下次舉辦生日晚會可享受八折優惠。

在葛鷗和女友的精心打理下，生日吧生意漸漸上軌道，在學校的知名度越來越高。全校有幾萬名學生，幾乎每天都有人過生日，不少人聞名而來，在葛鷗的生日吧開派對。正如葛鷗預期的那樣，他的生日吧打敗了學校周邊的小KTV和小酒吧，生意非常好。好的時候，月入上萬元。

生日對每個人來說都很重要，在生日派對上花錢，大多數人都不會心疼。只要服務周到，哪怕價格高點，人們也都樂意。葛鷗推出專門服務過生日一族的生日吧，推出各種貼心服務，讓過生日的人玩得開心，生意自然好。開生日吧要注意控制成本，店面租金很高，租商住兩用房可以降低成本，而降低成本等於變相賺錢。開業之初也要注意宣傳推廣，否則默默無聞只會加速倒閉。

讓錢自己長
你不是缺錢，只是沒種創業

數位產品保養，低成本生意也賺錢

幾乎每個大學生都有數位產品，如手機、筆記型電腦等。在使用一段時間後，這些數位產品多少會有磨損，外表看上去很舊，使用者會覺得很沒面子。一名大學生看中了這個商機，當起「數位產品保養師」，賺到了不少錢。

許夏宏上大學後，像不少數大學新生一樣，父母為他買了手機、筆記型電腦等好幾種數位產品。許夏宏平時不太愛護這些數位產品，隨便放置；沒多久，他的銀白色筆記型電腦外表便開始掉漆，像是衣著襤褸的乞丐。

一天，班裡同學出遊，許夏宏拿出自己的筆記型電腦時，一女同學問他：「你的電腦是二手的吧？」許夏宏說：「不是二手，我剛買還不到半年。」那女同學譏笑說：「二手就二手嘛，幹嘛死要面子？」許夏宏窘得漲紅了臉。

第二天，許夏宏上街，想找人幫自己的筆記型電腦保養一下，可他逛了好幾條街都沒找到這樣的店。許夏宏沮喪之餘，卻又暗暗高興。如今擁有數位產品的人很多，數位產品保養大有市場，可滿大街都是賣數位產品的小店，卻沒有人提供數位產品保養服務，這難道不是個很好機會嗎？

許夏宏立即著手準備。他買來一台烤漆機以及一些清洗設備，先為自己的筆記型電腦美容。經過清潔、拋光、噴漆等一系列工序後，他的筆記型電腦煥然一新，像新買來的。

在掌握了技術後，許夏宏在學校附近的一條熱鬧商業街租了個小店面，專門提供數位產品保養服務。服務內容包括清潔、噴漆、貼膜、貼各種個性時尚圖案等。

他所租的小店附近有幾所大學和不少辦公室，是大學生和白領的集中，這類人幾乎每人都有數位產品。許夏宏提供的服務正是他們所需，生意剛開張便很好，每天保養的數位產品有上百部。保養一部數位產品的價格從五～五十元不等，一天下來，許夏宏竟有幾千塊錢的收入，月淨利過

萬元。還沒畢業，許夏宏的收入便超過了不少白領，成為校園小老闆一族。

隨著科技的發展，數位產品層出不窮。一部新近流行的數位產品少則幾百塊錢多則上萬元，消費對象大多是年輕人。初次創業者可能沒有那麼多的本錢投資銷售數位產品，但是，提供數位產品保養服務這樣的小本多利生意卻很容易上手。但前提是必須掌握保養技術，且營業位置四周必須有大量大學生、都市白領等目標客戶。

女大學生開服裝廠，有夢想就了不起

她是一個文弱女孩，在身無分文的情況下，她硬是籌集了一百多萬元，開了服裝廠。創業過程會遇到什麼挫折呢？她能成功嗎？

林月萍的父母都是普通上班族。林月萍以優異的成績考取某大學中文系。一進大學，林月萍明顯感覺到了就業的壓力：大他們一屆的學長學姊，找到的工作很一般，月薪水普遍很低，有的甚至還在焦頭爛額奔波於人力銀行。看著學長姊們臉上黯然的表情，林月萍不想重複他們的道路，她決定自己創業。早創業，早出成績！經過一番調查，林月萍發現精品服裝產業有市場。半年後，她和另外兩名同學說服各自的家長，籌集了一百多萬元買了設備，建立服裝廠。

然而，日子一天天過去，林月萍的服裝廠遲遲沒有接到業務。員工薪水、水電費、租金每天開銷很大，林月萍感到前所未有的壓力。為了盡早拉到業務，她和王文茜、杜笑全一起當業務。他們頂著烈日，挨家挨戶問：「需要訂做衣服嗎？」

他們終於拉到了一筆業務，一家製藥廠為一百多名員工訂做工作服。談好了價格、款式、顏色、尺寸後，林月萍跟對方簽訂了合約，規定一個月內交貨。林月萍將合約交給生產組組長，叮囑他一定要嚴格按照合約上的款式、顏色、尺寸等製作工作服。組長信誓旦旦說：「林總，您放心吧，不會出錯的！」

讓錢自己長
你不是缺錢，只是沒種創業

才幾天，工人就把一百多套工作服生產出來了。誰料，顧客看到工作服時，大發牢騷說：「你們怎麼不按合約來製作呢？」林月萍仔細看了合約，再看服裝，果然發現有出入。合約規定，必須在工作服背面上方印上製藥廠的名稱，林月萍的工人卻把名字印在了中間。雖然問題不是很大，但畢竟違反了合約，林月萍只好向顧客道歉並重新修改。

事後，林月萍大為惱火，想狠狠將生產組長訓一頓。最終她還是忍住了，耐心跟他講道理。生產組長主動承認了錯誤，保證以後絕不再犯類似的錯誤這筆業務沒賺到什麼錢。

漸漸，在全體員工的努力下，公司接到的業務越來越多，生意慢慢有了起色。林月萍他們三人喜上眉梢，照此下去，公司很快就可以盈利了。然而，事情卻突然出現了轉折。

十二月的一天，一個名叫阿軍的員工走進林月萍的辦公室，向她辭職。林月萍感到很費解，這名員工技術不錯，她給他開的薪水也挺高。他為什麼還要辭職呢？「你能說說你辭職的理由嗎？」林月萍問。「沒什麼特別的理由，反正就是不想做了。」阿軍說。林月萍不再追問，同意了他的辭職請求。

讓林月萍沒有想到的是，接下來的日子裡，竟然又有多名技術工人辭職。問他們辭職的理由，他們同樣不肯說。林月萍一氣之下，將他們全打發走了。她想，現在工作那麼難找，不愁招不到工人。

她親自出馬到人力銀行招人。出乎意料的是，幾天下來她竟然招不到人。前來應徵的人倒是不少，但都沒技術。此時，林月萍才明白，員工辭職是想趁年底招不到人、業務忙的時候，脅迫她加薪水。林月萍很生氣，她給他們開的薪水已經夠高了，他們竟然還不滿足！公司接了那麼多業務，如今卻招不到工人，該怎麼辦呢？交貨時間很緊迫，到期無貨可交，公司不僅賺不到錢，還得根據合約賠償給人家違約金，那樣可就虧大了。那段時間，林月萍焦頭爛額，吃不下也睡不好。

一個月過去了，林月萍還是沒招到熟練的技術工人。無奈之下，她只

好跟顧客商量，把交貨時間延長。多數顧客見她態度誠懇，都答應了她的請求。個別顧客有意刁難她，無論如何都不答應。林月萍只好賠錢了事。

隔年三月中旬，公司一下子接到十幾筆業務。林月萍急需資金購買原料。但由於春節前積壓的業務還沒消化完，不能及時回款，加上剛給員工發了薪水，資金周轉出現困難。四處借款碰壁後，她只好用機器抵押，向小額擔保貸款貸了十萬元。貸款到帳後，終於解了林月萍的燃眉之急。

廠房的機器快速運轉，工人忙碌趕工。四月底拿到公司財務報表時，林月萍萬分激動，公司終於盈利了！

五月初，越南一家企業有意向林月萍的公司訂做工作服。林月萍讓設計師設計了幾款服裝，網上傳給對方，對方看了之後很滿意。林月萍隨後讓工人做了幾件樣品，郵寄給對方。對方收到後，覺得款式很漂亮，當即向林月萍公司下了訂單。這是林月萍接到的第一筆海外訂單。雖然金額不是很大，但讓她對開發海外市場有了信心。

一天，一家酒店的負責人向林月萍訂做工作服時，問林月萍：「你們回收舊工作服嗎？我們酒店以前訂做的工作服，現在已破舊，丟掉了可惜，還汙染環境，留著又沒用。」林月萍靈光一閃，覺得舊衣服洗乾淨後，可以重新縫製成衣服，捐給貧困山區。或者，把舊衣服撕成長布條，做成拖把。她當即以較低的價格，收下了那家酒店員工穿過的舊工作服。

此後，林月萍跟顧客談生意時，都明確告訴對方，今後工作服破舊了，她願意以售價5%的價格回收。怕顧客不相信，她答應顧客，可以把這項條款寫進合約中。顧客見林月萍考慮如此周到、講信用，都很樂意與她做生意。

五月份，林月萍公司繼續盈利。六月，公司發展依然良好，接到很多單子。此時，林月萍的製衣廠已有工人三十多人，日生產服裝近四百套。同行得知林月萍開辦服裝廠，不到一年就盈利，感到很吃驚。一家服裝廠的老闆說：「當初我是帶著兩三名工人，從手工作坊做起，幾年後才發展壯大。林月萍不到一年時間就把服裝廠辦成規模，還有盈利，真的讓我刮目

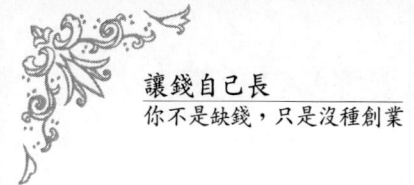

相看。」

　　一家有上千名工人、規模上億元的大型製衣廠老闆，得知林月萍的事蹟後，輾轉聯繫到林月萍，想跟她合作，注入千萬資金，幫她擴大生產規模。林月萍和合作夥伴商量後一致認為，跟對方合作雖然可以迅速提高公司的生產能力，但他們也必將讓出更多的股份。他們對公司的經營、管理行為將受到很大的約束，甚至沒有自主權，最終放棄了合作。

　　早起的鳥兒有蟲吃，凡事越早準備越有利。林月萍不像別的大學生，進了大學只顧埋頭苦學，不聞窗外事。危機感很強的她，很早就試水創業，自己建服裝廠。在開廠之初，她沒有經驗，遇到了很多挫折，這是難免的。但是挫折不等於失敗！她從挫折中吸取了教訓，為她今後的成功打下了基礎。

課餘擺攤，我是這樣月入兩萬

　　路邊的小攤很不起眼，擺攤難登大雅之堂；但如果選對了要賣的商品以及路段，擺攤也能小富。

　　陸雅的父母先後失業，家裡經濟狀況頓時窘迫。原本一直努力想畢業後考研的陸雅，打消了念頭，開始四處找兼職。她先後做過服務生、家庭教師等工作。這些工作辛苦不說，薪水還很低。陸雅開始考慮利用課餘時間做點小生意，可又不知道做什麼。

　　九月的一天，她去一個已經畢業的學姊家做客。學姊丈夫是個生意人，從事小家電批發生意。閒聊中，學姊告訴她，有許多小商販是她丈夫的客戶，經常從她丈夫那裡進貨，而且賣得不錯。做得好的，每月賺好幾萬塊，差的也有好幾千。陸雅怦然心動，告訴學姊她想擺攤賣小家電。學姊驚訝：「擺攤很辛苦，受得了嗎？」陸雅笑笑說：「這沒什麼！」

　　見陸雅如此執著，學姊說服丈夫，先賒貨給陸雅試試。陸雅要是賣不出去，可以全部把貨物退回給學姊丈夫。

第一章 創業要趁早，大學校園裡商機無限
課餘擺攤，我是這樣月入兩萬

那天晚上，陸雅剛好沒課。陸雅早早來到校門口附近的小街邊擺攤，主要賣檯燈、收音機、小電扇、充電器、插頭、插座等小電器。一開始的時候，陸雅很迫切想開單做成生意，於是眼巴巴盯著過往的行人看。可行人來來往往，卻沒什麼人光顧。後來，陸雅才明白過來，自己這麼看著行人，行人就算是想買什麼東西也不好意思過來。

陸雅不再盯著行人看，而是埋頭擺弄她的小家電。果然，沒過多久，行人三三兩兩圍著她的小攤挑選貨物。陸雅擺攤三個小時，賣出去兩台收音機、一盞檯燈，幾對電池，賺了三百元。這錢賺得較辛苦，而且相對做家教還要低些。但陸雅很滿足，自己畢竟邁出去了成功的第一步。她自信滿滿，以後生意肯定會慢慢好起來。可是，一個星期過去了，她擺攤的日均收入在兩百五十元左右，老是增加不了。付出和得到不成比例，陸雅有點洩氣了，一度想放棄。

後來，她在附近轉了幾次，用心分析，終於找到了問題的根源。原來，她擺攤的位置雖然是路口，但這裡大都是車輛穿梭而過。少部分人從這裡過去，是到對面的車站搭車。要想擺攤賣出貨物，最好的路段是「休閒路段」，即那段路休閒散步的人較多。

陸雅變換了擺攤的位置，將攤點轉移到校門左邊的幾百公尺外的一條街道。那條街道附近有個生活區，飯後來散步的人很多。位置一變，生意果然變好，當天就賣出去三十多件小商品，收入近千元。陸雅不再賒貨，拿賺到的錢進了更多的小家電，使她的小攤看上去貨物品種繁多，這樣更容易吸引顧客。在陸雅的精心經營下，小攤生意很穩定，月收入在兩萬元以上。

不論做什麼生意都難免會遇到挫折，如果因為挫折就放棄，那將是真正的失敗。唯有仔細思考、分析，找到問題癥結所在並改變，才能取得成功。擺攤誰都會，但如果在錯誤的位置擺攤，生意不會好到哪裡去。在正確的位置擺攤，瞄準了目標客戶，生意自然好起來。

讓錢自己長
你不是缺錢,只是沒種創業

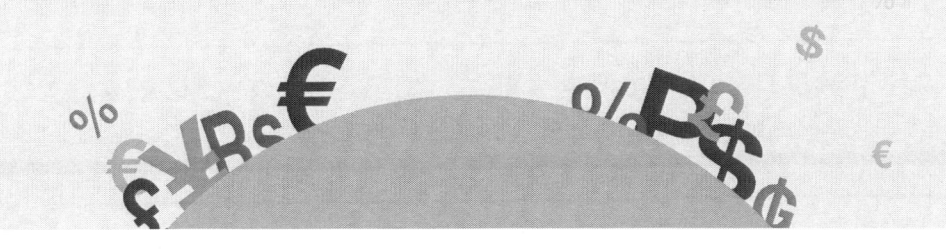

第二章
一無所有不可怕，敢想敢做空手也能套白狼

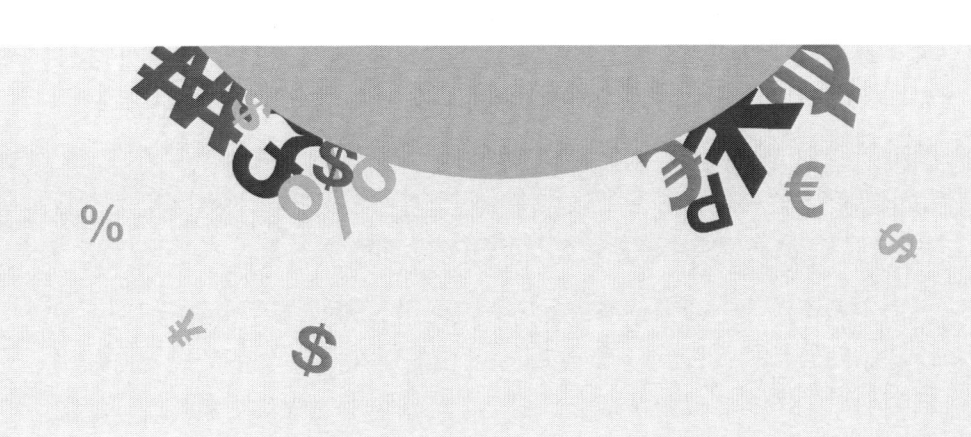

讓錢自己長
你不是缺錢，只是沒種創業

有這麼一個故事，一名男子找工作屢屢失敗後，身無分文，飢寒交迫。他經過公園時尿急，便走進廁所小便。該廁所免費對外開放，遊客如廁不用交錢。男子小便出來後，突然來了靈感。他搬來一張破舊桌子和凳子，坐在廁所門口，當起了老闆，向進廁所的人收錢。人們都以為廁所開始收費了，都乖乖交錢。男子在那個廁所收了半個月錢後，才被管理人員發現轟走，但此時，他口袋裡已有了幾百元。

這個故事雖然有點滑稽，但它告訴我們，只要動腦筋，在兩手空空的情況下也能賺錢，當然前提是不能違法。

空手租店面

人們常常感慨生意難做，看完下面的故事，你對做生意是不是有了新的認識呢？

李浩飛出生在山村，從小就很頑皮，爬樹、下河、罵人、打架無一不會。他因此不少挨父親的棍子，但依然頑皮。

小時候的李浩飛頗具生意頭腦。上小學時，他把一張大白紙裁成許多小塊，然後用線訂成本子賣給同學賺幾分錢。他還從樹上折下許多小樹枝去掉皮、曬乾，把它磨圓滑，中間鑽個孔，插上圓珠筆芯，製成漂亮的圓珠筆賣給同學。最讓他記憶猶新的是，小學五年級時，他偶然從某路人處學會用紙折各種小動物。回家後，他折了許多小貓小狗，再拿到學校賣給同學賺到兩塊錢，當時兩塊錢可以買到好多東西呢。

上了高中後，李浩飛依然貪玩。有時覺得老師上課的內容很無聊，他就蹺課到外面和別人打牌。儘管如此，憑他的小聰明，他的成績一直在班上前五名。上了高二以後，李浩飛迷上了各種電器，尤其是無線電。他很好奇，為什麼收音機、電視機能收到節目？他經常在課餘時間跑到市集上的家電維修中心看人家維修電器，也學到了不少電器知識。高二物理課本中有許多關於電子方面的知識，他學得如癡如醉，物理成績不用說，每次

第二章 一無所有不可怕，敢想敢做空手也能套白狼
空手租店面

在班裡都是第一。

可高二畢業後，厄運卻降臨到他的頭上。李浩飛做建築的父親在一次施工時不慎從三樓摔下，摔成重傷，下身癱瘓。李浩飛的家庭本來就貧窮，下面還有兩個弟弟一個妹妹。父親是家裡的支柱，現在癱瘓了，整個家庭就陷入了經濟危機。

父親癱瘓後，為了弟弟妹妹能夠繼續上學讀書，李浩飛只好輟學外出打工。他向親朋好友借了一千多元，搭上了火車。由於高中時學到一點電子知識，他很快在一家電子廠找到一份工作，主要是焊接各種電路板。薪水是根據工作量來算，完成任務多，薪水就高。李浩飛每月辛苦下來能夠賺到五千元左右。他把大部分薪水寄回家供弟妹上學，只留下很少的一部分。最初，李浩飛以為自己喜歡電子，會長久把這份工作做下去。後來才發現，每天工作都是一樣的，那就是不斷焊接電路板。長久下來，李浩飛覺得這樣的工作很枯燥乏味，於是產生了離開的念頭。

一天，一個高中同班同學打來電話，跟李浩飛敘舊。這位同學得知李浩飛想換工作後，對他說：「我有一位同學的父親是做鋁礦生意，我同學可以安排你進他父親的工廠工作。」李浩飛二話沒說，領了薪水後就踏上了旅途。

李浩飛進了同學所說的礦業公司後，因為沒有什麼學歷，被安排在辦公室，主要負責接待客人、發傳真、接電話，工作很輕鬆，每月六千元。李浩飛很滿意這份工作，第一個月拿到薪水就請同學吃一頓飯。

可做了幾個月後，李浩飛發現這個家族企業管理混亂。公司裡的員工大部分是老闆的親戚，沒有人管他們的上班時間，早上都十點多了，還有人沒來上班。財務開支也很亂，老闆的親戚可以隨便報銷。李浩飛在公司裡總感覺自己是外人，做事小心翼翼，任何一個人都得罪不起。一次，李浩飛正在發一份傳真，有客人來了，坐了一會兒沒人倒水，老闆的外甥女正打遊戲打得起勁。老闆進來看到沒人給客人倒水，不分青紅皂白，對著李浩飛就大罵：「要你來吃白飯的嗎？看見客人來也不懂得招呼一下。」李

讓錢自己長
你不是缺錢，只是沒種創業

浩飛不敢吭聲，只好停下手中的工作為客人倒水，老闆的外甥女卻依然在打遊戲。

最讓李浩飛受不了的是，公司裡的人對他的提防。公司開會從來不讓他參加。一次，老闆的侄女進來彙報工作，老闆毫不客氣把李浩飛「趕」出辦公室，關上門；用人方面，老闆只重用自己人，他的親戚一個個都被安排到財務、採購、銷售等重要部門學習，李浩飛做事再怎麼勤快，都沒人注意他，在他們的眼中李浩飛是來這裡混飯吃的。

一天，一個遠房親戚到辦公室找老闆，一進辦公室，辦公室裡親戚都圍著他問長問短，只有李浩飛一人傻坐著。他們彷彿是一家人，只有李浩飛自己感覺被一堵無形的牆隔在外面。

李浩飛實在受不了這種寄人籬下的感覺，工作半年後就辭職。沒有了工作，李浩飛整天一個人在街上晃蕩，心中有著許多的落寞。日子一天天過去，李浩飛口袋中的錢也越來越少。不能再這樣下去了，李浩飛心中暗暗著急。他關在租屋裡苦想了一整天，決定自己做點小生意，但自己沒有本錢不知道能做什麼。

第二天他在大街上邊逛邊想著該做什麼生意。走過文明路時，他看到一間店面貼出招租廣告。李浩飛暗想，不妨去看看，說不定是個機會呢。他找到店鋪老闆詢問：「這間店面租金多少錢一個月？」老闆看了看他說：「九千元，你租嗎？」李浩飛腦筋快速動了一下說：「當然租，而且我要租兩年，現在就可以簽合約。」老闆不禁喜出望外，因為這個店面的位置不太好，好多人問了價格後，都嫌貴。「但是，」李浩飛接著說，「租金每月付一次，而且是月底付。」「這，這怎麼行？」店面老闆有點猶豫不決，他怕李浩飛騙他。李浩飛看透了他的心理，底氣十足說：「你好好考慮吧，有錢我不怕租不到好店面。」留下電話後，李浩飛大搖大擺走了。

幾個小時後，店面老闆打來電話，同意按李浩飛的條件出租店面。原來店面老闆考慮他的店面位置有點偏，好不容易有個大方的「老闆」來租，他怕失去機會。再說了，如果李浩飛月底交不出租金，到時候再把他趕走

第二章 一無所有不可怕，敢想敢做空手也能套白狼
空手租店面

也不會損失什麼。

合約很快就簽好了，店面也有了。可這時，李浩飛口袋裡沒有什麼錢。他焦急想著下一步該怎麼走。逛了幾次這條街，李浩飛發現這條街所處的社區有許多外來人口，但整條街沒有一家舊貨店，開一家舊貨店肯定賺錢。可自己沒有本錢，怎麼辦？李浩飛想到自己的朋友有一些用不上的舊家具和舊電器，不如跟他們說先賒給自己。李浩飛跟他們說了之後，他們都願意將舊貨賒給李浩飛，有幾個朋友還慷慨將一些舊家具送給李浩飛。李浩飛把這些舊家具、電器擺到店裡，然後用紅紙寫了「舊貨店」幾個大字貼在門口。沒想到，第一天開張，竟賣了三張桌子、兩張椅子、兩台電視、一台風扇、一台答錄機，除去還朋友的錢，李浩飛還賺了一千多元。

李浩飛很高興，他把賺來的錢趕緊拿去收購舊貨。他在各條小巷裡穿梭，大聲喊著收舊貨。這個社區向來沒有什麼人收舊貨，每天李浩飛都能以很低的價格收到不少舊貨。他把這些寶貝擺到店裡出售，由於沒有競爭對手，他的生意出奇的好。一個月下來李浩飛不僅付了租金，手裡還有一萬多元的流動資金外加一屋子的舊貨，李浩飛拿到了營業執照。

為了多收些舊貨，李浩飛雇了兩名工人，為他們配了舊腳踏車，讓他們到其他住宅區收購舊貨。由於當時幾乎沒有什麼人上門收購舊貨，那兩名工人每天都能收到一大堆舊「寶貝」。有了充足的貨源，李浩飛的生意日益興隆，腰包也逐漸鼓了起來。但他不滿足於現狀，他思考著如何擴大業務。經過幾天的打探觀察，李浩飛發現有許多大企業、大公司經常會淘汰許多辦公設備，而一些新開張的小店面、小公司為了節約成本喜歡到舊貨店挖寶。李浩飛趕緊招了幾名業務，他把這些業務分成兩組：一組專門到各個大企業、大公司收購舊貨；一組專門打探有哪些小店、小公司開張，然後向他們推銷舊貨。由於瞄準、資訊靈通，李浩飛做成了許多樁生意。

兩年過去了，李浩飛買賣舊貨賺了一百多萬元。這時，李浩飛的員工看到李浩飛賺錢後，開始不安分起來。有兩個員工辭職，在同一條街上開了兩家舊貨店。競爭也變得激烈。為了收到更多的舊貨，各自都提高收購

價格，在賣的時候為了吸引顧客都降低價格，買賣舊貨變得很薄利。賺到第一桶金的李浩飛果斷抽身出來，把店轉了出去做建材生意。

舊貨市場門檻低，李浩飛在人們還沒覺悟之前，憑藉過人的遠見，先空手租到店面，後空手賒到舊貨，當起了老闆。其成功除了膽識，還有遠識。有些人想創業，可又怕失敗遭人恥笑，創業還沒開始就已經縮手縮腳，根本不可能成功。

租空地開夜市，沒錢也當老闆

多數人都習慣白天工作和賺錢，少有人在意夜晚的商機。

細心的張曉雄發現夜市很受人們的歡迎，於是他租空地開了夜市，後來又在熱鬧的夜市附近賣宵夜，生意一直很好。他也挖到了人生的第一桶金。二十三歲的張曉雄出生在一個普通農民家庭。高中畢業後，張曉雄應徵一家藥業公司當業務。後來，張曉雄的一名客戶在收到張曉雄發出的價值十萬多元的藥品後，突然失蹤。公司對此大為惱火，第二天，張曉雄就接到了解雇通知。

失業後的張曉雄在人力銀行轉了幾個星期，都沒有找到工作。一天晚上，張曉雄一個人漫無目的在街上亂逛。一個多月過去了還沒找到工作，張曉雄已經對找工作失去了信心。他打算自己做點小生意，哪怕擺攤也行。可此時，他口袋裡只剩下兩千元了，能夠做什麼呢？

張曉雄逛到夜市，想了解一下在夜市擺攤最少得花多少錢。問了在夜市擺攤的人後，人家告訴他，一個五平方公尺左右的夜市攤位每月的租金要兩千多塊錢。張曉雄頓時像泄了氣的皮球，失望到了極點。

張曉雄回出租屋，走到社區大樓時，張曉雄突然停下了腳步。大樓前面有一塊空地，附近有幾個居民社區，人流量很大，要是在這裡擺攤賣東西生意肯定很好。張曉雄眼睛一亮，他想到了一個賺錢的好方法：把這塊空地租下來，再分成許多小塊，租給別人做夜市攤位。

第二章 一無所有不可怕，敢想敢做空手也能套白狼
租空地開夜市，沒錢也當老闆

第二天，張曉雄把自己的想法告訴好友周宗，並勸他和自己一起創業。周宗笑他：「你別做白日夢了，那塊空地有好幾百平方公尺，你那幾百塊錢誰會把場地租給你？你還是趕緊去找工作吧，否則你的錢花光了可別來找我。」

好友不動心，張曉雄只好自己做。他找到大樓的物業管理公司，表明來意。物業公司負責人趙經理一聽大樓前面的空地還能出租賺錢，很感興趣。他問張曉雄：「把場地租給你可以，但是你要租多久呢？租金怎麼算呢？」張曉雄說：「我租一年，只在晚上七點到十二點租，整個場地的月租金你報個價，合適我就租。」趙經理沉思了一會兒說：「這樣吧，整個場地每月租金一萬元錢，租金半年付一次。」

張曉雄想，那塊場地面積有兩百平方公尺左右，一萬元錢的月租金並不貴，於是爽快答應了。簽合約時，張曉雄對趙經理說：「我現在跟你簽合約，但是前半年的租金，我兩個星期後再付給你。」其實簽合約時，張曉雄很心虛。此時，他身上只有兩千元，根本沒能力付半年的租金。他想讓對方多給他一點時間。沒想到，對方竟爽快答應了。

出來後，張曉雄心裡又喜又急。喜的是終於拿下這塊空地了，急的是那半年的租金去哪裡找？張曉雄的朋友都是普通的小資族，根本沒錢借給他，家裡經濟狀況很差，就更別指望了。無奈之下，張曉雄到銀行貸款。銀行負責人問他：「你用什麼做擔保呢？」張曉雄張大了嘴，答不上來。負責人只好把他「請」出去。

兩天過去了，張曉雄還是想不出籌錢的辦法，他急得連飯都吃不下。這天早上，張曉雄剛起床，房東就敲門催張曉雄交房租，張曉雄讓他緩幾天。送走房東後，張曉雄突然樂得跳了起來，是什麼事使他這麼高興呢？原來他想到了籌錢的好方法。

第二天，張曉雄花五百塊錢，在當地一家報紙的分類廣告欄裡做了個小廣告：現有少量位置極佳的夜市攤位出租，有意者請速聯繫。廣告登出來後，張曉雄的手機響個不停，許多人爭著要來看看張曉雄的夜市攤位。

讓錢自己長
你不是缺錢，只是沒種創業

當天上午，張曉雄帶了三十個有意租夜市攤位的人看了場地。看完場地後，張曉雄對他們說：「這個夜市附近的人流量很大，位置很好，每個攤位的月租金只有四百元，想租就早點決定，晚了就沒有了。」很快，有二十人當即決定要租張曉雄的夜市攤位。跟他們簽訂合約時，張曉雄說：「合約簽訂後三天內，你們每人都要預付半年的租金。」令張曉雄感到意外的是，他們竟全都同意了。其中一名中年女子說：「半年租金才十二萬，這沒問題。」

三天後，張曉雄竟然陸續把十二萬的租金收齊。張曉雄把六萬元的租金付給了大樓的物業管理公司，自己淨賺六萬元錢。張曉雄高興到一家高級餐廳吃了一頓，好友得知消息後驚訝不已，他們都對張曉雄佩服得五體投地。

八月，大樓前面空地的夜市終於開張了。二十名攤主擺上不同的商品做起了生意。由於夜市附近人口密集，夜市的生意很好。然而有誰能想到，這個夜市幕後的「大老闆」竟是張曉雄呢？

嘗到甜頭後的張曉雄，並不滿足於現有的成績，他想，肯定還有許多這樣的空地，如果把它們全都租下來做夜市，自己不是可以大賺一筆嗎？張曉雄花五千多元買了輛電動車到處轉。

九月，張曉雄又以每月五千元的租金租了下一塊空地，然後把它劃成七個攤位，每個攤位以一千五百元的月租金租，賺了一萬兩千元。張曉雄興奮不已，繼續物色下一個目標。

然而，就在張曉雄準備大展身手時，一些意想不到的情況出現了。一天晚上，張曉雄正騎著車閒晃，夜市的攤主打來電話說，警察不許他們賣東西。一名攤主甚至向張曉雄怒吼道：「你這個騙子，我要報警。」張曉雄馬上掉轉車頭趕到現場。警察對張曉雄說：「你在此開夜市沒有經過批准是非法的，你必須先申請才行。」第二天，張曉雄只好墊錢，將相關手續辦齊。

有了這次教訓，張曉雄在開發夜市時，事先都辦好相關手續。到十一

月為止，張曉雄已經租了四塊空地做夜市。平均下來，他的月收入已經突破了萬元。而且這樣的生意做得很輕鬆，他只需與別人談判。簽下合約後，他就幾乎什麼都用不著插手了。

由於沒有競爭對手，張曉雄的生意一直很好，除去租金、人員薪水和原料等各種成本，月收入兩萬多元。說夜市是晚上最熱鬧的地方也不為過，夜市賣的商品因為價格低廉很受人們的歡迎。但是誰能想到，張曉雄空手也能當夜市老闆呢？因此，當某種生意興隆時，不妨也動動腦，探清其操作手法。

替人摘椰子，爬樹也賺錢

在南部，到處都有高聳入雲的椰子樹。椰子汁清甜、肉香嫩。但椰子好吃難摘。椰子樹很高，樹幹沒有枝，很滑，爬上去很困難。一次偶然的機會，馬洋發現為別人摘椰子也能賺錢。於是他辭掉工作，專門給別人摘椰子。兩年下來竟賺了五百多萬元，他也從一個普通員工變成了一個小老闆。

那一年，馬洋和五個年輕人來到南部打工。剛到目的地，馬洋就被街道旁的椰子樹迷住了。街道上種了很多椰子樹。那些椰子樹矮的有一層樓那麼高，高的有五六層樓。椰子樹上結滿了鮮綠的椰子，一串一串，每個椰子有皮球那麼大。走在人行道上，馬洋很小心，邊走邊抬頭看，生怕上面的椰子會掉下來砸到頭上。後來跟別人說起這件事，別人都笑他。因為椰子掛在樹上很牢固，即使颱風，椰子也不會輕易掉下來。

轉了幾天後，馬洋與朋友都找到了工作，因為他們都懂些手藝。只有馬洋因為沒有什麼文化，也不會什麼手藝，還沒有找到工作。身上帶的錢越來越少了，馬洋只好做些零碎的苦工，賺些錢應付生活。

三月，馬洋的朋友王第找到他說：「我所在的團隊要蓋一棟大樓，現在缺一個搬運工，你如果想做就跟我一起去。」馬洋求之不得，他趕緊收拾

讓錢自己長
你不是缺錢，只是沒種創業

行李跟著去了。馬洋的工作主要是搬運水泥到施工現場，老闆給他的薪水是每月七千多元，包吃住。對馬洋來說，這樣的薪水很高。每個月領了薪水，馬洋只留下一千塊零用錢，其餘全部寄回家。

馬洋施工地旁邊就種有一大片椰子，一棵棵挺拔的椰子樹上掛滿了椰子。來這裡快兩個月了，馬洋還沒有吃過椰子。路邊倒是有不少賣椰子的。每個椰子十塊錢，馬洋捨不得買。看著一個個皮球大的椰子，馬洋很想嘗嘗是什麼味道。

一天中午馬洋吃完飯後，和幾個工友坐在一棵椰子樹下休息。看著掛在樹上的椰子，馬洋自言自語道：「這椰子是什麼味道的呢？好不好吃？」旁邊的一個工友聽到了對他說：「當然好吃了，椰子汁很清甜的。」馬洋聽了直流口水。工友看到馬洋貪婪看著椰子，就逗他說：「你上去摘一個下來嘗嘗不就知道了。」

正在這時，旁邊的一間瓦房裡走出一名五十多歲的男子，男子對馬洋說：「你如果幫我把樹上的椰子全摘下來，我送十個椰子給你。」「眞的嗎？」馬洋有點不敢相信。「眞的。」中年男子很認眞說，然後轉身進屋了。還沒等男子出來，馬洋就脫掉鞋子，抱住椰子樹往上爬。不一會兒，馬洋就爬到了樹頂。坐在樹頂上，馬洋突然感到很恐怖，因為近十公尺高直挺的椰子樹，在海風的吹拂下晃來晃去，好像快要倒下去了。伸手摘椰子時，馬洋才知道摘椰子確實不是件容易的事，因為椰子掛在樹上很牢固，用手扭半天都摘不下來。馬洋只好用腳踹，這才把椰子踹掉下去。可椰子一掉到地面就裂成兩半，裡面的汁也流光了。男子從屋子裡出來看到馬洋這麼摘椰子，就大喊道：「你不能這樣摘椰子，趕快下來帶上刀和繩子。」白忙了一場，馬洋只好下來。男子告訴馬洋，摘椰子不能一個一個摘，要帶上刀一串一串割，然後再慢慢垂吊下來。

驚恐未定的馬洋對摘椰子已感到害怕了，但想到那十個椰子，馬洋又有了動力，他帶上刀和繩子，第二次爬上椰子樹。忙了二十幾分鐘，馬洋終於把樹上的八串椰子全摘下來了。這八串椰子，每串長有六七個椰子。

第二章 一無所有不可怕，敢想敢做空手也能套白狼
替人摘椰子，爬樹也賺錢

男子很講信用，讓馬洋隨便挑了十個椰子。

馬洋終於嘗到椰子的味道了，椰子汁很清甜，真的很好喝。難怪那麼多人喜歡買椰子。喝完椰子汁，馬洋準備回房睡覺，這時，中年男子走過來對馬洋說：「我還有幾十棵椰子樹，不知道你願不願意替我摘椰子。如果願意，你每摘完一棵椰子樹上的椰子，我給你七十五元。」摘椰子還能賺錢？而且價格還挺高。摘一棵樹七十五元。如果摘十棵，那不就是七百五十元了嗎？這比當搬運工輕鬆多了。馬洋突然來了興趣，他答應了中年男子的請求。當天中午和下午放工後，馬洋為中年男子摘了七棵椰子樹上的椰子，賺了五百多元。在與中年男子的聊天中，馬洋了解到，現在是椰子的收穫季節，有很多人來收購椰子。每個椰子的價格從兩塊到五塊不等。中年男子告訴馬洋，這裡每家每戶都種有很多椰子，聽了中年男子的介紹，馬洋隱約感覺摘椰子有市場。

經過再三考慮，六月，馬洋終於辭掉搬運工的工作，專職做起替別人摘椰子的生意。馬洋向朋友借了手機，買來幾張大白紙，切成許多小塊，在每塊小紙片上面寫著：「替別人摘椰子，電話：××××」然後，馬洋把這些小廣告到處張貼。下午馬洋的手機不斷響。

還是六月，馬洋摘了十五棵椰子樹上的椰子，賺一千多元。但連續不斷爬樹，一天下來，馬洋也非常累，回到住處吃完飯，顧不得一身汗，躺在床上就呼呼大睡。一個月下來，馬洋竟賺了三萬多元。但馬洋也付出了很大的代價。由於經常爬樹，馬洋的肚皮摩擦得紅紅一大片。晚上躺在床上，肚皮在發燙，還很痛。為了避免肚皮過度摩擦，此後，馬洋摘椰子時都穿上一件厚厚的大衣，這樣摩擦就不會傷到肚皮。

七月，馬洋到一個村莊替別人摘椰子。正當馬洋快爬到樹頂時，突然從樹頂上飛出一隻鳥，馬洋被嚇了一跳，那隻鳥飛出椰子樹時抖落一堆枯葉的碎末。一小粒碎末掉到了馬洋的眼睛裡，馬洋頓時感到眼睛疼痛無比。稍微一走神，他竟從近十公尺高的樹上摔下來，手被摔斷了，幸好摔到的地面是軟泥，否則性命難保。椰子樹的主人把馬洋送到醫院，丟下

一千多塊就離開了。馬洋只好打電話給王第照顧自己。為了籌醫療費，馬洋不斷打電話給朋友。幾天下來，馬洋借了兩萬多塊，加上自己打工的一點積蓄才將醫療費付清。

出院後，王第勸馬洋說：「你還是去找份正經工作吧，別再胡思亂想了。」可一連幾天馬洋都沒有找到工作。家裡的債務還沒有還清，自己又欠別人的錢，而且還失業了，這些債什麼時候才能還得清啊？馬洋煩惱不已。想起摘椰子的經歷，馬洋心有餘悸。但回頭一想，摘椰子真的賺錢很快。如果沒什麼意外，只要摘幾個月的椰子就可以把債還清了。馬洋決定還是去摘椰子。王第得知馬洋還要去摘椰子後，生氣大罵：「你連命都不要了是不是？」最終王第還是沒法說服馬洋。

滿山遍野高高聳立的椰子樹，令許多人望而生畏，沒有幾個人願意冒險摘椰子。馬洋自然整天忙得不可開交。剛為這家人摘完椰子，另一家人馬上又拉著馬洋。馬洋每天都能賺到一千元。

後來，他以每天四百元的薪水，招了三十名二十幾歲、身強體壯的工人摘椰子。這些年輕力壯的工人大約每天能摘二十棵椰子樹，每摘一棵椰子樹上的椰子，得到的報酬是七十五元。這樣每個工人一天摘椰子能賺到一千多，扣除每天薪水，馬洋能從每個工人身上賺到六百五十元左右。十天時間，馬洋就賺了近二十萬元，一下子就把欠下的債務還清了。

馬洋用賺來的錢租了個店面，做起了椰子批發生意。由於經營有方，馬洋的椰子批發生意做得很好，個人財富早就突破了五百萬元。

摘椰子看起來是件很小的事，為什麼也能做成大生意呢？關鍵在於規模，摘一顆椰子肯定沒什麼錢賺。但如果摘上百萬顆，可就不是小數目了。因此，別小看一分錢。

借雞生蛋，利用好身邊的資源

年僅三十七歲便擁有千萬家產，而他僅僅國中畢業，他是如何成功的呢？

第二章 一無所有不可怕，敢想敢做空手也能套白狼
替人摘椰子，爬樹也賺錢

天福出生在貧困山區，是家裡的第二個兒子。因家境貧困，父母便給他取了個名叫天福，意即希望老天爺爲他賜洪福。天福自小就很懂事，經常幫父母做農事。每天放學後都要放牛，餵雞、鴨、鵝，週末還幫父母做飯、炒菜。村裡的大人都誇他是個好孩子。

在學校，天福是個品學兼優的學生，每次考試成績都在年級前五名，拿回家的獎狀貼滿了牆，但學費的問題經常讓他父母頭痛。天福還有一個哥哥在上國中，下面還有弟弟和妹妹上小學。爲了幾個小孩的學費，天福父母經常向別人借錢，有時借不到只好欠學校的學費。十三歲那年，天福考上了明星中學，他的哥哥也從鎮中學考進明星高中。弟兄倆同時考進明星學校，這在當地並不多見。父母把家裡值錢的東西都拿去賣，還向鄰居借了錢才湊夠兄弟倆的學費和生活費。在學校，天福很節約，打飯時他從不跟別人一起去，等別人差不多吃完了，他才去餐廳打飯，配菜是從家裡帶來的蘿蔔乾。這樣下來，每月的伙食費可以省下許多，天福用省下來的錢爲自己和弟妹買文具。

轉眼間，天福上國中已讀到國三，成績一直名列前茅。班主任說，這樣下去上明星高中絕對沒問題。能上明星高中就意味著半隻腳已經跨進了大學校門。可天有不測風雲，不幸降臨到了他的頭上。

一天晚上，天福正在上晚自習，班主任把他叫到外面，說有人找他。天福出來一看是母親。母親告訴他，父親被毒蛇咬了，現在昏迷不醒。天福趕回家，只見父親躺在床上，被蛇咬的那隻腳腫得很大，整隻腳像木炭一樣黑。母親告訴他，父親砍完柴後，在回家的路上被一條眼鏡蛇咬到，村裡的人用一些草藥給他敷在傷口上，他一直昏迷到現在。天福不相信什麼草藥，他叫母親和伯父趕緊送父親到醫院。伯父和母親這才連夜把父親送到醫院。由於救治及時，父親暫無生命危險，但醫生說，被蛇咬到的那隻腳會殘廢。

這個消息好像一聲驚雷在天福家人頭上炸開。父親是家裡的支柱，父親的殘疾無疑爲本來就貧窮的家庭雪上加霜。哥哥表示要退學外出打工。

讓錢自己長
你不是缺錢，只是沒種創業

哥哥正在上高三，馬上要聯考了，無論如何都不能退學。天福毅然決定，棄學到外面打工，賺錢供哥哥上大學和補貼家用。天福的提議遭到家人的反對。但倔強的他留下一封信後，一個人偷偷跑到大城市打工。

從家裡出來後，身無一技之長的天福找工作處處碰壁。最終，當他問一個工地要不要工人時，工頭問他為什麼不讀書而出來打工，天福把自己的經歷告訴了工頭。工頭同情他，把他留下來當小工用。

天福的工作就是每天為工人提水泥。瘦小的他提著幾十斤重的水泥很吃力，但他從不喊累，從不偷懶。每天收工時，他都會累得像一攤爛泥。晚上，身子一貼床板就呼呼大睡。沒幾天，天福的手上就起了許多個大水泡，痛得他汗水直流，但他依然咬緊牙繼續工作，因為他知道這份工作來之不易。勞累不用說，天福還經常遭到工友欺侮。其他工友看他年紀小，經常逼迫天福為他們洗衣服，如有不從就遭到打罵。瘦小的天福只好把淚水往肚子裡吞，默默忍受著。

一次，一個工友在外面喝酒，醉醺醺回到工地，脫下衣服，大聲吼叫天福為他洗衣服。天福頂了他一句，「我為什麼要給你洗衣服？」那傢伙二話不說，把天福狠狠揍了一頓。天福被打得鼻青臉腫，卻又無處申訴，只好自認命苦。

天福平時很節省。他把打苦工賺到的錢，一部分寄給已經在讀大學的哥哥，一部分寄給家裡。

一晃三年過去了，天福已經是十九歲高大英俊青年了。由於一直做工，他的體格相當健壯，那些苦活對他來說已是小菜一碟，工友也不敢再惹他了。逐漸成熟的天福經常思考一個問題，自己不能一輩子做工，不然一輩子都沒有出息。

在這個強烈願望的驅使下，天福跳槽到一家飼料公司當業務。老闆給的底薪是一千五百元外加提成。剛剛從體力活轉到銷售，天福沒有一點經驗，前兩個月，一袋飼料都沒有賣出去。老闆給他下了通牒，這個月再沒有成績就走人。天福這下急了，他暗想為什麼不到自己家鄉去試試看，不

第二章 一無所有不可怕，敢想敢做空手也能套白狼
替人摘椰子，爬樹也賺錢

是有許多人養豬嗎？於是他回到家鄉，挨家挨戶推銷飼料。別的業務員都是跑經銷商，他卻直接找客戶。這招還真有效。由於價格比店裡便宜，許多養豬戶紛紛找他買飼料。這樣一來，經銷商坐不住了，找到天福要求經銷他的飼料。天福很開心，他又把這個方法複製到其他鎮上，均取得了很好的成績。結果第三個月，天福的業績排第一。老闆和同事都對他刮目相看。當月天福拿到了一萬多元的提成。第一次拿到這麼多的錢，天福驚喜得不得了。他到一家比較高級的餐廳吃了一頓，然後把剩下的錢寄給哥哥和家裡。

第一次銷售成功使天福愛上了銷售工作。為了擴大銷售，他變換了許多方法，如死纏爛打、拉關係、送小禮物、幫別人做事等，加上他的勤奮，他的業績遠遠超過其他同事。第五個月時，他的業績達到了一百五十萬元，按照最初的承諾，老闆應該給他十萬元的提成。但老闆這時候卻反悔了，只給了天福三萬元。眼看著自己辛苦的付出卻沒有得到應有的回報，天福憤怒離職。

失業後的天福關在租屋裡幾天，思考著下一步該怎麼走。一週過去了，天福一點頭緒都沒有。

這天他毫無目的走在大街上，突然一輛賓士悄無聲息停在他的身邊，車門打開了，一個中年人探出頭來：「怎麼了？年輕人，幾天不見就變得無精打采了。」天福一看，原來是李老闆，他原來的一個客戶。李老闆是個外商，租了許多農場，做種植和養殖，曾一下子買了天福一百多萬元的飼料，聽說身家過億。天福把自己的經歷告訴了李老闆，李老闆對這個勤快、踏實的年輕人頗有好感，聽了他的遭遇後，李老闆說：「如果你願意，明天就到我公司上班吧。」

絕處逢生，第二天天福就投奔李老闆。天福沒有什麼專業知識，也沒有學會什麼技術，剛到李老闆辦公室竟無所事事。李老闆便出錢叫天福去學開車。幾個月後，天福當上了李老闆的司機。天福較善解人意，除了當好司機，還幫李老闆打理公司一些事務，深得李老闆的器重和信任，許多

重要的事均委託他去辦理。

一次，李老闆要回國了，公司的事交由天福打理。李老闆剛走不久，他的農莊就遭遇蝗蟲災害，各種農作物正面臨滅頂之災。天福急忙打電話給李老闆，要他匯錢過來，買農藥滅蟲。李老闆心存疑慮和擔憂，把錢匯過去，萬一天福把錢拿走怎麼辦？可莊園的農作物真的有蟲害，那他的投資就會打水漂。經過權衡之後，李老闆把五百萬元匯過來，錢到之後，天福抓緊時間跟農藥供應商談判，以最低的價格購進了農藥，然後迅速送往各個縣市的莊園滅蟲，解決了一場迫在眉睫的危機。李老闆回來調查清楚後，對天福大加表揚，還給了天福豐厚的獎勵。從那以後，李老闆把公司的財務大權交到天福手裡。公司有個帳戶，裡面常有流動資金幾百萬元，李老闆把帳戶密碼告訴天福，天福隨時可以去提款用於支付公司的各種費用。李老闆的賓士車只有天福才可以隨便開。無形中，天福成了公司的二老闆。

後來，天福向李老闆遞交了辭呈。李老闆一而再努力挽留也無濟於事。天福開始走上了創業的道路，天福跑過飼料業務，有銷售的經驗，跟李老闆時，他看到了正在蓬勃發展的農業，意識到做農藥生意大有賺頭，於是開了一家農資貿易公司。經過跟好幾個廠商的艱苦談判，天福終於拿到一知名品牌農藥的經銷權。第一批農藥送到後，為了節約運費，他自己送貨給店鋪，實在太遠，他就花少量錢雇曳引機。一年下來，天福賣農藥賺了一百五十萬元。

天福沒有滿足現狀，為了擴大業務，他買了一輛貨車，把剩餘的錢全投入進貨，還借了不少錢。辛勤的付出得到了豐厚的回報，第二年，天福賺了五百多萬元。天福繼續擴大經營。他的公司已購進大貨車十輛，代理了海內外好幾個知名品牌的農藥，業務範圍也擴大到了化肥、種子等，資產已有上億元，而天福今年才三十七歲。

每個人都希望生命中遇到貴人，但有貴人相助就一定能成功嗎？不一定，關鍵還是要看個人，貴人是外因，自己才是內因。每個人的貴人其實

是自己。

嚇出來的商機——賣寵物籠小賺一筆

養寵物的人越來越多，寵物帶來快樂的同時，也帶來很多麻煩。譬如，帶著寵物狗上街，餓了想找個地方吃飯，這個時候問題來了，總不能抱著寵物狗一起吃飯吧？怎麼辦？有人從這個難題裡發現了商機……

經濟危機襲來，公司大裁員，曲力元不幸被辭退。到人力銀行轉了一個月，他還沒找到工作，錢已經光了，生存成了問題。

這天，曲力元在報紙上看到一則新聞：一名女子帶著寵物狗到一家餐廳吃飯。狗聞到別桌飯菜的香味後，跳到正在就餐的一名男子身上。男子被嚇了一大跳，精神受到刺激，於是向餐廳索賠。餐廳則要求女子負責，女子反駁說，餐廳並沒有貼不准帶狗進來的標語，也沒有提供寵物籠，她只好帶進來。三方鬧到法院，最終餐廳敗訴。

「這家餐廳要是有個寵物籠就不會發生這樣的事了。」曲力元想，「街上有那麼多餐廳，假如把寵物籠賣給他們不是有賺頭嗎？」他立即到街上轉了一圈，結果令他驚喜不已，大多數餐廳都沒有準備寵物籠。

曲力元把那篇報導整整齊齊剪下來，然後找到賣寵物籠的小店，拿了一些寵物籠傳單，問清了價格，接著到其他餐廳聯繫業務。

一家餐廳的經理聽完曲力元的介紹後，擺擺手不耐煩說：「我們不需要，你走吧。」曲力元拿出那篇報導遞給他說：「經理，您先看完這篇報導再做決定吧。」這一招果然有效，經理看完，語氣馬上軟了下來，問道：「多少錢一個？」「五百元。」曲力元邊說，邊把寵物籠的傳單給他看，上面有寵物籠的圖片。「你拿兩個過來吧。」經理很爽快。

曲力元馬上打電話給賣寵物籠的小店：「你立即送兩個寵物籠過來，我在門口等你。」寵物籠送到餐廳門口後，曲力元告訴對方：「你在這裡等一

下,我找財務幫你結帳。」幾分鐘後,曲力元拿著一千元從餐廳出來。他付了五百元錢給對方,自己賺了五百元。

那篇報導的影響很大,曲力元憑藉它在兩個月內成功賣出了幾百個寵物籠,賺到了十萬多元。利用這十萬多元,曲力元租了個櫃檯賣飾品,挖到了人生的第一桶金。

如今養寵物的人不少,很多人愛帶寵物去逛街,進餐廳時,寵物看管顯然成了問題。寵物狗驚嚇顧客的事可能很多人看過之後不會放在心上。這恰恰是一個很好的商機,但它只偏愛對它敏感的人。

許以好處——木匠翻身變老闆

馮雄華是一家木工廠的工人,在工作過程中,他得知販賣木材很賺錢,但需要的本錢很多,沒有錢這生意能做嗎?一天,馮雄華上門為顧客安裝家具,顧客無意中透露一個資訊,他們公司在建房,急需一批木料。

馮雄華馬上找到木材場談價格,由於他很熟悉各種木材,因此很容易拿到各種木材的最低價。接著,他以業務員的身分找到那家公司的負責人推銷木材。負責人告訴他:「我們公司需要一大批紅木。」馮雄華於是把紅木的價格報給他。經過一番討價還價,該負責人答應,購買馮雄華一百二十五萬元的紅木。這批紅木的成本是一百萬元,做成這筆生意,馮雄華可以賺二十五萬元。

可是去哪裡籌一百萬元本錢呢?馮雄華急得團團轉。無奈之下,他找到木材場老闆,問對方能不能先把木材拉過去,幾天後才付錢。木材場老闆說:「你至少付二十五萬元我才給你拉。」

二十五萬元對馮雄華來說也是個很大的數目,他根本拿不出來。情急之下,他只好找到朋友的父親張先生借。馮雄華說:「我只借十天,十天後連本帶利,還你二十七萬元。」朋友的父親向他投來懷疑的目光。馮雄華於是當場寫了借據,壓了手印。朋友的父親才把錢借給他。

第二章 一無所有不可怕，敢想敢做空手也能套白狼
賣人氣，湊熱鬧人多鈔票多

拿到錢後，馮雄華讓木材場把木材拉到那家公司。兩天後，那家公司履行協定，付給他一百二十五萬元的貨款。馮雄華賺了二十萬多元。後來，他利用這筆錢又做成了多宗木材生意，從一個普通工人變成了老闆。

誰都想賺錢，但機會來臨時，很多人往往想攬為己有，不願與別人分享。這樣的人，沒有人願意助他一臂之力。因此，生意有利可圖時，別忘了與幫助你的人分享。

賣人氣，湊熱鬧人多鈔票多

店家開業的那天，都希望自己的店面熱鬧非凡，人氣旺盛。但是，新開業的店面由於還沒有知名度，因此，少有商家開業當天就吸引來大批顧客。一次偶然的機會，紀勇發現了這個頗具潛力的市場，走上了創業之路。他能成功嗎？二十八歲的紀勇出生在一個普通家庭。大學畢業後，就職於一家廣告公司，職位是客戶經理。

紀勇是頗具經商頭腦的人，大學時代，他就經常進一些小電器在校園推銷，賺了不少錢。參加工作沒多久，紀勇發現自己對朝九晚五的工作根本沒有興趣，總想出來闖一闖。一天，紀勇在報紙上看到一則廣告，內容是一家超市將於十月三日開業，開業當天市民可在該超市免費吃糖果。紀勇從小就是喜歡熱鬧的人。閒著沒事，紀勇來到那家超市，真的免費領到了一小包糖果。

自那以後，紀勇開始關注起剛開業的商店，看看是否有「免費大餐」。十月十六日，紀勇看到一家剛開業的珠寶店，紀勇走進去看看店家有沒有免費贈送小禮物，或者有沒有低價促銷商品出售。走進店裡，紀勇才發現沒有禮物贈送，也沒有特價商品出售。紀勇正準備跨出店門，店裡兩個人的對話引起了紀勇的注意。一名女子對一名五十多歲的男人抱怨說：「今天開業，你應該多叫些人來湊湊熱鬧，圖個吉利。你看現在這麼冷清，真是不像話。」男子說：「你說得很對，但是在這裡，我認識的朋友不多，而且

讓錢自己長
你不是缺錢，只是沒種創業

他們不一定有空。」女子說：「不然你花點錢去找一些人，明天來店裡湊湊熱鬧，衝一下人氣？」男子皺起眉頭說：「這些天我忙得暈頭轉向，哪有時間？而且也不知道去找誰。」

聽了他們的對話，紀勇想，湊熱鬧根本不費力，是很容易的工作，這有什麼難的？紀勇走上前去，對男子說：「老闆，你開個價，我幫你找人來湊熱鬧。」男子上下打量了一下紀勇，說：「我需要十幾個人，你能找到嗎？」紀勇很自信：「能，你開個價格吧。」男子想了想說：「明天早上，你給我找十二個人來湊熱鬧，我每個人付兩百元酬勞。」紀勇當場就允諾，明天一定把十二個人帶來。

走出那家珠寶店，紀勇馬上打電話給公司的同事說：「我有個好朋友的珠寶店剛開業，能不能幫個忙？明天過來熱鬧一下？」紀勇平時和同事的關係處理得很好，同事很爽快答應了紀勇的請求。很快，紀勇就找到了十二個同事來湊熱鬧，賺了兩百元。

見湊熱鬧能賺錢，紀勇乾脆辭掉工作，專門從事湊熱鬧的生意。他印了一盒名片，花三百元買了一輛二手的腳踏車，然後每天在大街閒晃，看看哪裡有新店開業。

十一月五日，紀勇又看到一家即將開業的服裝店。紀勇馬上停下腳踏車，走進店裡找老闆談業務。該店老闆聽了紀勇的來意後，當場就拒絕了。他說：「我已經在報紙上打廣告了，開業那天肯定會有很多人來店裡購物，我用不著浪費錢。」

紀勇沒有灰心，他對店老闆說：「現在的廣告多如牛毛，你打的廣告未必能引起讀者的注意。廣告的效果並不是像你想像的那樣，一登出來馬上就見效的……」店老闆聽了紀勇的分析後有些動搖。紀勇乾脆直接告訴他：「我剛剛從廣告公司出來。如果廣告登出來後，沒有效果，開業那天，你的店裡冷冷清清，多麼不吉利！」最終，紀勇說服了服裝店老闆，拉到了創業的第一筆業務，服裝店老闆讓他於十一月七日那天，找二十人來店裡湊熱鬧，衝人氣。紀勇開的價是每個人一個上午兩百元。

這次紀勇已經辭職了，不能再叫同事出來湊熱鬧了。紀勇於是又列印了幾十張徵才廣告，但這次紀勇不是在大街上貼，而是到大學校園的公布欄裡貼。紀勇想，現在的大學生都想在外面找兼員工作做，來賺取學費、生活費。湊熱鬧這樣的工作最適合他們了，他不愁招不到人。果然，應徵啟事貼出去不久，就有許多學生前來應徵。當紀勇告訴他們，工作只是到服裝店轉兩個多小時，報酬是一百元時，學生都很驚訝，有這麼容易就賺到錢的工作嗎？紀勇很快就招到了二十人。

二十名大學生準時來到服裝店。他們裝作顧客，在服裝店裡挑選衣服，與服務生討價還價。與街上的其他商店相比，這家服裝店顯得異常熱鬧，人氣很旺盛。路人看到此情景，紛紛走進店裡逛，服裝店的人氣非常旺盛，開業第一天，銷量非常可觀。店老闆非常高興，竟當場決定，讓二十人第二天繼續來店裡湊熱鬧。除去付給學生的薪水，這筆生意，紀勇賺了四千元。

紀勇心裡很高興，但他還是不滿足，他想，要想把這個生意擴大，必須要拉到很多業務才行。為此，他讓這二十名大學生利用課餘時間為他跑業務，拉湊熱鬧的生意。這些大學生都想賺點外快抵學費和生活費，都很努力跑業務。紀勇的生意很快好起來，月收入有幾萬元。

人氣是商家賺錢的祕訣之一。但新開的店面很難一下子聚集人氣。因此，湊熱鬧自然有存在的市場空間。它帶給我們的啟示是，要從為對方解決問題中找商機。

看護開養老院，我把愛心變成財富

人口高齡化日益嚴重，如何養老、護老成了人們關心的話題，而老人市場潛力也非常巨大。抓住了這個商機，等於抓住了一筆財富。

三十四歲的張鵬平來到南京後，做過保全、管理員等多種工作。九月的一天，經一個朋友介紹，張鵬平到醫院當看護，看護一個姓黃的老人。

讓錢自己長
你不是缺錢，只是沒種創業

他給那老人把屎把尿、洗澡換衣服，毫無怨言。黃姓老人出院後，多給了他百分之十的薪水。同病房的其他三個老人的家屬見張鵬平工作如此認真和細心，都要他護理他們的親人，每個人都開出很高的薪水。張鵬平感到很為難，不知道該接下誰的聘請。他乾脆向三個老人的家屬提出，他同時護理三個老人，薪水在原來的基礎上優惠百分之十。三個老人的家屬知道他是個責任心很強的人，不會馬虎敷衍，全都同意了。張鵬平忙了三個月，護理得很周到。

在護理完這三個老人後，張鵬平已經被更多的老人親人認識，請他看護老人。張鵬平乾脆自己當老闆，找來幾個沒有工作的朋友看護老人，他負責當監工。誰如果偷懶，他會毫不留情批評，而對於做得好的朋友，他大加表揚，還給予一定的物質獎勵。

張鵬平護理的老人病情不太輕也不太重，比如輕微腦中風、肺炎等。病人普遍反映不想住院，畢竟醫院人來人往較吵鬧且空氣不好。張鵬平了解到老人的心理需求後，萌生了開養老院的念頭。他試探性把自己的想法跟老人家屬交流，得到了老人家屬的支持。老人家屬中，有一個是做生意的，自己蓋了一棟五層透天厝，剛完工不久，還沒出租出去。他說，張鵬平要是開養老院，他願意租給他。張鵬平表示，自己還沒那麼多錢付租金。對方說：「你可以等賺到錢再付租金。」

就這樣，張鵬平開了養老院。那棟房子所處的位置很靠近醫院且很安靜，非常有利於老人休息。張鵬平聘請了專人為老人做菜、洗衣，還聘請了護士專職看護老人。看護老人的收費每月七千五百元包括所有的費用。對於患病的老人，張鵬平隨時跟老人的醫生保持聯繫，老人一旦有狀況，張鵬平馬上打電話請醫生上門，或者將老人送到醫院。

第一個月，張鵬平護理了七十多個老人。除去各種成本，張鵬平淨賺十萬多。幾個月後，慕名而來的老人家屬越來越多，他們都很想把自家的老人託付給張鵬平護理，可惜養老院的床位已滿。

張鵬平沒有滿足於現狀，他找到一家投資公司融資。那家公司實地考

第二章 一無所有不可怕，敢想敢做空手也能套白狼
看護開養老院，我把愛心變成財富

察他的養老院後，提出跟他合作，為他注資幾千萬，拿下一塊地，準備開發一家大型養老院。張鵬平從一名普通看護，一步步走出了自己的一片廣闊天地。

三百六十行，行行出狀元。很多人在挑選工作時挑三揀四，非要找所謂體面的工作，殊不知，那些看似卑微的工作照樣有前途。護理工作在一般人看來很低賤，但是張鵬平卻從中挖到了大金礦。他的經歷告訴我們，做一行，愛一行，善於思考，大膽行動，同樣會成功。

不偷不搶，落魄外地工作者這樣空手賺到百萬財富

當你身無分文的時候，如何在高消費的城市生存下去？相信很多人會找家人要錢渡過難關，然後找份工作。可是一個外地工作者卻不向家裡要一分錢，不但渡過了難關，還走出了一條輝煌的道路。

唐明傑高中畢業後，隻身到大城市工作，在一家電子廠當焊接工。一天，唐明傑突然肚子痛。上廁所的時候，他錯將電烙鐵放在木桌上，引發了火災。所幸同事發現得早，沒造成什麼損失。但唐明傑卻因此丟了工作。更要命的是，唐明傑遭竊，帶來的錢全被偷光。唐明傑曾想過向家裡要錢，卻開不了口，家裡早已捉襟見肘。再說，他不想父母知道他失業，不想他們為他擔心。

唐明傑決定自力更生。在公園流浪了兩天後，他發現公園遊人不少。他向同事借了一百元，批發了二十幾份報紙到公園叫賣。每賣一份報紙，他只賺一塊錢。一天下來，他只賺三十塊錢。唐明傑每天花十元買饅頭，其餘的錢存起來，第二天進更多的報紙來賣。晚上，他厚著臉皮到朋友的租屋睡。如此一個月後，唐明傑積了五百多元。

在賣報紙的過程中，唐明傑發現公園廁所雖然是免費的，但卻沒人賣衛生紙，而廁所又很熱鬧。唐明傑便不再賣報紙，而是用本錢去進衛生紙來賣。兩塊錢一包衛生紙，他賣五元錢，每天下來能賺三百多塊。兩個月後，唐明傑賺了一萬五千多元。他用這一萬多元去水果批發市場批發水果在街邊叫賣。他不但白天賣，晚上還要到幾個住宅社區門口賣，一天下來

能賺近一千元。三個月後，唐明傑買了一輛二手小貨車當做攤車，天天拉著水果到處叫賣。相對手推攤車，小貨車攤車更省時省力，而且拉的水果也多。平均下來，唐明傑一天能賺兩千五百元左右。兩年後，唐明傑開了兩家水果專賣店以及一家書店，年收入上百萬元。

有的人遇到困難挫折便慌張、焦慮、沮喪，彷彿世界末日已經來臨。厄運降臨的時候最能考驗一個人。如果沮喪頹廢，那將很難走出低谷，因為一個人眼裡如果只有黑暗，即便地上有錢，他也不會看到。相反，樂觀的人，他知道自己處在波谷，同時也看到波峰。他所要做的就是不斷往上爬，這時候，每一步對他來說都是前進。

農村孩子都市賣蚯蚓，無本生意賣出即獲利

很多地方都有蚯蚓，只要拿鋤頭隨便一挖都能挖到。可是誰能想到，這隨處能得到的東西也能賺錢？

趙文富和幾個朋友到外地工作。趙文富小時候經常和夥伴到附近的河裡釣魚，對釣魚有濃厚的興趣。工作之餘，趙文富喜歡拿著自製釣竿和野外挖來的蚯蚓到河邊釣魚。

一天，他在河邊看到幾個老者也在釣魚，便過去搭訕。老者告訴他，他們釣魚用的蚯蚓是買來的，二十五元一斤。趙文富不禁啞然失笑，蚯蚓在野外到處都有，拿把鋤頭隨便一挖就能挖到，還用買？老者告訴他，他們都已退休，釣魚純粹是娛樂，不會為了節省幾塊錢而親自到野外挖蚯蚓。再說，他們年紀又大，挖蚯蚓多累！趙文富覺得老人的話很有道理。畢竟，生活水準提高了，誰會為了省幾塊錢而親自去挖蚯蚓？幾百、上千元錢的釣魚竿人們都捨得買，這幾塊錢的蚯蚓算什麼？那天，趙文富沒釣到什麼大魚，卻意外發現一個賺外快的門路，那就是賣蚯蚓。

第二章 一無所有不可怕，敢想敢做空手也能套白狼
農村孩子都市賣蚯蚓，無本生意賣出即獲利

趙文富買了把小鐵鏟，利用業餘時間挖蚯蚓。一個上午能挖十幾斤，他把挖來的蚯蚓分別裝進十幾個袋子，每個袋子裝一斤。裝好之後，趙文富打電話給釣魚認識的那幾個老者，說要把蚯蚓賣給他們，要他們別去店裡買。那幾個老者都答應了。趙文富去釣魚的時候順便把蚯蚓帶上，在河邊完成交易，賺了一百多元。

經那幾個老者介紹，趙文富把手頭剩下的蚯蚓賣給釣魚協會的其他會員。這筆無本生意，趙文富竟賺了五百多元。趙文富乾脆印了一盒名片，只要見到釣魚愛好者就散發。慢慢他有了一批穩定的客戶，每月挖蚯蚓賣蚯蚓能賺五千多元。

一天，趙文富向一釣魚愛好者賣蚯蚓時，對方一下買了兩袋。趙文富問他：「為什麼買這麼多？」對方說，他家種的花泥土很硬，他想在花盆裡放些蚯蚓，讓蚯蚓幫忙鬆土，他才能澆水施肥。趙文富心頭一喜，他正為如何擴大蚯蚓銷量而苦惱呢，這不是一條很好的路嗎？趙文富找到近郊的一家種花農戶，向他們推銷蚯蚓。一些農戶所租的土地堅硬貧瘠，聽了趙文富的介紹，有點心動，他們買了一點嘗試之後，效果果然不錯。不論是澆水還是施肥，花苗都很容易吸收。他們開始大量購買蚯蚓鬆土。趙文富的生意出奇的好。趙文富見買蚯蚓比打工還賺錢，乾脆辭職挖蚯蚓賣。

在積累了一定的資金後，他還開起了一家小漁具用品店，在郊區承包一塊地種花。他做夢都沒想到，小小蚯蚓能引領他走上自主創業的道路。

每個人都有愛好，而一個人的愛好有時能成為他事業的起點。因為你對你的愛好很了解，知道怎麼做賺錢。而你從事你愛好的活動時積攢的人脈，也會成為你事業的助力。

巧用樓頂，舞壇高手開露天舞廳賺得大筆財富

走在街道上，多少人看著聳立的高樓迷茫彷徨？可是有一位愛跳舞的外地工作者，卻這樣玩轉城市的樓房，賺得口袋滿滿！

魯照英隻身南下工作，他在讀五專的時候學會跳交際舞，而且舞技還不賴，並由此癡迷上交際舞。到南部後，他應徵進一家環保袋廠。

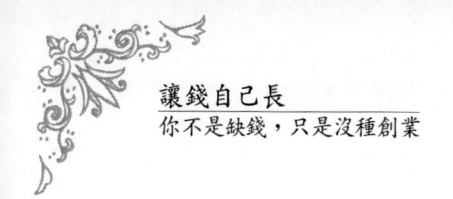

讓錢自己長
你不是缺錢，只是沒種創業

每到週末，魯照英都約工友去跳交際舞。可舞廳收費高昂，男士每個人收門票五十元，還不包飲料。魯照英薪水本來就低，上幾次舞廳，這個月的薪水就所剩無幾。魯照英沒辦法，只好將跳舞的想法壓制在心底，不去想它。

又到了週末夜晚，魯照英沒地方可去，只好和工友到廠房樓頂喝啤酒。魯照英喝了幾口，感歎說：「要是有個便宜的地方跳舞就好了！」一個工友說：「這兒不就是一個好地方嗎？你想辦法弄一套音響，放上音樂，隨便你跳個夠！」魯照英眼睛一亮：「對啊，這樓頂上千平方公尺呢，這麼寬闊的地方是個跳舞的好地方呢！」

第二天，魯照英咬咬牙，花了一萬多元到舊貨市場買了一套音響。晚上，他將音響搬到樓頂，接上電源打開音樂，幾個人跟著音樂跳起來。光幾個光棍跳還不過癮，魯照英打電話把幾個年輕女工叫過來一起跳。那晚，他們玩得很盡興。

後來，廠主知道魯照英私接電源跳舞，要他交電費。魯照英乾脆和廠裡簽訂合約，以月租金四千元租下樓頂的晚上使用權。接著，魯照英去申請了各種營業執照，他的露天舞廳就這麼開張了。為了吸引顧客，他對女士免費，男士只收十五元。為了烘托情調，他還借錢購買了滿天星燈掛在邊上。到了晚上，他的露天舞廳開張，不但有音樂還有閃爍的霓虹燈。跟其他的舞廳相比，他的舞廳收費更低，空氣更好。有月亮的晚上，人們還可以邊跳舞邊欣賞月亮。此外，魯照英還進了一些啤酒和飲料來賣，以增加收入。

起初，光臨舞廳的是廠裡的工友。後來，魯照英四處散發傳單，客人越來越多。顧客口口相傳說這個舞廳收費低，慢慢，露天舞廳熱鬧起來。每晚來跳舞的人都超過一百人。門票加酒水收入日均有六百元左右。

在積攢了一筆資金後，魯照英又到別處租樓頂開露天舞廳，相繼開了五家，成了月收入十五萬元以上的小老闆。

很多人都愛跳舞，開舞廳是個不錯的項目。但城市裡的房租普遍都很

高,如果租黃金地段的房子,租金更嚇人。而且租金高了,投資成本必然高,收費也必須要高才能有利可圖。可收費太高會嚇跑顧客。但是租樓頂就不用太高租金。很低的價錢可以租到樓頂,在樓頂開露天舞廳的成本非常低廉,利潤非常可觀。魯照英的成功看似偶然,但他若不細心思考、大膽行動,成功也不會光顧他。

老年人活動中心,賺樂活錢

很多老人退休後無處可去,天天待在家裡看電視。可電視看多了,對身體不好。城市裡提供給老人的活動場所和項目太少,很多老人只能在社區裡走走。一個物業經理看出了商機,開了老人活動中心,走上了創業的道路。

崔華豐是一名物業經理,他所在的社區有不少老人,平日裡,這些老人有事沒事到物業管理辦公室聊天。有的老人甚至帶來象棋在辦公室裡下棋。崔華豐起初不在意,畢竟老人是業主,物業管理就是為業主服務的,他能說什麼?

後來,公司老闆來檢查工作,看到值班室裡擠滿了老人,不禁大發雷霆,罵崔華豐把辦公室搞得烏煙瘴氣,還扣了他當月的獎金。崔華豐沒辦法,只好禁止老人來辦公室閒聊和下棋。社區老人對此頗有微詞,卻又無可奈何。

一天,一位業主賣掉房子搬到了別處。但是該業主所買的車庫沒有一起賣掉。與此同時,隔壁車庫的業主將車庫出租。崔華豐想到社區那麼多老人,卻沒有一個下棋娛樂的地方,於是大膽以五千元的月租將那兩個車庫租下來。崔華豐跟兩個業主一下簽訂了長達五年的租賃合約。接著,崔華豐用木板將車庫後面和左右擋住,將兩個車庫隔成了一個小房間。他購置了桌椅、象棋、跳棋、軍棋以及麻將、紙牌等,一個老人活動室就這麼誕生了。來活動室娛樂的老人每下一盤棋收費五元錢,麻將打一手五元

錢。另外，他還兼賣一些飲料。社區裡有近五十個老人，白天晚上都有不少老人到活動室裡娛樂。平均下來，崔華豐每天能賺到近一千五百元，月淨利兩萬多元。

崔華豐覺得這一行有利可圖，於是辭掉工作，到別的社區開活動室。有的社區沒有車庫，他便租一樓的房子改成活動室。短短三個月，他就在四個社區開了四家老人活動室。他自己分身乏術不能管理這麼多活動室，於是把在家待業的妹妹和堂弟、表弟等叫上，幫他打理。

崔華豐開了十多家老人活動室，月收入高達幾萬元，腰包漸漸鼓了起來。到各個社區跑多了，崔華豐還收集到不少房屋出售資訊，乾脆還一邊賣房，賺了不少。憑藉他的聰明機智，短短兩年便買了房買了車，還有了一筆豐厚的積蓄。

提到娛樂活動，人們想到的是年輕人，似乎娛樂只是年輕人的專利，殊不知老人更需要娛樂。但是，社會上專門提供給老人娛樂的場所幾乎沒有。而隨著高齡化越來越嚴重，老人越來越多。這可是個巨大的空白市場，而這個空白市場只留給有心人。

替人接送小孩上下學，好信譽帶來好收入

家裡有孩子上小學，家長最頭疼的事莫過於接送孩子上學、放學了。作為父母，他們自己也要趕時間上下班，很難分身。有的年輕父母乾脆把接送孩子的任務交給父母。可是看著年邁父母滿頭的銀絲，他們心中又不忍。一名外地工作者為這類父母分憂解難，專門替人接送小孩並做出了事業。

王龍安北上工作，借住在表哥付東家。付東九歲的兒子付國興在小學讀三年級。付國興平時上下學都是付東夫婦親自接送。一天，付東去接兒子時，因為塞車在路上耽擱了半個小時。等到了學校，他沒接到兒子。打電話問妻子，妻子說她沒去接兒子。付東慌了神，找遍了全校還是沒找到

第二章 一無所有不可怕，敢想敢做空手也能套白狼
替人接送小孩上下學，好信譽帶來好收入

兒子。問兒子老師，老師說，他們只負責學生在課堂上的安全，付國興今天正常來上課，至於放學後去了哪裡，他們就不知道了。付東以為兒子被拐騙了，正要報警，這時，他接到了兒子的電話。原來，兒子等不到他，接受一同學的邀請去那同學家玩。付東懸著的心才掉回肚子。自那以後，如果遇到塞車，付東寧願叫車繞道走，也要按時到學校接兒子。

十月的一天，付東夫婦要出差，接送兒子上下學的任務交給王龍安。那段時間，王龍安剛好失業，他很盡責接送付國興上下學。同社區的有六個業主的孩子和付國興在同一所學校讀書。這幾名業主平時工作也很忙，得知王龍安專職接送小孩上下學，他們也把接送孩子的任務委託給王龍安，並每人付給王龍安每天二十五元的勞動費。王龍安想，反正自己目前也沒事，為何不專門替人接送孩子呢？

等付東出差回來後，王龍安把自己的想法告訴付東。付東覺得他這個想法不錯，借給他十萬元，讓他試試。王龍安花五萬多元買了一輛二手娃娃車，作為接送小孩的交通工具。然後，他在社區門口掛了條橫幅廣告，上面寫著專門接送小孩上下學。社區裡有五十多戶人家有小孩上小學。廣告掛出去當天就有不少人前來詢問。這些孩子的父母都面臨著像付東一樣的難題：他們也要趕時間上下班，接送孩子會耽誤很多時間，有時候只要多耽誤一點時間就會被扣獎金。有的年輕父母乾脆把父母找來幫忙，可年邁的父母體弱多病，接孩子也很辛苦。

當天，有二十名家長跟王龍安簽訂了協議，讓王龍安幫他們接送孩子。王龍安的收費是每月一千元。王龍安算了一下，除去成本，這二十筆單沒賺到什麼錢。儘管如此，王龍安還是很認真接送孩子，開車非常小心，畢竟人命關天，這些孩子個個都是父母的心肝。

一天，一個名叫蘇浩的小朋友在路上突然拉肚子。王龍安趕緊將他送到醫院，自己先墊付錢給孩子看病，然後聯繫家長。等家長來了，他才將其他小朋友送去學校。那次雖然使其他小朋友上學遲到，但卻贏得了家長的讚譽。後來，經這些家長介紹，不少父母主動找到王龍安，要王龍安幫

忙接送孩子。小朋友人數增加到五十人，月收入有四萬多元。此時，那輛娃娃車再也坐不下其他人了。

小朋友上學期間，娃娃車用不上。王龍安於是聯繫了幾家日用品批發部，幫他們送貨。到了快要放學的時候，他才停止送貨，去接小朋友。他的車只在市內送貨，每送一次收費從兩百五十～五百元不等。送貨的收入和接送小朋友的收入加在一塊，月收入高達十萬元。

很多年輕父母都是都市白領，平時工作很忙。接送小孩上學、放學顯然成了他們的難題。替他們接送小孩上下學，能省去他們許多時間，他們自然樂意。但是，在接送的過程中，千萬要注意安全。畢竟，孩子是父母的心頭肉，誰都想自己的孩子平平安安。

外地工作者廣告隊，利用別人的閒置時間賺錢

城市裡有許多外地工作者，他們的工作很不穩定，有時很忙，有時連續幾天沒工作。有人奇思妙想，充分利用外地工作者的閒置時間，幫他們賺到錢，自己也賺個口袋滿滿。

宋先生是名廣告業務員，主要開發車體廣告業務。他做成了一筆業務，為一家剛開業的餐廳做車體廣告。那餐廳的老闆說：「公車是跑固定路線的，它們不經過的地方，人們就看不到廣告。」宋先生建議對方做計程車車頂廣告。對方說：「計程車車頂廣告太小，沒效果！」宋先生想了想說：「您要是願意另外出錢，我可以給你做流動廣告！」宋先生所說的流動廣告，就是找人拿著看板專門到人口密集的地方宣傳。餐廳老闆當即拍板簽合約。

宋先生租了二十輛腳踏車，製作了二十塊看板，將看板綁在腳踏車車尾。他本來打算雇二十名學生騎著腳踏車到熱鬧的商業街來回宣傳。可那段時間剛好臨近期末，學生都在準備期末考試，根本沒有時間。就在宋先

生為找不到人而苦惱的時候，他不經意看到一群外地工作者聚集在小公園裡打牌。宋先生頓時一喜，過去問他們：「願不願意騎著腳踏車賺錢？」這群外地工作者早已待業多日，都巴不得有工作，想都沒想就答應了。

在宋先生的安排下，這二十幾名外地工作者騎著插有看板的腳踏車，在幾條熱鬧的街道來回騎走。然而，工人剛騎出去沒多久，餐廳老闆就打電話來，將宋先生臭□了一頓。原來，餐廳老闆嫌棄外地工作者穿著老土，破壞他餐廳的形象。宋先生趕緊找人製作了二十套背部印有餐廳名字的衣服，讓外地工作者穿上。餐廳才同意繼續做廣告。

這筆廣告持續做了一個月，廣告費是五十萬元。除去各種成本，宋先生淨賺三十萬元錢。宋先生特意請這群外地工作者吃了一頓，並跟他們商定，以後有這樣的廣告繼續找他們做。相比苦工，騎腳踏車輕鬆多了，大家都表示願意跟宋先生合作。

宋先生乾脆辭去工作，成立了自己的廣告公司。創業初期，資金很有限。宋先生乾脆先專注於腳踏車廣告隊。由於當業務時手頭有很多客戶資源，他很快就拉到了好幾筆業務，賺了一百多萬元。在資金充裕後，他開始代理電視廣告、車體廣告，事業越做越大，年收入突破千萬元。

現如今各行各業都離不開廣告，廣告市場潛力巨大。如何以巧妙的創意博得人們的關注是廣告業最重要的問題。宋先生的腳踏車廣告隊非常有新意，容易博得市民的眼光。不論做什麼，唯有不斷推陳出新才能長久立於不敗之地。

「三顧豪門」，一紙創業書換來千萬財富

想創業卻沒有資金，這樣的困境誰都遇到過。有的人手頭有好的案子，因為沒有資金而放棄，眼睜睜看著機會流走。而有的人一旦發現了好項目，堅絕不放棄，想盡各種辦法達到目標。

韓東平大學外文系畢業後，應徵到一家酒店當文祕。韓東平平時工

讓錢自己長
你不是缺錢，只是沒種創業

作很閒，他想找份兼員工作，於是到一些高級社區貼英語家教的廣告。很快，他就找到一份為一名國三畢業生做家教的工作。第一天去輔導學生，韓東平跟學生家長聊天，問對方：「有沒有送孩子去補習班學習過？」家長感歎說，他們想送都沒地方送，這裡沒什麼英語補習班。事後，韓東平去調查，結果令他十分高興，果然沒有英語補習班。這可是一個空白的市場，韓東平決定自己創業開外語培訓公司。可那時他剛參加工作，手頭沒什麼錢，他家很窮不可能給他提供創業資金。但這難不倒韓東平！

韓東平花半個月時間，寫了詳細的創業書，內容包括專案內容、實施步驟、需要的資金、盈利目標等。創業書寫好後，韓東平買了禮物，找到一家房地產公司的老闆表明來意，希望對方投資。那老闆的老婆一聽是來要錢的，二話不說，把禮物還給韓東平，把他「請出」了家門。這老闆是韓東平隨自己原先工作的酒店認識的。除了那地產老闆，韓東平不認識別的有錢人。眼看賺錢的機會就在眼前，韓東平不甘心這麼失敗，再次上門找那老闆。

這次，老闆的老婆不在。老闆態度很冷淡，只顧自己喝茶，不招呼韓東平，彷彿韓東平不存在似的。韓東平把創業計畫書遞給對方。對方看都不看，丟在一邊，慢條斯理說：「像你一樣，每天找我要錢的人很多。我這裡不是開銀行的！」這次，韓東平又吃了閉門羹。

韓東平越挫越勇，對方越是拒絕就越激起他的鬥志，他暗下決心，一定要讓對方改變主意。韓東平搜集了別的城市一些開培訓公司賺錢的事例列印出來。為了討好對方，韓東平還特意到對方公司打聽，了解到那老闆喜歡登山。他花五千多元錢買了一個名牌登山包，第三次登門。這次，老闆的老婆在家，她像之前那樣，還想把韓東平趕走，但被那老闆攔住了。韓東平趕緊送上禮物並遞上資料。那老闆看了之後說：「你上次給我的資料，我仔細看了。你這個提案不錯，我決定投資！但是，我要告訴你，我看中的不僅僅是你的提案，看中的還有你堅持不懈的韌勁。」

就這樣，韓東平拉到了投資，開了培訓公司。起初，公司只提供中小

學英語培訓，後來擴大到旅遊英語、商務英語培訓。前來旅遊的外國人很多，韓東平還推出翻譯服務、高級會議同聲翻譯服務等。五年後，韓東平的公司年收入突破兩千萬元，他也躋身千萬富翁行列。

　　成功的路千萬條，失敗的原因卻很相似，即在困難來臨的時候，許多人選擇了放棄，放棄等於向成功告別。在真正失敗之前，不妨再多嘗試幾次。也許再最後一次，你會驚喜地發現，財富的門原來是虛掩的。

讓錢自己長
你不是缺錢，只是沒種創業

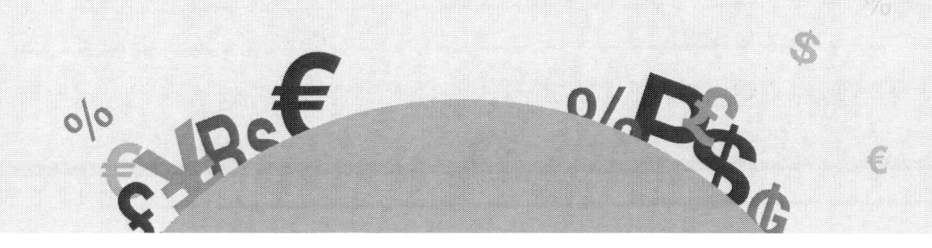

第三章
奇思妙想,好點子帶來好生意

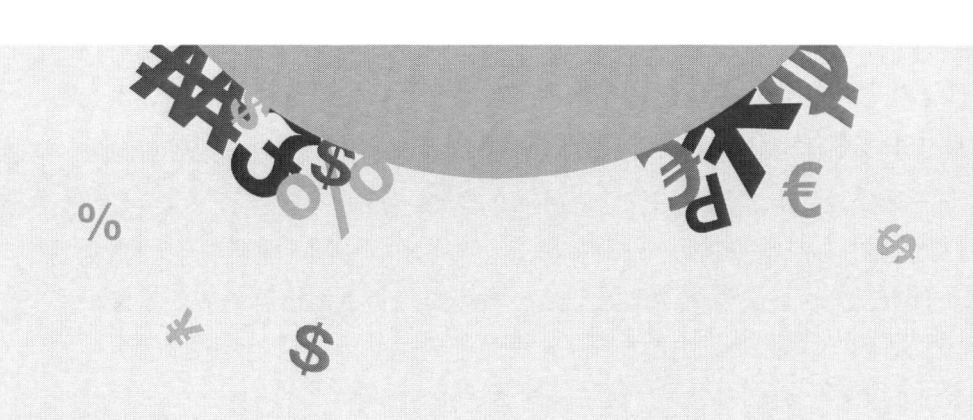

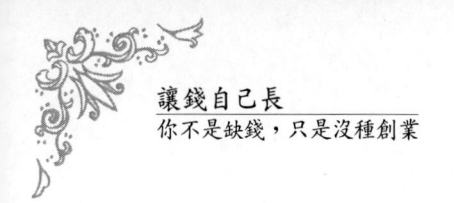

創業有先後之分，後來者想要超越先來者，必須付出很大的代價。畢竟先來者有著雄厚的實力、豐富的經驗。做一個跟風者，或許能賺到一些小利，但想要做大很難。最好的辦法就是，找到好的點子，在別人還沒醒悟過來時，迅速占領市場，做一個領跑者。

做廠刊，出色服務贏得大筆財富

很多公司都有自己的內部刊物，並且聘請專人來編輯出版公司的刊物。這將多付一個人的薪水，有人想到一個省錢的好辦法……

大學時代的吳芊是一個見了陌生人都會臉紅的柔弱女子。大學畢業後，工作的挫折使她無奈辭職。一個偶然的機會她發現廠刊這個市場還沒有人開發，於是她大膽做出決定，開始個人創業。吃盡了苦頭，吳芊變得更加成熟堅強，透過持之以恆的努力，她也賺到了人生的第一桶金，事業發展越來越順。

吳芊長得很漂亮，大學時代有很多的追求者，最終她被同校資工系李南的癡情感動，成了他的女朋友。大學畢業後，吳芊應徵到一家中型企業當企刊編輯。該雜誌每月出一期，吳芊只要把員工們投上來的稿件稍加整理編排，然後送給印刷廠印刷即可。每個月只需忙那麼一週，剩下的時間，吳芊都是坐在辦公室裡上網。公司給吳芊每月一萬五千元的薪水。

雜誌社的老闆是公司的一名姓張的副總。張總今年五十五歲，是個矮壯的老頭。雜誌社總共才有兩名員工，吳芊負責文稿，另外一名同事劉姐負責美編。自從吳芊來到雜誌社後，張總總是有事沒事就到辦公室來，那幾乎瞇成一條縫的眼睛總是不安分在吳芊的身上。劉姐背後常提醒吳芊，要小心張總，這個人很色。吳芊心裡多了一層戒備。

一天，公司有宣傳活動，劉姐去幫忙布置會場，辦公室裡只有吳芊一個人。上午九點多，張總悄悄走進辦公室。看到辦公室裡只有吳芊一個人，張總滿臉堆笑上前與吳芊聊天。他問吳芊：「小吳，有男朋友了沒有

第三章 奇思妙想，好點子帶來好生意
做廠刊，出色服務贏得大筆財富

啊？」吳芊說：「有，我男朋友就在附近的一家公司上班。」為了讓這個色老頭不敢有非分之想，吳芊故意把男友的上班地點說成附近。可張總絲毫不在意，他坐到吳芊旁邊的椅子上，挪近吳芊。吳芊感到大事不妙，起身想走出辦公室。沒想到那個色老頭一把撲上來，抱住吳芊，用他的豬嘴拚命往吳芊身上擦。吳芊尖叫了一聲，但此時公司的人都出去辦事，沒人聽到吳芊的叫喊。

吳芊拚命掙扎，警告說：「你敢再碰我，我告你騷擾！」色老頭惱羞成怒，陰森森說：「妳如果識相就跟我玩，我可以提拔妳，為你加薪。否則妳明天就走人，好好考慮考慮。」說完，他頭也不回走了。

吳芊感到莫大的恥辱，第二天，她毫不猶豫遞交了辭呈，結算了薪水後就離開了那家企業。

辭職後，吳芊到人力銀行轉了一個多月還沒找到工作。九月中旬的一天，吳芊肚子不舒服，到醫院看病。在醫院的大廳排隊掛號時，吳芊看到旁邊的桌子上放著該院的院報，出於職業習慣，吳芊拿起來隨便翻了一下。吳芊發現該報版面雜亂，內容單調乏味。吳芊暗想，如果讓我來做這份報紙，我肯定會做得更好。

從醫院出來後，吳芊一直在想，很多企業、公司都有自己的內部刊物，如果把這些刊物的採編業務全都承包過來可是個不小的市場。自己有過相關工作經驗，而且大學學的又是中文系，編輯內部刊物是小菜一碟。想到自己目前還沒有工作，吳芊有了自己創業的念頭。

吳芊把自己的想法跟男友說了之後，男友對她說：「妳的想法不錯，反正妳現在也沒事做，不如去試試看，遇到什麼困難我會幫助你的。」吳芊於是拿出以前打工存下來的錢，購買了電腦、印表機、傳真機、數位相機等設備，辦理了相關手續，印了一盒名片，然後開始外出聯繫業務。萬事開頭難，從來沒有跑過業務的吳芊吃了不少苦頭。

但既然選擇了創業，吃苦是免不了的。吳芊繼續外出聯繫業務。吳芊的汗水沒有白流，她很快聯繫到了三家工廠的廠刊外包業務。廠刊的稿件

讓錢自己長
你不是缺錢，只是沒種創業

大部分由各個廠的員工提供，吳芊負責編輯、排版和送去印刷。吳芊收取的費用是每個廠刊每個月收取四千元。加上送去印刷提取的傭金，吳芊每個月能夠從每個廠賺到五千元左右，對於工廠來說，這個價格比招一個廠刊編輯的成本低了很多。一個月下來，除去各種成本，吳芊能夠賺到一萬多元，錢不是很多，但吳芊覺得自己當老闆的感覺很好。

吳芊白天出去聯繫業務，晚上就待在出租屋和男友一起編排廠刊。吳芊到一家飲料廠談業務，該廠的陳廠長聽了吳芊的介紹很感興趣，但他沒有當場答應把業務交給吳芊做。晚上八點鐘，吳芊接到陳廠長的電話，陳廠長約吳芊出來喝茶談業務。在跑業務中，陪客戶吃喝了不少，吳芊已學會如何應對。在茶藝館，陳廠長直奔主題：「我們是大廠，不在乎花錢招一名員工專職負責編輯廠刊。如果妳願意做我的情人，我就跟妳簽三年的合約。」原來是個色狼，吳芊斷然拒絕，談判陷入了僵局。

但吳芊並沒有放棄，第二天，她把自己為其他廠製作的精美廠刊拿給陳廠長看。陳廠長看到吳芊製作的廠刊如此專業，很是佩服，就與吳芊簽訂了合約。

吳芊長期在外面頂著太陽跑業務，臉被曬得很黑。為此，吳芊經常跟男友李南開玩笑說：「我曬得這麼黑，你還要不要我？」李南笑著說：「黑才健康，即使妳曬成黑人，我都會娶妳。」

一年多過去了，吳芊的客戶增加到了十一個。這些客戶大多是工廠，也有醫院、學校等。除去各種費用，吳芊每月能賺到五萬元左右。這時吳芊一個人已經忙不過來了。她只好以每月五千元的薪水招了一名員工來幫忙，那名員工主要負責編排業務。吳芊則在外面聯繫業務，與客戶應酬。那名員工招回來後，吳芊沒有注意她，很多事情都交給她去做。

某天，那名員工突然辭職。吳芊很不捨得，因為她的採編能力很不錯，工作能力很強。吳芊想挽留她，提出加薪。但她還是毫不留戀離開了吳芊。那名員工走後，吳芊才發現刪除了電腦裡許多重要的客戶資訊，吳芊感到不妙。果然，一個月後，她的許多老客戶終止了合約，把業務交給

第三章 奇思妙想，好點子帶來好生意
做廠刊，出色服務贏得大筆財富

了別人。吳芊調查後發現，從中作梗的人正是那名員工。吳芊氣憤不已，她想把那名員工告上法庭，但一想到請律師的高昂費用，只好作罷。

很快，吳芊的五位客戶先後被那名員工搶走。這樣下去，自己要關門了，吳芊為此幾天睡不好覺。經過調查，吳芊發現，那名員工搶走客戶的方法很簡單，即降低價格。吳芊也想降低價格來奪回那些老客戶，但這樣一來，自己沒什麼錢賺，白白辛苦一場。

一天，吳芊陪一名客戶吃飯，在餐廳，吳芊看到大廳裡有一個報刊架，上面擺放著很多雜誌供客人閱讀。吳芊突然眼睛一亮，想到了一個好辦法。很多廠都想提高自己的企業形象，如果把它們的刊物放到餐廳等場所免費供客人閱讀，肯定大受企業歡迎。而作為回報，餐廳可以把它們的宣傳單放到各個廠供員工和客戶閱讀。

有了想法之後，吳芊馬上與許多餐廳聯繫，沒想到很多餐廳都爽快答應了。吳芊於是找到那些被搶走的客戶，向他們推薦自己的新業務。有這麼好的免費宣傳的機會，那些老客戶答應把業務重新給吳芊。在與客戶簽訂合約時，吳芊提高了違約賠償金的數額，以防對方隨意終止合約，吳芊失去的客戶又回來了。

有了這個附加的免費宣傳的服務，吳芊的廠刊業務迅速發展，客戶發展到了二十多家。

一天下午，吳芊把十多份廠刊送給客戶後，累得兩眼昏花，回來的路上，兩條腿好像灌了鉛般沉重。回家爬樓梯時，剛爬到第二層，吳芊眼前一黑，摔倒在地上失去了知覺。醒來時，她已經躺在醫院的病床上掛著點滴，男友在旁邊一臉焦急。

看到吳芊疲憊不堪的樣子，男友很是心疼。吳芊出院後，男友辭掉了月薪四萬元的工作，幫助吳芊打理業務。有了男友的幫助，吳芊的壓力減輕了許多。每天吳芊在外面聯繫業務，與客戶溝通，男友負責編排刊物，派送刊物。

吳芊的客戶增加到了四十多家，月收入有十五萬多元。這時，光靠

兩人已經忙不過來了。吳芊應徵了兩名員工來幫忙。有了上次的教訓，吳芊將財務、客戶資料管理等重要的事情交給男友做，兩名員工專職負責編排刊物。

如今，很多公司都有自己的刊物，而公司往往聘請一個人專門做企刊，這樣就得多付一個人的薪水。替人做企刊之所以有市場，是因為能幫企業省錢。因此，如果你想到一個幫企業省錢的點子，也許你就打開了一扇財富的大門。

成人禮：你長大，我賺錢

一名外地工作者發現了家有獨生子女的父母憂慮，突發奇想，為他們的小孩舉辦成人禮，讓這些嬌生慣養的獨生子女意識到自己已經長大，懂得承擔一定的責任。別人都笑他過時，他卻頂著壓力，把舉辦成人禮的生意做得很好。

十二歲時，郭華堅的母親就離他而去，父親一個人把他撫養大。五專畢業後，他應徵到某文化傳播公司當一名口才培訓師。

十一月，一家長帶著他的女兒來找郭華堅培訓口才。他女兒今年十八歲，正在上高二，性格跟小孩差不多，愛哭、愛撒嬌。由於經常和小孩一起玩，她非常膽小，在人多的場合不敢說話。郭華堅對該家長說：「你女兒的主要問題是思想不成熟，我們只訓練口才，沒法改變她的心理狀況。」家長只好失望離去。

後來，郭華堅又陸續接待了多名有類似情況的家長。看到家長們眉頭緊鎖的樣子，郭華堅想：許多小孩都是獨生子女，他們從小嬌生慣養，即使到了十八歲，也沒意識到自己已經成人，仍然保留著小孩子的脾性。有沒有什麼辦法幫幫這些孩子呢？

一天，郭華堅在電視上看到一則報導說，韓國的青少年到了十八歲後，都要舉行成人禮，以此宣告自己已經長大成人，開始承擔責任。他的

第三章　奇思妙想，好點子帶來好生意
成人禮：你長大，我賺錢

眼睛一亮：「古代本來就有舉行成人禮的傳統，後來才慢慢消失。如果為青少年舉辦成人禮，不是可以喚醒他們的成人意識，改變他們的行為嗎？這樣他們的父母肯定會很樂意，很放心。」

郭華堅辭去工作，著手準備起成人禮的事情來。他到圖書館查閱了古代舉辦成人禮的內容和過程，並做了詳細的記錄。根據古代習俗，舉行成人禮時，男子要戴冠（一種帽子），女子要戴笄（一種髮飾，相當於簪），並盤起頭髮。郭華堅按照古時習俗，把成人禮的舉辦過程分為三個步驟：①冠笄之禮，郭華堅以穿西裝代替冠笄之禮；②成人宣誓，即讓青少年宣誓努力學習、報效祖國和社會等；③三是向父母宣誓：孝敬父母，報答父母的養育之恩。

接著，他以每月六千元的租金租了間房子，作為舉行成人禮的地點兼辦公室。一切準備就緒後，郭華堅在報紙上打了個小廣告，同時印刷了傳單到街上散發。

幾天之後，郭華堅聯繫到了十二名客戶。這十二名客戶全都已成年，可脾性完全像小孩。當郭華堅為他們舉行成人禮時，他們竟像小孩那樣打鬧起來。郭華堅喊了幾次「安靜」，都沒有效果。家長看到場面如此混亂，都搖搖頭說：「孩子參加這樣的成人禮能有什麼效果呢？」

又窘又怒的郭華堅只好猛拍桌子，他們才安靜下來。郭華堅宣布成人禮開始後，他們的家長開始為他們穿上西服。然後，他們一起大聲宣讀成年誓言，並在父母面前發誓，不惹父母生氣，孝敬父母、報答父母，整個過程很草率結束。學生的家長都抱怨這樣的成人禮沒有一點特色，對孩子沒有什麼影響。一名家長甚至不留情面：「早知如此，我就不帶孩子來參加了，白白浪費了幾十元。」聽了家長抱怨，郭華堅倍感沮喪，信心大受打擊。

調整了自己的情緒後，郭華堅重新振作起來，決定改進成人禮的內容，使它更受歡迎。經過調查，他發現家長都認為「冠笄之禮」應當嚴格按照古代的做法，這樣才更具特色，才會讓孩子感受到成長的莊嚴。郭華堅

於是到圖書館查閱了有關古代「冠笄之禮」的詳細資料，終於設計製作出和古代類似的帽子、衣服和簪。為了使成人禮的舉辦過程顯得更加莊嚴，郭華堅還特地找了一些莊重的音樂，準備在舉辦成人禮的過程中播放。

第二期成人禮，郭華堅並沒有急著開始舉行成人禮，而是先給孩子幾分鐘時間，等他們的好奇心得到滿足後才放音樂。當莊重的音樂響起時，他們全都籠罩在肅穆的氣氛中，不再打鬧嬉戲。成人禮開始後，他們都很認真穿成人服、宣讀成年誓言並對父母宣誓，整個過程有條不紊。

第二期成人禮舉辦成功後，郭華堅的信心大增。為了招來更多的青少年參加成人禮，他再次在報紙上打廣告，還在一些著名網站宣傳。很快，前來報名參加成人禮的青少年變多。然而此時，新的問題又出現了。

七月，一名家長打來電話抱怨說：「讓孩子參加成人禮的出發點是好的，可是成人禮畢竟只是一個形式。我的孩子參加完成人禮後，向我們保證改變自己，可沒過多久他就把誓言拋到腦後，恢復原來的樣子，真拿他沒辦法啊！」聽了家長的話，郭華堅才感覺到想要做好成人禮生意不是一件很容易的事。成人禮不能是作秀，必須真正幫助學生堅定意志、徹底改變小孩子的脾性，只有這樣才能受到家長的歡迎，只有這樣成人禮的生意才能做大做久。

經過苦苦思考，郭華堅決定在舉行成人禮時，讓參加成人禮的青少年做兩件事，一是到野外種一棵樹，再對著樹進行成人宣誓；二是在宣誓孝敬父母後，讓他們為父母洗腳，以實際行動來表示他們的決心。增加了新的內容後，成人禮與行動相結合，不再流於形式。

然而，為父母洗腳做起來不容易。九月，當郭華堅要求參加成人禮的孩子們為父母洗腳時，他們就吵開了，有的說：「洗腳這麼容易的事他們完全可以自己做，為什麼非得讓我們做呢？」有的憤憤不平：「孝敬父母有很多方式，不一定非為給他們洗腳。」

面對這些從小嬌生慣養的獨生子女的反對，郭華堅沒有生氣，而是眼含淚水：「父母辛苦養育你們，你們連為他們洗腳這麼小的事情都不願意做

嗎？我想為我的母親洗腳都沒有機會了！子欲養而親不待，你們現在不懂得孝敬父母，將來會後悔的。」他們頓時啞口無聲，慚愧低下了頭，不再反對給父母洗腳。

由於郭華堅不斷創新，處處為家長著想，他的成人禮越辦越有特色，名氣也越來越大。

十月的一天，一名姓王的學生參加完成人禮後問郭華堅：「您有沒有把我們參加成人禮的整個過程拍攝下來？」當郭華堅告訴他沒有後，他很失望：「成人禮好比婚禮，一生中就這麼一次，沒有拍攝下來太遺憾了。」後來，郭華堅又多次遇到這樣的情況。他想：「如果把成人禮的舉辦過程拍攝下來，再燒錄成光碟，賣給參加成人禮的青少年，他們肯定很樂意買下來做紀念。自己還可以有一筆額外收入呢！」

說做就做，郭華堅花了五萬多元，買了一部高級攝影機。每次舉辦成人禮，他都把整個過程拍攝下來。成人禮舉辦完後，他在自己的電腦上燒錄出來，然後賣給學生。郭華堅的目光瞄得很準，成人禮一生就這麼一次，學生都踴躍購買。郭華堅透過舉辦成人禮，終於實現了房車夢。

當今獨生子女越來越多，父母對孩子也越來越溺愛。舉辦成人禮的意義在於使孩子成熟，能夠幫父母分憂。父母為孩子花錢不會心疼。因此，想創業的話不妨多花點心思在孩子身上，或許你會發現一個很好的商機。

幫老闆收集新聞，資訊也有價

這是個講究效率的時代，也是個資訊爆炸的時代。電視、雜誌、報紙、廣播、網路，各種媒體讓人目不暇接，每天成千上萬的新聞讓人們眼花撩亂。二十七歲的吳申獨具慧眼，發現為老闆讀新聞的商機，他把自己的想法付諸行動，賺到了自己人生的第一桶金。他是如何成功的呢？

吳申出生在一個普通家庭。大學畢業後，吳申憑藉出色的英語會話能力，應徵上一家外商任老闆的祕書，主要負責撰寫一些公文、接待公司

的重要客戶，以及幫老闆打理公司的一些日常事務。工作不是很難，但很累，每月薪水一萬兩千元。

雖然就職於眾多大學畢業生羨慕的外商，但吳申並不開心。公司的老闆華夫是個澳洲人，對員工的管理非常苛刻。一天，華夫對吳申說：「週五我要去上海，你幫我買一張到上海的機票。」吳申於是打電話訂了一張到上海的機票，價格是五千元。但華夫拿到飛機票後很不高興。他對吳申說：「你訂的飛機票貴了，你馬上把票退了，重新去買。」吳申很生氣，這麼大的一家公司還這麼計較。但為了這份工作，吳申只好把票退了重買。

年底，公司發放年終獎金，每人兩萬五千元。但吳申和另外幾名員工只拿到了一萬元。吳申很不解，自己一年忙到頭，這麼辛苦工作，領的獎金竟比別人少。吳申找到財務部經理問原因。財務部經理說：「這一年中，你請了三次假。按照公司的規定，凡是請一次假，年終獎金要扣掉五千元。」「這是哪門子的規定？我請的三次假全都是病假，每次請假也都只是半天而已。」吳申一怒之下，辭掉了這份工作。

閒著沒事做，吳申到書店看書。在書店，吳申隨手拿了一本介紹李嘉誠的書翻了起來。當看到有關李嘉誠工作生活的介紹時，有一個細節引起了吳申的注意。書中介紹說，每天早晨，李嘉誠來到辦公室後，都能在辦公桌上看到一份專人為他收集整理的當日要聞，他看完新聞後才開始一天的工作。吳申突然靈光一現，想到了一個商機，那就是為老闆收集新聞。回來後，吳申把自己的想法告訴女友：「如今是個資訊時代，每天發生的新聞不計其數，而很多公司老闆每天都忙得不可開交，根本沒有時間讀書看報。但每天紛繁複雜的各種新聞中，總有一些是公司老闆很想知道、很有必要知道的，比如相關的產業新聞。這些新聞對公司的發展很重要。如果我為他們收集這些新聞，他們肯定很樂意。」女友聽了吳申的分析後說：「聽起來這個想法不錯，不妨去試試看。」

得到女友的支持，吳申充滿了信心。他拿出以前打工的積蓄租了一套商住兩用房，既當辦公室，也是他和女友的住所。另外，吳申買了電腦和

印表機，還在出租屋拉上了寬頻。購齊這些必需的設備後，吳申身上只剩下一萬五千元了。九月，吳申早早起來上網，搜集了新近發生的重大新聞和飲料行業的相關新聞並列印出來，然後開始上門拉業務。

上午九點多，吳申來到一家大型飲料廠。可剛到門口，保全就攔住他，不讓他進去。吳申急中生智，謊稱是送檔到辦公室，並拿出那些列印好的新聞給保全看。保全這才讓吳申進去。吳申又以同樣的方法混進老闆辦公室。見到老闆後，吳申奉上列印好的新聞，然後說：「您好，這是最近發生的一些重要新聞。」老闆的工廠有兩百多名工人，他以為吳申是工廠的工人，沒在意。他接過來仔細看了之後說：「這些新聞很好，你從哪里弄來的？」吳申這時候才表明自己的來意，他對老闆說：「我們是專門為像您這樣的老闆收集你們感興趣的新聞的。因為我們知道，身為老闆，您很忙，沒有時間去搜尋您感興趣的新聞。」老闆這才明白過來，他想了想說：「你的名片呢？你們公司叫什麼名字？」短短兩個問題，一下就把吳申給問蒙了，因為他既沒有名片，也沒有註冊公司。老闆微笑著說：「年輕人，你的想法不錯，但你要註冊了公司才能讓別人相信你啊。」看到吳申尷尬的樣子，老闆接著說：「只要你註冊了公司，我就做你的第一個客戶。」

回來後，吳申為自己的冒失感到難堪。與女友商量後，吳申認為自己目前還沒有註冊公司的實力。於是他花了幾百塊錢註冊了一家文化工作室，然後印製了一盒名片。同時，他還制定了收費標準，即每天為老闆收集他所感興趣的新聞不少於二十條，每月收費兩千五百元。如果老闆另外指定收集其他資訊，再根據收集的難易程度另外收費。為了使自己的服務內容和收費標準更加簡單明瞭，吳申還製作了簡潔漂亮的傳單。

起初，由於資金緊張，吳申的工作室成了典型的「夫妻店」。每天，吳申早早出去拉業務，女友小紅則兼職為他搜集新聞，傳真給客戶。

為了擴大業務，吳申為自己定下每天拜訪二十個客戶的目標。但吳申沒有私人交通工具，每天都是坐公車往返，很辛苦。十一月，吳申到一家紙品廠談完業務，就匆匆搭車趕去一家房地產公司。剛下車，吳申就感

讓錢自己長
你不是缺錢，只是沒種創業

到頭有點暈，他以為是坐車太久引起的，沒太在意。走了幾步，吳申突然頭暈加劇，暈倒在地，失去了知覺。等他醒來時，他已經躺在醫院的病床上，女友小紅一臉焦急守在身旁。原來，由於長時間過度勞累，吳申身體機能下降，導致貧血引起頭暈。住院的一個星期裡，女友向公司請假每天悉心照料吳申，一日三餐為他準備補血的菜肴。吳申的身體很快就康復了。

從工作室成立到現在兩個多月的時間裡，吳申只談成了六個客戶。除去各種費用，每個月只能賺一萬元左右。自己付出了這麼多，卻沒賺到什麼錢，吳申心裡很焦急。一出院，他馬上就出去拉業務。但一波未平，一波又起，吳申剛出院，又遇到了新的麻煩。

某日一大早，吳申就出去跑業務。女友搜集新聞傳真給客戶後也趕著去上班了。中午十一點多，吳申滿身疲憊回到出租屋。剛到家門口，他就看到房門被撬開了，屋子裡凌亂不堪，電腦、印表機、傳真機、數位相機、掃描器全部都不見了。女友下班回來看到這一切也傻眼了。這些可是他們全部的家當啊，吳申趕緊報警。錢還沒賺到，後院就起火了，沒有了這些設備，吳申的業務沒法開展。但是要重新購齊這些設備得投入近十萬元，吳申身上根本沒那麼多錢。吳申動搖了，他想關閉工作室去找工作。女友反對吳申這麼做，她勸道：「你才開始走兩步，還不知道路好不好走，怎麼就停止了？」

兩天後，小紅把十萬元交給吳申，對他說：「如果你還想堅持下去，就去把該買的設備買回來。如果你想放棄，那你就不要接這些錢，明天去找工作。」吳申疑惑看著小紅。小紅告訴他：「這些錢是我向我父親借的。」得到女友的支持，吳申打消了放棄的念頭。第二天，他就到電腦城買回了電腦、印表機等設備。為了防止類似事故的發生，同時也為了全力支持吳申，小紅把工作辭掉，專門在家幫吳申打點工作室的事務。

由於女友的大力支持，吳申的業務迅速發展起來。有二十名老闆與吳申簽訂了合約。這時吳申和小紅兩人已經忙不過來了。吳申於是以每月三千五百元的薪水招了一名中專生，專門負責為客戶發傳真。小紅負責每

天上網收集新聞。

吳申每天為每個客戶收集二十多條新聞，工作量還是挺大的。這些新聞都是小紅上網瀏覽很多網站才收集到的。五月十三日，吳申正在外面聯繫業務，一家服裝廠的老闆祕書打電話來，提出與吳申終止合約。這是吳申遇到的第一個「退單」的客戶，吳申問她：「你們老闆為什麼不需要我們為他收集新聞了呢？」對方解釋說：「你們收集的新聞網上都有，老闆現在安排我來為他收集，這樣不用另外花錢。」

聽了對方的分析，吳申猛然醒悟，自己的業務確實沒有什麼特殊之處，老闆隨便安排個人就可以做到。果然，不久，接連又有好幾個公司打來電話提出終止合約。這些都是些小公司。吳申猜測大公司的人手緊張，老闆不會在意花幾百塊錢請人為他收集新聞。但這些小公司出於成本考慮，肯定不願意為此花錢。

吳申覺得，要把業務擴大，必須提高業務的專業化水準，收集一些有難度的，其他人想收集也收集不到的新聞，這樣才容易留住老客戶，開發新客戶。與女友小紅商量後，吳申決定擴大新聞收集的範圍，把英語新聞也增加到收集的範圍中來，另外還收集相關行業的供求資訊和價格資訊。吳申的英語很好，他決定和女友換位置，女友出去跑業務，自己在家收集新聞。吳申還瀏覽外國的網站，把需要的新聞翻譯成中文再傳真給客戶。業務範圍擴大了，收集新聞變得更專業化了，那些失去的客戶又回來了。

六月的一天，吳申的一名客戶，一家服裝廠的張總問吳申：「除了收集新聞，你還收集別的資訊嗎？」吳申說：「別的資訊如果我們能收集到，當然也收集，但要另外算錢。」張總吐了個煙圈說：「錢不是問題。」停了一會兒，他接著說：「你幫我留心一下，博愛路那兩家服裝廠最近有什麼新款式的衣服。至於費用，我每個月給你兩千五百元。」打聽兩家服裝廠有什麼款式的服裝上市是很容易的事，張總給這麼高的費用，吳申很爽快答應，接下了這筆划算的業務。

七月，吳申打探到一家服裝廠新設計出了一款男襯衫。吳申把該襯衫

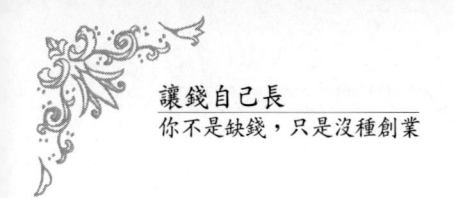

的具體款式描述了一下,然後發傳真給張總。七月底的一天,吳申正在辦公室上網瀏覽新聞,突然有幾名員警推門進來,不由分說就在吳申的辦公桌上翻過來。吳申問他們:「你們是做什麼的?怎麼隨便進來亂搜東西?」其中一名員警說:「我們在執行公務,有人告你盜取別人的商業祕密。」原來,張總得知那家服裝廠新推出一款男式襯衫後,也馬上模仿推出。那家服裝廠發現有類似產品出現在市場,便展開調查,結果發現吳申一直在為張總公司收集新聞。他們懷疑是吳申盜取了他們的機密,於是到派出所報了案。幸好當初吳申接張總的業務時,並沒有與他簽訂合約,沒有留下任何證據。員警在吳申辦公室搜了半天,沒發現任何證據,只好離開。自那以後,吳申專心做搜集新聞的業務,對其他業務,他總是認真考察是否觸犯法律後才做決定。

由於吳申和女友的勤奮努力,工作室的發展慢慢走上正規。他們已經發展了五十名客戶,月收入十萬多。隨著業務擴大,他們的工作量也加大,吳申只好聘請一名員工幫他收集新聞。

九月,吳申正在網上瀏覽新聞,突然跳出一則剛剛發生的新聞。一名網友的母親患了重病,急需一大筆錢。該網友想馬上出售一棟五層的住宅,為母親治病。吳申想到自己的客戶中有一名是做炒房生意的李總。吳申一般都是早上就把老闆們需要的新聞傳真過去了,對於下午發生的新聞,根據合約,吳申完全可以明天再傳給老闆。但考慮到李總如果拿下這棟樓可能會大賺一筆,吳申於是趕緊打電話給李總公司。可公司的人告訴吳申李總正在開會。吳申於是發了條簡訊給李總,告訴他這個消息。李總看到簡訊後,馬上停止了會議,快速與那名網友聯繫。最終,李總以五百萬元的價格買下了那棟樓。後來,這棟樓炒到了一千多萬元,李總狠賺了一筆。李總給了吳申五萬元表示感謝。李總說,幸虧那天吳申通知及時,再晚些,他就沒法買到那棟樓了。因為他剛買下樓,就陸續有十幾個買家找那名網友,而且開出的價格都高於五百萬元。

經過這件事後,吳申想,新聞每時每刻都在更新,如果再為老闆們附加新聞監測服務,不是可以多增加些收入嗎?吳申把這個想法告訴女友小

紅後，小紅也覺得這個想法很好。吳申於是打電話給老客戶，介紹新聞監測這個附加的服務。在商場，快一步與慢一步決定著成敗，許多老闆都同意增加新聞監測服務。增加新聞監測業務，吳申多收一千五百元。

吳申瞄準了這個市場空白，加上他為客戶著想、誠心為客戶服務，使他贏得了很多客戶的信賴。他賺到了人生的第一桶金——兩百多萬元。科技越來越發達，這是個資訊大爆炸的時代，各種各樣的資訊令人眼花撩亂。作為老闆必須留意一些重要的資訊，可電視、報紙、網路、收音機，這麼多媒體，該選擇哪種呢？而且身為老闆，哪有那麼多時間？為老闆收集資訊無疑大大節省了對方的時間。因此，貌似沒有價值的新聞、資訊，其實是有價的。

出租草席，外地工作者月入過五萬

一張草席只不過幾塊錢，但是善於思考的人會增加價值。

馮上實高中沒畢業就出來工作，因沒什麼學歷，他只好應徵到一家公司當保全。每天，他都傻傻守在公司的門口，工作很枯燥而且薪水也很低，只有三千元。馮上實對這種工作很厭倦，但為了生存又不得不忍受。

馮上實喜歡去逛公園，呼吸新鮮的空氣。一天下午下班後，馮上實和幾名好友到公園放風箏。公園場地非常開闊，園裡到處是碧綠的草坪和高大挺拔的樹木。馮上實和朋友們放了一個多小時的風箏，玩得非常開心。傍晚，他們肚子開始咕咕叫了，於是拿出帶來的乾糧，準備當晚飯吃。當他們幾個準備把乾糧擺放到草坪上開飯時，發現草坪上有許多灰塵，很不乾淨。一個朋友說：「把食品放在草坪上吃很不衛生，要是有張草席就好了。」但是，公園根本就沒人賣草席，他們只好把食品拿在手裡將就著解決晚飯問題。

晚上七點多，來公園裡的人越來越多，草坪上坐滿了人，他們大都是直接坐在草坪上。善於思考問題的馮上實突然眼前一亮，他想，草坪上有很多泥土和灰塵，人們坐在上面褲子不被弄髒才怪。要是鋪一張草席坐在上面就好了。既然公園裡沒有人賣草席，我幹嘛不去弄些草席來這裡賣

呢？馮上實把自己的想法和幾個朋友說了。朋友笑他說：「你別做白日夢了，草席是用來鋪在床上的，人們只不過坐一會兒就走，沒有人願意花錢買草席。」

但馮上實堅信自己的想法可行。八月，馮上實毅然辭掉保全工作，開始了他的賣草席生意。他到批發市場以每張二十五元的價格批發了十張草席，然後找來一塊小木板，用毛筆在木板上寫了「草席出售」幾個字。下午三點多，馮上實來到公園，他把草席放在路邊，然後舉起小木板，等待著生意的開張。但是一直等七點多，竟然沒有一個人來問津。

一個在公園裡專門幫人照相的大叔，看到馮上實傻傻站在那裡，便走過來對他說：「你這樣站到天亮也不會有人來買你的草席的，你要主動去推銷才行。」馮上實這才醒悟過來。他把那塊小木板丟掉，夾起草席，見人就問：「買草席嗎？」功夫不負有心人，終於有一家三口在玩累了之後，花四十元買了馮上實的一張草席。雖說只賺了十五元錢，但馮上實心裡還是很高興，因為這證明自己的想法還是可行的，只要努力推銷，還可以賣出更多的草席。

接下來的幾天，馮上實每天都到公園推銷草席。一整天下來，他能賣出十張左右的草席，平均每天能賺一百五十元左右。雖然很苦，但馮上實感到比起當保全整天守在門口強多了。

八月這天晚上，馮上實向一對老夫妻推銷草席時，男的很想買，女的卻阻止了他。女的說：「我們只坐一會兒就回去了，如果買了草席只坐一會兒就丟掉不是很浪費嗎？帶回去又沒用，我們已有草席了。」男的猶豫了一下說：「要不這樣吧，年輕人，你便宜把草席租給我吧。」馮上實覺得老人的話很有道理，他說：「可以，這樣吧，我以每小時五元的價格把草席租給你吧。」老人很爽快把草席租了下來。

這件事使馮上實意識到，賣草席不如出租草席受歡迎。因為正如老人所說，來公園玩的人，大多是來坐一兩個小時就回去了，如果買一張草席帶回去沒用，丟掉了就很可惜。馮上實決定把賣草席改為出租草席。

第三章 奇思妙想，好點子帶來好生意
幫老闆收集新聞，資訊也有價

　　第二天，馮上實去批發市場批發了大小草席共二十張。下午三點多，馮上實來到公園。雖然時間還早，但已經有不少遊人在公園裡逛，許多人還坐在大樹下納涼。馮上實帶著草席走過去欲向他們推銷出租草席業務。馮上實剛走近，樹底下有三名青年就叫開了：「我們不要草席，你走吧。」馮上實微笑著解釋說：「我是出租草席的，不是賣草席的。你們坐在草坪上很不衛生，如果租張草席坐多舒服，價格還很便宜。」

　　三名青年聽了很感興趣，其中一個說：「如果有張草席坐確實很乾淨，累了還可以躺著休息一會兒呢。」另一個問馮上實：「你的草席怎麼租？」馮上實說：「大草席十元租一個小時，小的五元錢一小時。」三名青年聽了都說：「價格不貴。」於是很爽快租了一張大草席。

　　馮上實沒料到這草席竟這麼容易就出租出去了。以前，他賣草席問十個人都沒有一個人買呢，現在只問了一次就有人租。馮上實信心大增，繼續向別人出租草席。結果出乎他的意料，二十張草席很輕鬆全部租出去了。當天，馮上實一直忙到夜裡十一點多才收攤，二十張草席全部被租了好幾次。馮上實清點今天的戰果，竟然賺了一千兩百多元。他買了一瓶啤酒和五十元的燒烤犒勞自己。

　　由於出租草席瞄準了人們的需求，加上勤奮努力，馮上實的出租草席生意做得很好，每月的收入有三萬多元。但是生意做大了，免不了會出現一些問題。這天晚上，來公園遊玩的人非常多，馮上實忙得不可開交，他帶來的五十多張草席，在晚上六點多鐘的時候就已經全部租完。馮上實只好焦急看著錶，等待著。七點十分，馮上實記得，有一對情侶租草席的時間到了。他找到那對情侶說：「你們租一個小時的草席，現在時間到了，要是繼續租，那請再交五塊錢；如果不租，就把草席退給我吧。」馮上實話剛說完，對方竟破口大罵起來：「你發神經嗎？我租草席還不到二十分鐘。」馮上實意識到自己記錯了，今晚有好幾對情侶租了自己的草席。但是具體是哪對情侶，他竟然記不起來了。結果那晚，他丟失了好幾張草席。這樣的事情後來又發生了許多次。

為了解決這個問題，馮上實想了個辦法。他在每張草席上寫上編號，每租出去一張草席，他就把該草席的編號和租的時間寫在一個小本子，這樣就不會混淆了。

　　隨著出租草席的生意越來越好，馮上實自己一個人已經忙不過來了。他以每月兩千五百元的薪水請了一名幫手。但是，那名幫手只做了一個月就辭職了。因為他看到馮上實出租草席的生意這麼好做而且成本又很低，於是他乾脆單做。馮上實多了一個競爭對手。後來，又有幾個人加了進來，馮上實的出租草席生意冷淡了許多，原來每月能賺到三萬多元，現在每個月只能賺到一萬多元，而且這一萬多元賺得還不輕鬆。

　　一次，馮上實正在和幾名遊客談出租草席的事情。另外一名男子竟擠到馮上實的前面搶馮上實的生意。馮上實非常氣憤，他把那名男子推開。對方一下子就衝上來，給了馮上實一拳。馮上實絲毫不示弱，和那名男子扭打成一塊，結果客人全都嚇跑了。

　　還有一次，幾名客人準備租草席。他們問馮上實：「大草席多少錢租一個小時？」馮上實回答說：「十元。」那幾名客人正準備掏錢租草席，突然，旁邊有一中年婦女說：「大草席五元錢一小時，我租給你。」結果那幾名客人就跟中年婦女租了草席。

　　面對激烈的競爭，馮上實一直想著怎麼樣才能突出重圍。一天，馮上實出租草席時，聽到一名遊客抱怨說：「我很想租一張草席，但是你們的草席被那麼多人坐過了，很不衛生，跟坐在草地上沒什麼區別。」馮上實想，一張草席多次出租後，確實很髒，別人的草席也是如此的。如果自己每天都把草席清洗消毒不是會更受歡迎嗎？馮上實於是每天早上都把草席清洗消毒一遍，然後在草席上貼一張小紙條，上面寫著：本草席已經清洗、消毒，請放心使用。這一招果然很靈，馮上實的草席大受歡迎，每天租出去的草席都比別人的多。但是，沒過多久，別人發現了他的祕密，全都跟風。馮上實的生意又跌落了下來。

　　一天，馮上實經過一家動漫店時，被店裡的動漫所吸引。他突然想，

第三章 奇思妙想，好點子帶來好生意
幫老闆收集新聞，資訊也有價

這些漫畫多麼有意思啊，要是能把這些漫畫印在草席上，肯定大受歡迎。馮上實把自己的想法告訴在印刷廠的朋友。朋友說：「印刷廠沒有這項業務，你去問那些做廣告噴繪的或許會有收穫。」

馮上實到一家從事噴繪業務的廣告公司詢問，對方表示可以噴繪，但每噴繪一張草席要兩百五十元。馮上實猶豫起來，一張草席才幾塊錢，噴繪比草席本身貴多了。但是他轉念一想，現在出租草席競爭這麼激烈，只有做到與眾不同才能奪得市場。馮上實於是咬咬牙，花一萬多元在五十張草席上噴繪了各種不同的漫畫圖案，表達不同的含義。比如，噴繪有兩顆心或者玫瑰的圖案代表愛情，可以出租給情侶；噴繪有唐老鴨和米老鼠的代表童趣，可以出租給小孩；噴繪有橋梁的代表友誼，可以出租給結伴的朋友……這些繪有可愛卡通漫畫的草席非常受遊客的歡迎。每天，馮上實的草席都被遊客搶著租。其他出租草席的人看到馮上實的卡通草席如此受歡迎，也想去買來租，但是他們都找不到這樣的草席。他們問馮上實：「你這些草席是到哪裡購買的？」馮上實笑而不答。卡通草席使馮上實的生意再度興隆，他的月收入迅速上升到三萬五千多元。

九月的一天，馮上實正在公園裡出租草席，幾名外國人向他走過來，其中一名日本男子走過來，嘰裡呱啦說起來。馮上實根本聽不懂他在說什麼。男子於是用手指著馮上實手的草席。馮上實突然明白過來，他拿出一張大草席，遞給那名男子，然後指指牌子，想告訴對方，租金是十塊錢。

那名男子卻連連搖頭說：「NO，NO。」這下馮上實糊塗了，根本猜不透這人到底想幹嘛。男子急中生智，拿出一支筆和一張紙，然後歪歪斜斜在紙上寫下了三個字：榻榻米。榻榻米是日式的草席，可這東西他哪裡有呢？馮上實向男子搖搖頭說：「NO，NO。」那名男子聳聳肩，遺憾走了。

馮上實想，榻榻米是日本人家庭裝飾品，對許多人來說還是個新事物，如果能進一些來出租肯定大受歡迎。第二天，馮上實很早上街尋找賣榻榻米的店，可他逛了整整一個上午，竟然一無所獲。馮上實於是上網查找，終於找到一家工廠生產榻榻米。馮上實馬上與從該廠郵購了二十張

榻榻米。

　　半個月後，馮上實收到了榻榻米。當他帶著榻榻米來到公園時，立即引起人們的好奇，不到一個小時，二十張榻榻米全部租出去而且出租的價格還很高，每張一小時二十元。榻榻米軟硬適中，不論坐在上面還是睡在上面，都非常舒服，租用的遊客都讚不絕口。

　　由於馮上實善於出點子、不斷改進，他的草席出租生意做得很好，月收入有五萬多元。草席是這麼小的事物，誰能想到把它出租給在公園遊玩的人能賺到錢呢？能從平凡的事情中發現商機的人，往往都是愛動腦筋的人。因此，對日常的一些瑣碎事物，要多往財富方面思考。

特價商品轉賣，轉出滾滾財源

　　有商家會為了吸引顧客，而推出少量折扣很低的商品。另外，還有一些商家低價出售樣品和庫存，轉賣這些樣品和庫存品也能賺到一定的差價。這可是個很好的商機。

　　鄧剛勇聯考落榜後，應徵上一家貿易公司當業務。一天上午，他在報紙上看到一則廣告：某電器公司將於明天推出電鍋、電磁爐等一系列特價商品回報顧客。一週前，鄧剛勇的電磁爐因為不小心進水而導致短路，被燒壞了。他決定趁這次促銷機會，買一台特價電磁爐省些錢。

　　第二天早上六點多，鄧剛勇來到家電公司才發現，該公司的店門前早已排起了長隊。他只好加入隊伍中，苦等了近一個小時才買到電磁爐。雖然排隊很辛苦，但他還是感覺很值。因為，他僅以一千元的價格，就買到了原價一千五百多元的電磁爐。

　　四月，鄧剛勇的好友王宗盛到他家做客。當得知鄧剛勇以一千元的價格購買到那台電磁爐後，他羨慕不已，竟要求鄧剛勇把電磁爐轉讓給他，他願意出一千一百五十元。鄧剛勇勸他自己去買，王宗盛則說：「這種促銷活動並不是什麼時候都有，要買到這麼便宜的電磁爐很不容易。」最後，礙

第三章 奇思妙想，好點子帶來好生意
特價商品轉賣，轉出滾滾財源

於朋友的面子，鄧剛勇還是以一千一百五十元的價格，把那台電磁爐賣給了王宗盛。特價電磁爐轉手賣給朋友賺了一百五十元，鄧剛勇很高興：「當時要是多買幾台就好了。」

五月勞動節，某家具店打出廣告，低價促銷一款木製椅子。平時要賣三百五十多元的椅子，促銷期間只賣一百五十元。這次，鄧剛勇大方購買了十張。椅子運回來，周圍的鄰居看了之後覺得很值，紛紛趕到那家家具店，可最終他們還是空手而歸，因為促銷椅子早被人們搶光了。

看到鄰居失望的樣子，鄧剛勇說：「我家用不了那麼多椅子，如果誰想要，我可以以兩百元一張的價格賣給他。」他的話音剛落，幾個鄰居就爭著要買。最終，鄧剛勇以兩百元一張的價格賣給何爺爺五張椅子，賺了兩百五十元。

看到轉賣打折商品挺賺錢，鄧剛勇想，經常有商店推出少量打折商品吸引顧客。既然轉賣打折商品能賺錢，鄧剛勇便辭掉了工作。

轉賣打折商品首先要了解哪些商店在促銷。為此，鄧剛勇每天都看報紙，了解每天的打折資訊。一家通訊公司打廣告：將推出少量特價手機。看到消息後，當天鄧剛勇早上六點就到該公司的店門前排隊等候。八點半商店開門後，原本想多買幾部手機的鄧剛勇卻被告知，每人限購一部。最終，他花了五百元，購買到平時售價一千五百多的 Nokia 手機。隨後，他轉手以一千元的價格，賣給剛遺失手機的好友張鄀愛，賺了五百元。

轉賣打折商品果然挺賺錢！鄧剛勇很高興想：要是每天都能賺這麼多錢，那可比當業務好多了。然而，接下來的日子裡，鄧剛勇一般隔幾天才看到打折廣告。一個月下來，他轉賣打折商品只賺了三千五百多元，比當業務還是差了一點。看來轉賣打折商品並不像自己想像的那麼好，鄧剛勇有些洩氣了。

七月，鄧剛勇看到一家數位專賣店打出橫幅：本店新開業，部分產品特低價出售。店裡早就擠滿了人，鄧剛勇擠進去後發現，該店賣的一款 MP3 特別便宜，每個只賣兩百元。由於買的人很多，特價 MP3 的數量有

限，他等了半個多小時還是沒買到。

鄧剛勇很鬱悶，這家店要是在報紙上打廣告，自己就可以早點來，多買幾部多賺些錢。可是，他們為什麼不打廣告呢？帶著疑問，他問了店家這個問題。店家苦笑著說：「我們也很想做廣告啊，但我們只是小店，哪有錢做廣告呢？」

鄧剛勇這才明白過來，同時也意識到，自己光憑看報紙找打折資訊的做法不明智。因為很多店資金有限，沒有能力在報紙上花錢做廣告。看來想要買到更多的打折商品，必須得吃苦了。

為了方便購買打折商品，鄧剛勇花五千多元買了一輛電動腳踏車，每天一大早在各條主要街道閒晃。哪裡有打折商品賣，他就停下來購買。此舉非常有效，第一天，他就以很低的價格購買到了手錶、DVD 機等幾種商品，轉手賣掉賺了三百多元，一個月下來，竟賺了近一萬多元。

在轉賣打折商品的過程中，鄧剛勇發現，最賺錢的是那些價格特別低的限量商品。這些商品只要買到，轉手賣掉就可以一下子賺上千元。但正是由於價格極低，這些商品很難買到，而且商家只允許每人購買一個。鄧剛勇為此苦惱不已。

九月，鄧剛勇遇到以前的同事吳賓勇的父親吳瑞明。吳瑞明得知鄧剛勇的難處後，說：「我現在退休在家沒事做，要不我幫你排隊購買特價商品吧。」鄧剛勇爽快答應了，為了表示感謝，他還許諾吳瑞明每購買到一件特價商品，將給他一定的報酬。

九月，一家音響專賣店打出廣告，將推出少量特價DVD。鄧剛勇把消息告訴吳瑞明後，第二天六點，吳瑞明就到那家店排隊，以五百元的價格買到了一台 DVD。鄧剛勇給了他一百元的報酬後，以七百五十元的價格賣出，賺了一百五十元。

為了買到更多的打折商品，鄧剛勇如法炮製，又找了三個退休老人幫忙。國慶日，一家家電公司推出限量特價家電，有吹風機、電磁爐、電鍋等，只要花五元即可買到，但數量很少，每種只有十台，而且每人只能購

買一台。

第二天早上，鄧剛勇和吳瑞明以及其他三位老人，從早上五點鐘開始苦等三個多鐘頭，終於分別以五元錢買到電鍋、電磁爐、榨汁機等五台小家電。鄧剛勇給了每人兩百五十元錢作為報酬。隨後，他把以每台六百五十元的價格轉手把五台小家電賣出，賺了一千五百多元。

有了幾個老人幫忙購買特價商品，鄧剛勇轉賣特價商品的生意逐漸做大，收入也提高到每月兩萬五千多元。然而，生意做大後，他不可避免遇到一些問題，吃了不少虧。

十一月，他和幾個老人排了一個多小時的隊，以每部一百元的價格，購買到五部手機。在付給老人每人一百元後，鄧剛勇以每部六百元的價格轉手賣出。可是，三天後，對方找到他，大罵道：「你是個騙子，把這些壞手機賣給我，你必須讓我退貨！」

原來，這幾部手機是舊貨，被商家翻新後當特價商品賣，以吸引顧客的眼球。鄧剛勇給對方退貨之後，找商家理論。可當初購買手機時，鄧剛勇他們根本沒有向商家索要發票，商家死都不認帳，鄧剛勇只好吃了啞巴虧。經過這次教訓後，鄧剛勇購買特價商品時，每次都向對方索要發票和保固卡，以防萬一。

在購買特價商品的過程中，鄧剛勇還發現，有些商家聲稱推出折扣很低的商品，可實際上這些商品沒有打折。因為商家把商品的價格虛報得很高再打折，這樣就相當於沒打折。

一次，鄧剛勇看到一家珠寶店打出廣告：店內部分項鍊打兩折。他欣喜走進去後才發現，本來只值五千多元的項鍊，其原價竟被標到四萬多元，然後再打兩折，實際上就等於沒打。對於這樣的商品，鄧剛勇從來不買。

最初，鄧剛勇買到特價商品後，都是轉手賣給熟人。可畢竟熟人的市場太小，當鄧剛勇買到的特價商品越來越多後，熟人再也消化不了這些商品。看著屋子裡堆放的特價商品，鄧剛勇整天愁眉不展。

讓錢自己長
你不是缺錢，只是沒種創業

一天，鄧剛勇在一個二手交易網站上看到，許多網友在上面發文，出售各種物品，看文的人還相當多。他馬上把自己積壓的特價商品拍照，然後傳到網上，標明出售的價格並留下電話。令他意想不到的是，還不到一個小時，就有人打來電話。

在某旅遊公司工作的陸先生，看中了一台微波爐。這台微波爐買進的價格是七百五十元，陸先生上門查看了之後很滿意，最終以一千元的價格買走。

還有一位在外商工作的彭小姐，看中了一台果汁機，硬是拉上男朋友到鄧剛勇家裡驗貨，並最終以九百元的價格買走。這台果汁機鄧剛勇購買的價格為三千元。

有了網路的□明，鄧剛勇積壓的打折商品才三天就全都賣完了。高興之餘，鄧剛勇籌劃著，把生意做得更大。然而，此時，由於買特價商品需要排很長時間的隊，幾個老人中有兩個受不了這種苦退出了。鄧剛勇想找其他人頂替，卻一直沒有找到。

一天，他接到好友妹妹周芽芳的電話。原來，周芽芳剛應徵上一家大型電器公司的銷售員。她告訴鄧剛勇：「我們公司有促銷活動時，我可以幫你買到特價電器。」鄧剛勇許諾，只要她幫忙購買到特價電器，他可以給她一些報酬。

在周芽芳的幫助下，每當該電器公司有促銷活動時，鄧剛勇都能輕而易舉買到特價商品。五月勞動節，周芽芳所在的公司促銷，她幫鄧剛勇以每台七百五十元的價格買到三台豆漿機。鄧剛勇給了她五百元的報酬後，轉手以每台一千兩百五十元賣出，賺了一千元。

這件事使鄧剛勇意識到，想要及時了解各個商家的打折資訊，買到更多的特價商品，與各個商家的銷售員打好關係非常有必要。於是，鄧剛勇利用空餘時間，到很多店假裝買東西，與銷售員打好關係。一個月後，他「拉攏」了十多名銷售員，他們都答應，會第一時間把店裡的打折資訊告訴他，並幫他購買打折商品。鄧剛勇答應給他們一定的報酬。

第三章 奇思妙想，好點子帶來好生意
特價商品轉賣，轉出滾滾財源

有了這麼多「線人」的幫助，鄧剛勇輕而易舉購買到很多特價商品，月收入高達三萬五千多元。

四月，銷售員張小姐打電話問鄧剛勇：「你要不要樣機？我們公司今天特低價處理一些樣機。」鄧剛勇到現場了解後才知道，所謂的樣機，是指經常擺放在櫃檯供顧客試用的家用電器。這些家用電器原本也是新機器，品質沒什麼問題，只是由於給顧客試用後外觀看起來較舊而已。

這些電器，鄧剛勇不敢貿然買下，因為使用過的機器買回來後，只能當二手商品出售，很難賣出高價。經過與商家長時間討論，商家答應以很低的價格把樣機賣給他，並同樣給予三包，只是三包的期限比正常的要短些。

這些樣機有飲水機、電磁爐、電風扇、電熱水器等，售價只是新機的一半。鄧剛勇買回來後，一一拍下圖片，然後上傳到瀏覽量較大網站上的跳蚤市場專區，以高出買價20%的價格出售。為了讓買家對這些電器的品質放心，鄧剛勇標明這些電器是樣機，有保固卡。圖片傳上去後，找鄧剛勇買樣機的人絡繹不絕。

短短兩天，鄧剛勇就把十五台樣機賣完，賺了三千元。驚喜之餘，他想：既然賣樣機這麼賺錢，而大多數商家都有給顧客試用的樣機，如果能大量收購到樣機，轉手賣出利潤肯定很豐厚。於是，他決定把業務擴大到轉賣折扣很低的樣機。

為此，他把幫自己買打折商品的銷售員全都請出來，到餐廳大吃了一頓，讓他們幫忙購買樣機，他同樣許諾將給予他們一定報酬。在這十多名銷售員的幫助下，鄧剛勇很容易就購買到許多樣機。

六月，手機銷售員羅小姐告訴鄧剛勇，公司將低價處理一批樣品手機，要他趕緊過去。鄧剛勇趕緊叫車趕過去，經過討價還價後，以七萬五千元的價格買下了三十一部樣品手機。由於手機是熱銷產品，而且這批手機中有許多新近流行的款式，才三天就全部賣完，他賺了一萬多元。

在賣樣機的過程中，不少人向鄧剛勇抱怨說：「這些樣品手機價格很

讓錢自己長
你不是缺錢，只是沒種創業

低，品質也沒問題，就是外觀太舊了，拿在手上不好看。」他們的抱怨不無道理，但樣機不可避免都這樣，否則價格也不會那麼低。

　　一天，鄧剛勇經過一家手機維修店時看到該店櫃檯上貼了張紙，上面寫著「手機外殼翻新」幾個字。維修師傅正忙著把一些舊手機的外殼翻新。鄧剛勇腦海裡閃過一個想法：如果把樣機翻新，不是更容易賣出去嗎？他決定試一下。

　　幾天後，他把低價收購來的三部手機拿到一家手機維修店。維修師傅在手機外殼上噴上一層漆後，外觀煥然一新，跟新買來的機器沒什麼兩樣。果然不出鄧剛勇所料，這些手機很快被人買走。此後，每當購買到樣機後，鄧剛勇都會翻新後再出售。但他在出售時，都會如實告訴顧客，這些產品是翻新後的樣機。他的誠信博得了顧客的好感，許多人還介紹親戚朋友向他購買樣機。

　　業務範圍從轉賣打折商品擴大到樣機後，鄧剛勇一個人已經忙不過來了。他徵了三名員工，每天幫忙購買和銷售打折商品和樣品。後來，一些銷售員告訴他，很多商店都積壓了一些庫存品，為了方便資金周轉，很多老闆都以極低的價格拋售庫存品。鄧剛勇於是又把業務擴大到轉賣庫存品。

　　在他的努力下，他轉賣打折商品、樣品和庫存品的生意越做越大，月收入已經突破萬元。目前，他正準備租個店面專門賣特價商品，大做一番事業。創業的路有千萬條，鄧剛勇運用他的聰明才智，透過辛苦打拼，終於月入過萬。他的成功給我們的啟示是：做生意不外乎低買高賣，只要你發現了價格低廉又有市場的產品，不妨也去轉賣，說不定下一個成功的人就是你！

留名牆：給別人留名，為自己添財

很多人旅遊時，總愛在旅遊景點的牆上或樹上刻上自己的名字和「到此一遊」幾個字，但這種做法損壞景點。喜歡遊山玩水的林玲英突然來了靈感，在旅遊景區租了一小塊地，築起一道牆，供遊客留名。小小的一道牆能給她帶來什麼呢？林玲英是個愛玩的女孩，早在中學時，就經常帶同學到野外燒烤、開PARTY，高中畢業後，她到了南部讀大學。

到南部後，林玲英很想飽覽一下美麗風光。無奈，她的家庭經濟條件不是很好，囊中羞澀。貪玩的她只好像高中時代那樣，帶同學們到野外開PARTY。

大三那年，功課減少後，她的閒置時間變多。為了實現遊覽的夢想，林玲英拚命做家教存錢，最多的時候同時做五份家教。那段時間，她像陀螺似的，一下課就匆忙搭公車趕往學生家，每天都是晚上點後才回到學校。

大三結束時，林玲英終於存夠了錢。那年暑假，她約了幾名同學遊玩。當她們經過艱苦攀爬終於登上山頂時，眼前豁然開朗，放目遠眺，美景盡收眼底。即將下山時，林玲英發現同學張蘭桂在一塊石頭上刻上「張蘭桂到此一遊」幾個字。林玲英責怪她說：「你在上面刻字破壞了石頭的天然之美。」張蘭桂癟嘴說：「又不是只有我一個人這麼做。」順著她指的方向，林玲英看到附近的幾塊石頭上都刻有「×××到此一遊」幾個字。這些刻有字的石頭看起來很刺眼，林玲英倍感痛惜。幸好這些石頭都在隱蔽處，不會影響到景區的美觀，在熱門景點，情況可就大不一樣了。山上很多石頭都被雜亂刻上字，非常不雅觀。林玲英問景區管理人員，為什麼沒人制止遊客在石頭上刻字。景區管理人員說：「我們人手有限，每天來遊玩的人又那麼多，我們怎麼管得過來？」

這次環島游，林玲英玩得很開心。美中不足的就是，差不多在每個景區她都看到有人在石頭或樹木上刻上「×××到此一遊」幾個字。這些字和周圍的景色看起來很不和諧，彷彿一張美麗的臉龐被人劃了幾刀。

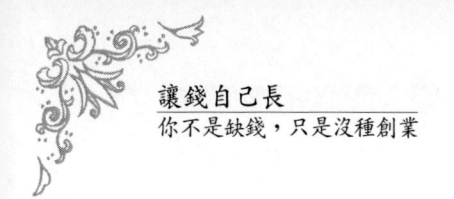

讓錢自己長
你不是缺錢，只是沒種創業

大學畢業後，林玲英考取了導遊資格證，應徵上一家旅遊公司導遊。在帶團的過程中，每到一個景點，都有遊客饒有興趣用小刀在石頭或樹木上刻自己的名字。每次看到這樣的事情，她都勇敢出來制止，很多時候，她都遭到遊客謾□。見多這樣的事後，林玲英突然冒出了一個想法：假如在風景區築一道牆專門供遊客留名字，不是可以防止遊客隨便刻字嗎？只要這道牆築在合適的位置，築得美觀，不但不破壞景區的和諧，還能成為一道亮麗的風景呢。

某天，林玲英帶團在風景區遊玩時，意外認識了一家有名的廣告公司的老闆孫先生。她把自己的想法告訴孫總後，孫總肯定：「這個想法很好，關鍵是這道牆要築得美觀、有特色，要能和景區的整體形象保持一致。」

得到孫總的肯定，林玲英頓時產生了一股創業的衝動。然而，男友卻責備她說：「不就是築一堵牆嗎？你能做出什麼名堂？還是安心當導遊吧，導遊的收入那麼高，你還朝三暮四做嘛？」林玲英是個很有主見的人，很少受別人的影響，有了想法，她總是盡力實現。一個月後，她毅然遞交了辭呈，著手進行留名牆專案的策劃與開發。

林玲英熬夜寫了提案的詳細介紹以及可行性報告。接著，她打電話找風景區負責人談合作事宜。然而，電話打了幾十通，竟然沒有聯繫到一個老闆。後來，一位跑業務的朋友告訴林玲英：「當老闆的每天都有一大堆人找他，他的電話員工不敢隨便透露給別人。」林玲英只好親自上門，到各風景區守候。

功夫不負有心人，一家旅遊景點的周總聽了林玲英的介紹後，很感興趣。他問林玲英：「這個創意不錯，但是你想讓我們投入多少錢呢？」林玲英說：「不需要你們風景區投資，你們只需租一小塊地給我，然後批准我築一道牆就行。」周總原以為林玲英找自己是想讓自己出資開展該項目，沒想到這個專案不僅不需要景區出錢，而且還能給景區帶來收入。這樣的好事，有什麼理由拒絕呢？兩天後，林玲英和該景區簽訂了合約，以五千元的月租金租了一塊十平方公尺的長方形土地。

第三章 奇思妙想，好點子帶來好生意
留名牆：給別人留名，為自己添財

接著，林玲英找來施工隊，花了一周的時間築了一道高三公尺、長五公尺的牆。為了使牆與景區的風景和諧一致，林玲英還找來裝修公司，對這道牆進行藝術裝修，使之看起來更美觀。兩週過去了，留名牆終於完工。為了讓顧客了解留名牆，林玲英印刷了精美的傳單，發給來景區遊玩的顧客。那些喜歡在景區留名的遊客，聽說有這樣的一道牆，都過來用小刀在牆上刻下自己的名字。牆上留一個名，林玲英只收十元。由於來景區遊玩的人很多，開業的當天，林玲英就賺了一千多元。

一天，一名遊客問林玲英：「假如留名牆刻滿名字了，該怎麼辦？是重新築一道牆，還是把上面的名字全抹掉？」林玲英被難住了，這個問題自己從來沒考慮過。

後來，她徵求多人的意見後，找到了解決的辦法：每個遊客所留的名字在牆上保留一年，如果遊客想保留更長的時間得另外付錢，每延長一年增加二十五元。

自從風景區有了留名牆後，樹上、石頭上再也看不到有人在上面刻字了。風景區老闆為此對林玲英表揚了一番，並且保證合約期滿後優先考慮與她合作。

在留名牆上刻字，一般是由遊客自己來刻，但也有不少遊客覺得自己刻的字不好看。林玲英便應徵了一名有刻字專長的員工，專門為這類遊客刻字。留名牆的經營成本不高，除去員工薪水、土地租金和其他費用，林玲英每月大概賺兩萬五千元左右。正如男友所說，與當導遊相比，這些錢不算多，但留名牆帶給林玲英的創業樂趣和成就感是當導遊無法比擬的。

一天，一對情侶遊客問林玲英：「有沒有專供情侶留名的牆？」林玲英告訴他們沒有之後，女的失望：「這麼多人的名字雜亂刻在上面，一點意思都沒有，我想把我和男友的名字刻在一起。」

林玲英覺得這對情侶說得很有道理，留名牆光留個名字沒多大意思，要是把留名牆和情感聯繫起來，那才夠浪漫。她當即向風景區管理部門申請，又築了兩道牆，分別起名為愛情留名牆、長壽留名牆，原先築的那道

牆命名爲單身留名牆。愛情留名牆專門給情侶遊客留名和寫上愛的誓言；長壽留名牆專門給老人留名和寫上祝福長壽的話語；單身牆當然是給單身的人留名。

留名牆分類後更加激起遊客的興趣。尤其是愛情留名牆，來景區遊玩的情侶都紛紛前來留名。

在單身留名牆上，許多人不僅留下自己的名字，還留下自己的聯繫方式，想結交有緣分的異性朋友。據林玲英打電話調查，不少單身朋友透過這種方式找到了自己的另一半。

爲了擴大留名牆的知名度，林玲英多次請求風景區老闆，在宣傳畫冊和廣告中介紹，討論後答應了林玲英的請求，於是留名牆慢慢有了知名度。

後來，林玲英陸續接到其他風景區老闆打來的電話，要求與她合作。林玲英意識到機會來了。她把生意交給男友打理，自己先後與十幾個風景區商談合作事宜。由於林玲英所提的條件非常有利於景區，她很快就談妥了合作條件，與九家風景區簽訂了合約。

然而，由於業務量大，需要投入的資金很多，林玲英的資金根本不夠，但這難不倒她。她拿著與那九家風景區簽訂的合約找銀行貸款。最初，銀行不理睬林玲英，認爲她是個騙子。後來林玲英讓那九個風景區出面做擔保，銀行才把錢貸給她。

有了銀行的貸款，九個風景區的留名牆項目很快開工了。林玲英整天穿梭在幾個景區之間，忙得不可開交。

三個月後，九個風景區的留名牆先後築成，林玲英把已有的留名牆的經營模式複製過去，大獲成功，每個景區的留名牆都當月就實現了盈利。

後來，林玲英先後在十五個風景區築起了留名牆，事業越做越大。她的目標是，讓留名牆之花開遍每個風景區。去旅遊，人們見到最多的不文明現象莫過於在樹上或石頭上刻上「×××到此一遊」了。留名牆既滿足了人們留名的需求，又能賺錢。可謂一舉兩得。「壞事」中往往隱藏著

「好事」。

換個位置，俄羅斯工藝品迂回的財富戰術

滿洲里是中俄通商的口岸，俄羅斯產品隨處可見。因此，在當地買到俄羅斯產品並不是什麼難事。但在千里之外的南方地區，俄羅斯產品可不是隨便就能買到。一個在滿洲里當小販的年輕人，迢迢千里來到南方，開起了一家俄羅斯工藝品店。物以稀為貴，這些俄羅斯工藝品很受歡迎，他的生意做得有聲有色。後來，他註冊了自己的品牌，竟把俄羅斯工藝品又賣回到滿洲里，甚至俄羅斯。

王勇廣中專畢業後，到滿洲里為做服裝生意的叔叔打工。滿洲里是中俄貿易往來最熱鬧的城市之一，每天都有很多俄羅斯人來此做生意。當時俄羅斯的日用品奇缺，一條大衣換到一輛摩托車也不是什麼新鮮事，許多人因此而發家。

年輕氣盛的王勇廣看到別人賺錢、做老闆，心裡也癢癢，總想出去闖一番事業。可他身上一點本錢都沒有，這生意怎麼做呢？

王勇廣終於按捺不住，向叔叔提出辭職。從叔叔的店裡出來後，身上只有四千元錢的王勇廣馬上找到一家牙刷批發店，批發了一大箱牙刷，然後上街推銷。看到俄羅斯人就問：「要不要牙刷？」當時來滿洲里做生意的俄羅斯人多少都懂那麼一兩句中文，而王勇廣也懂幾句俄語，再借助手勢，他竟也做成不少買賣。一天下來，也能賺到幾十塊錢。後來，他又學精了，看到什麼好賣就進來賣，只要能賺錢，他就很開心。

一年之後，憑藉當街頭小販，王勇廣賺了十五萬多。一天，王勇廣正提著貨物在街上叫賣，一不小心和一個俄羅斯人相撞。王勇廣連忙說：「對不起！」俄羅斯人也趕緊說抱歉。當俄羅斯人發現王勇廣是做買賣的後，半開玩笑說：「你想做工藝品生意嗎？」王勇廣也隨意回答說：「想啊！」俄羅斯人於是遞過來一張名片，他叫斯坦科維奇，是一家工藝品公司的老闆。

斯坦科維奇告訴王勇廣，如果他想做工藝品生意，可以給他賒兩次貨，但前提條件是王勇廣必須有店面。

當了一年多的街頭小販，賺的都是小錢，王勇廣早就厭倦了。他一直想著，怎樣把生意做大些。聽了斯坦科維奇的介紹，他動心了。一個星期後，王勇廣以一萬七千五百元的月租金，租了一個一百平方公尺左右的店面。

叔叔得知消息，馬上趕來制止，說：「中國的工藝品生產廠商多如牛毛，你賣俄羅斯工藝品沒有市場。」可倔強的王勇廣還是堅持做俄羅斯工藝品生意。

十一月，王勇廣的店面裝修完畢，斯坦科維奇果然送來一批俄羅斯皮具和手錶、軍刀等工藝品。叔叔來到店裡看到王勇廣賣皮具，不由連連搖頭，歎氣說：「中國生產的皮具不知比俄羅斯的便宜多少倍，誰會來買你的皮具？」

王勇廣卻滿懷信心。為了盡快打開市場，他每天都到人流量大的地方發傳單。有幾天甚至到火車站，頂著寒風，見人就發。然而，俄羅斯工藝品生意真的不像他想像的那麼好做。幾個月過去了，他賺到的錢僅夠付租金和員工薪水。

斯坦科維奇告訴他，這些工藝品是高檔消費品，銷售對象是高收入人群，因此，要採取針對性的銷售策略。王勇廣才意識到，生意不好是因為自己沒有很好給產品定位，銷售目標不明確。他趕緊轉變策略，在高級商場租了個櫃檯。可幾個月過去了，工藝品銷售還是沒有任何起色。苦苦堅持了近一年，還沒賺到錢，他開始動搖了。

後來，他想，在滿洲里俄羅斯工藝品到處可見，到南方賣俄羅斯工藝品說不定有市場，何必要死守在這裡呢？為了證實自己的想法是否可行，王勇廣抽時間到南方幾個城市走了一趟，果然，在南方極少看到有人賣俄羅斯工藝品。王勇廣決定離開滿洲里，到南方闖一闖。

四月，王勇廣來到了南方。經過一番考察，他以每月九千元的租金

租了一個店面,簡單裝修後,七月,小店開張了。店雖小了些,但裡面的工藝品種類卻不少,而且件件高級,狼皮錢包、野豬皮手提包、軍刀、手錶……開業當天,小店裡擠滿了人,有的人帶著好奇心來看看就走,大多數人大方購買。價格雖然較高,但他們說這是好東西,值這個價。一天下來,王勇廣竟賺了五千多元!這是他始料不及的。

首戰告捷,王勇廣充滿了信心。他一邊聯繫斯坦科維奇,讓他出貨,一邊琢磨著怎樣擴大影響。兩個星期後,第二批貨到達,王勇廣的點子也出來了。他印刷了許多精美的傳單,上面有各種工藝品的圖片,而且還赫然印著一行醒目大字:本店所有工藝品均論兩賣,兩百五十塊錢一兩。

「手錶那麼輕,論兩賣不是虧了嗎?」員工問王勇廣。員工問得很有道理,店裡的手錶全是好錶,論兩賣確實賺不到錢。然而,王勇廣自有他的想法,他算過,手錶論兩賣,只能保本。但是,來店裡購物的顧客,不可能全衝著手錶來,當他們看到其他的工藝品後,誰能保證他們不動心呢?而其他商品論兩賣,利潤卻是很豐厚。

王勇廣的算盤打得很準。傳單散發出去後,人們都感到好奇,紛紛來店裡看個究竟。當他們看到一件件做工精美、品質優良的工藝品後,購買的欲望高漲。為了了解價格,顧客不得不拿著挑中的工藝品到秤上秤。這滑稽的一幕令店裡的顧客都忍俊不禁,王勇廣卻在一旁暗喜。

幾天後,王勇廣這個論兩賣的俄羅斯工藝品店慢慢傳開了,店裡的生意出奇的好。那個月他賺了十萬多元。

生意持續興隆,引起了別人的關注。幾個月後,王勇廣發現市場上出現了其他賣俄羅斯工藝品的店。王勇廣佯裝成顧客去了解,其實那些店賣的所謂俄羅斯工藝品全是中國境內生產。為了突出自己的正宗,王勇廣與廠商簽訂合約,做他們的總代理,接著花錢在報紙、電視等媒體上發表了聲明:本店的工藝品是正宗俄羅斯工藝品。

許多商家看到聲明後主動找上門來,要求代理王勇廣的俄羅斯工藝品,市場一下子就擴展開了。

讓錢自己長
你不是缺錢，只是沒種創業

十月的一天，一名女孩問王勇廣：「你們的錢包可以訂做嗎？」王勇廣不解反問她：「妳想訂做嗎？為什麼呢？這裡有那麼多款式的錢包，難道沒有一個合適妳嗎？」女孩有點羞澀說：「我想訂做一個印有我的名字錢包送給我男朋友。」原來如此！這可是個追求浪漫的女孩。王勇廣很想幫她，可廠商告訴他，訂做錢包最少要一百個，否則成本很高。後來，王勇廣想到了一個可以訂做錢包的辦法，他在店門口掛出標語：本店可以訂做各種工藝品。標語掛出來後，不少人找他訂做工藝品。他把每個人的要求和聯繫方式記下來，等存夠一百個人後，再與廠商聯繫訂做。這種方法雖然拖的時間久了一些，但來訂做的人還挺多。

在外商工作的張小姐為了給男友一份特殊的禮物，提前訂做一支手錶，她要求手錶上刻有她的個性簽名。等了三個多月，當拿到這支特殊的手錶時，她的興奮之情溢於言表。而李先生聽說王勇廣的店可以訂做俄羅斯工藝品後，專門趕來，為女友訂做一個印有他的照片的背包。他說，只想給女友一個大大的驚喜。

當訂做個性化工藝品的人越來越多後，王勇廣突然產生了個想法，為何不註冊一個自己的品牌，委託廠商訂做呢？有了自己的品牌，生意才能做大，王勇廣馬上註冊了一個商標。

根據以往訂做工藝品的經驗，王勇廣發現與愛情有關的各種符號，比如紅心、丘比特之箭等，非常受年輕人的喜歡。他找到廣告公司，讓他們設計了許多與愛情主題有關的工藝品圖案，然後交給俄羅斯的廠商生產。

兩個月後，第一批擁有自主品牌的工藝品生產出來了。這些工藝品有手鏈、手錶、錢包、風鈴等，每種工藝品上都刻有象徵愛情的符號和愛的誓言。這些工藝品一擺出來就大受歡迎，一天能賣出上百件。

隨著產品的日益暢銷，品牌的影響力也逐漸擴大，許多人找上門來，要求加盟。時機已成熟，王勇廣開始大手筆運作起自己的品牌。

他制定出合理的加盟政策，接著投放廣告。一時間，來自各地的電話響個不停。經過仔細挑選，王勇廣發展了十幾家加盟店。有意思的是，由

於他的產品非常時尚，受年輕人的歡迎，遠在滿洲里的商人也找到他，要求加盟。甚至在俄羅斯的合作夥伴斯坦科維奇，竟也在俄羅斯賣起了他的產品。產品的熱銷使王勇廣的收入不斷增加，他也實現了自己的財富夢。

從北到南，選擇南方市場空白的地方作為事業的起點，起步後再殺回北方，王勇廣這種迂迴的戰術告訴我們，商場如戰場，換個位置，也許你的事業就會發生重大轉變。創業過程中，我們遇到的第一問題是：做什麼。許多人找到專案並著手開始創業後，卻困難重重，於是想到了放棄。王勇的經歷提醒我們，在遇到困難的時候，要認真想一想「怎麼做」。

為鞋穿「襪子」，在社區賣寧靜

城市越來越擁擠，汽車的喇叭聲、街道的喧鬧聲，聲聲入耳。夜晚來臨了，打開橘黃的檯燈，想讀一篇文章或者擁被入眠，忽然走廊傳來皮鞋敲打水泥的刺耳聲。剛靜下來的心，莫名煩躁起來……這樣的經歷，很多人都有過，卻少有人在意其中隱藏的商機。

孫河雄是個典型的夜貓子，大學時代，他就經常拿著手電筒看書到深夜。他就讀的大學臨溪而建。深秋的夜晚，瑟瑟秋風吹起時，他能聽到溪水聲，大自然的偉大神祕感油然而生。

大學畢業後，孫河雄應徵到一家大型廣告公司做文案。創作文案需要靈感，孫河雄白天沒有靈感，原因很簡單，辦公室裡人來人往，交談聲、電話鈴聲此起彼伏；窗外，汽車鳴著高音喇叭呼嘯而過。這樣吵鬧的環境，孫河雄的心沒法靜下來。每次被安排任務後，他都是拿回家，就著夜晚的寧靜完成任務。

十一月的一天，主管給孫河雄布置了一個重要任務，為某大客戶投放的廣告創作文案。深夜十二點多，孫河雄沏了一壺茶，坐在桌子前，正構思文案。突然，走廊裡傳來咚咚的聲音，孫河雄的思緒一下子被攪亂，頓時沒了創作的靈感。半個小時後，他好不容易靜下心，走廊又傳來咚咚的

聲音。他思路再次被打斷，沒了創作心情。

這樣的事，孫河雄後來又遇到很多次。每次，他都只能默默忍受。有什麼辦法呢？住戶有的加班，有的應酬，晚歸很正常，而且，人家又不是故意的。再說了，他自己也有晚歸，把走廊踩得咚咚響的時候。

有沒有什麼辦法解決這個問題呢？每次，孫河雄被「騷擾」的時候，都思考著這個問題。一個深夜，孫河雄被走廊傳來的咚咚聲驚擾後，突然想起大學時去電腦教室上課，老師都要求同學們穿上一個塑膠鞋套，防止靜電。穿上塑膠鞋套後，走路時，腳下發出的是輕微的沙沙聲，而不是高分貝的咚咚聲。

孫河雄想，如果住戶穿著這樣的鞋套上樓，走廊就不會有咚咚的聲音了，這樣別的住戶就不會受到影響了。

幾天後，孫河雄找到社區物業管理負責人，把自己的想法告訴對方。負責人說：「這事關係到整個社區的住戶，我得做個調查才能決定。」負責人隨後做了調查，結果發現，住戶都和孫河雄一樣，對深夜走廊裡傳來的咚咚聲深惡痛絕。負責人於是採購了三十幾雙塑膠鞋套，社區住戶如果晚歸，社區門衛就要求住戶穿著鞋套回家，第二天再把鞋套拿回來。自從晚歸住戶穿上鞋套後，走廊裡果然安靜了下來。住戶對此大加讚賞。

孫河雄跟同事說起此事，同事都說，這個想法很好，並問他哪裡可以買到鞋套，他們也要回去跟所住社區物業商量，推廣這種做法。孫河雄於是思考：喧囂的都市裡，人們其實更渴望一份寧靜，如果到各個社區推銷這種鞋套，肯定大受歡迎。城市裡有那麼多社區，這是一個多麼大的市場啊！

孫河雄找到某鞋套經銷商，經過艱苦談判後，對方答應以批發價為他供應鞋套。孫河雄接著印刷了一盒名片，然後到各個社區「掃蕩」。

然而，由於讓住戶穿鞋套這種事以前從來沒有過，孫河雄推銷起來遭到不少拒絕。五月，孫河雄向某社區負責人推銷鞋套時，對方當即拒絕了。孫河雄還想解釋什麼，該負責人很生氣：「你再不走，我就叫保全把你

第三章 奇思妙想，好點子帶來好生意
為鞋穿「襪子」，在社區賣寧靜

轟走了。」孫河雄急中生智，趕忙拉住一名從社區裡出來的住戶，問他：「您有過深夜被晚歸的住戶吵醒的經歷嗎？」那名住戶點了點頭，向孫河雄和物業管理負責人大吐深夜被吵醒的苦水。負責人頓時無語。孫河雄抓住機會介紹說：「只要你讓晚歸的住戶穿上這鞋套，他走在走廊上，就不會發出咚咚的聲音了。」

負責人語氣終於緩了下來，說：「這是整個社區住戶的事，我得先徵求所有人的意見。」由於穿上鞋套確實能避免晚歸的住戶對其他住戶的影響，該社區的住戶絕大多數都贊同。該社區物業管理公司於是購買了孫河雄五十雙鞋套。生意終於開張了，孫河雄高興得哼起了小曲。

接下來的日子裡，孫河雄又用打好關係、送小禮品、死纏爛打等方法，推銷出去兩百多雙鞋套。第一個月，孫河雄賺了兩萬多元。錢不是很多，而且賺得很累，但孫河雄還是很開心，他相信隨著自己的努力，生意會越做越大。

然而，問題很快就出現了。七月，一名以前的客戶王經理打電話來責備說：「你賣的是什麼鞋套啊？還沒用幾次全爛了。」孫河雄趕過去一看，果然，那些塑膠鞋套早就爛了幾個洞。原來，這些鞋套的塑膠不夠厚，經不起磨。

產品的品質關係到生意的成敗，如果不解決這個問題，鞋套的業務肯訂做不下去。孫河雄仔細思考後，覺得塑膠鞋套不能符合市場需求，一是不耐磨，二是外觀不好看。經過幾次試驗後，孫河雄決定採用布料來製作鞋套。

七月，他與廠商聯繫，要求廠商為他生產一批布料鞋套。但廠商當即拒絕了，因為廠商生產的塑膠鞋套本來是用來防止靜電，而不是防噪音的。再加上，孫河雄訂做的布料鞋套量太少，成本過高。無奈之下，孫河雄只好咬咬牙，花十五萬元，一下子訂做了五千雙布料鞋套。

兩個月後，五千雙布料鞋套終於到貨。這些布料鞋套非常柔軟，套在皮鞋上走路，一點聲響都沒有，孫河雄把這些鞋套命名為防噪音鞋套。

孫河雄帶上這些防噪音鞋套去推銷，竟大受歡迎。九月，孫河雄到一棟商住兩用樓推銷時，該樓的物業公司一下子就買了兩百雙。原來，該樓開有一家午休所，每天中午，附近學校的小學生都咚咚跑上跑下，嚴重影響到住戶的休息，住戶對此意見很大。但這樓畢竟是商住兩用樓，午休所又很正規，什麼手續都有，物業公司無法干涉。一直以來，住戶只能默默忍受。

管理公司要求進出的小學生都穿上防噪音鞋套後，走廊裡頓時沒了上下樓梯時發出的咚咚聲，住戶對此大加讚賞。

十月的一天，孫河雄接到一個陌生的電話，對方自稱是某醫院的老闆，要他過去談業務。孫河雄馬上趕過去，對方仔細看了孫河雄帶來的布料防噪音鞋套後，當即定購了五百雙。

原來，該醫院的住院部，來看望病人的人很多，這麼多人走在走廊，發出的聲響很大，嚴重影響到病人的休息，進而影響到他們的病情。病人對此意見很大，醫院嘗試過多種方法都沒有效果。

自從讓來訪者穿著防噪音鞋套進出後，醫院住院部的走廊裡頓時沒了往日的噪音，病人對此很滿意。

做成這家醫院的生意後，孫河雄馬不停蹄與其他醫院聯繫，向他們推銷防噪音鞋套。由於其他醫院都有類似的情況，他們都很爽快購買了孫河雄的防噪音鞋套。短短一個月，孫河雄就賣出了三千多雙鞋套，賺了五萬多元。

十一月，孫河雄向一家物業管理公司的負責人推銷防噪音鞋套時，該社區負責人說：「我們已經買了，而且價格比你的還便宜呢。」孫河雄大吃一驚，之前他調查過，只有他一家在做這種業務，怎麼現在有人來搶生意了？

孫河雄調查後發現，原來別人看到防噪音鞋套這麼好賣，市場又不錯，於是也開始生產銷售。這種防噪音鞋套製作簡單，根本就沒有什麼技術含量，別人一看就可以模仿。

孫河雄頓時感到莫大的壓力。商品同質，只能靠品牌服務來取勝。他趕緊註冊自己的品牌，並投放了一定的廣告。接著，他應徵了幾名業務，推銷防噪音鞋套，搶奪市場。採取了一系列的措施後，孫河雄終於搶占了大部分市場，那些仿冒者逐漸銷聲匿跡。

針對老顧客，孫河雄還推出了一項優惠政策：老顧客今後如果購買防噪音鞋套，孫河雄將給予價格上的優惠，另外還贈送一些小禮品。

市場逐漸飽和後，孫河雄線上開店。線上買賣，聚集人氣很關鍵。孫河雄請員工經常到各大論壇發文，介紹自己的產品。由於防噪音鞋套瞄準人們的需求，網路上買的人也很多，孫河雄一天能賣出上百雙。

孫河雄賣防噪音鞋套已經賺到了人生的第一桶金。他還準備購買機器，自己設計生產防噪音鞋套，這樣利潤將更大。他的目標是，把防噪音鞋套的生意不斷做大，等積累了足夠的資金後，再把生意擴大到其他防噪音項目上。

城市越來越喧囂，人們更加渴望的是寧靜。噪音嚴重干擾了人們的休息，影響到人們的健康。隨著生活水準的提高，健康越來越重要了。多了解人們在健康方面的需求，或許你會看到一條財富大道。

慧眼識金，打工妹破解魔術衣服的財富密碼

你見過魔術衣服嗎？它不僅款式漂亮、材質優良，而且同一件衣服，大人可以穿，小孩也可以穿。對這樣的衣服，很多人或許只是抱著好奇心看看，然後一笑離去，沒有放在心上。可一位打工妹看到魔術衣服後，認為它大有市場。於是倔強的她不顧別人的反對，做起了魔術衣服的買賣，竟賺到了人生的第一桶金。

林雅秀出生在一個普通農民家庭，五專畢業後，林雅秀到外地工作。一天，林雅秀在下班回來的路上看到一群人圍著，不知道在觀看什麼，一邊還議論紛紛。林雅秀湊上去一看，原來是個賣衣服的。他的攤子上擺滿了花花綠綠的衣服，只是這些衣服很特殊，只有書包般大小。

讓錢自己長
你不是缺錢，只是沒種創業

「這麼小的衣服怎麼穿呢？」林雅秀不禁打了個問號。可令她感到驚訝的是，賣衣服的人把一件原本很小的上衣穿到了旁邊站著的一名小孩身上，然後又脫下來穿到自己的身上。「太有趣了！」人群中不時發出感歎聲。賣衣服的人告訴人們，這是魔術衣服，同一件衣服可以適合任何人穿。一時間有不少人掏錢購買，林雅秀也忍不住花兩百五十元買了一件上衣。

回到宿舍後，林雅秀發現這魔術衣服的祕密在於，它的彈性很好，可以隨意擴大或縮小，根本用不著擔心它是否合穿，而且顏色布料都不錯，很美觀。林雅秀穿在身上後馬上引來同事羨慕的眼光。林雅秀想：這些魔術衣服不僅好看，而且高的矮的、胖的瘦的都適合，買了還用不著擔心不合身，肯定大有市場！這可是個賺錢的好機會！

林雅秀拿出打工存下來的兩萬五千多元錢進了一批貨。五月勞動節，當別人高高興興度假時，她卻忙著租房、跑業務。

可她的業務開展得非常不順利，別人對她的魔術衣服根本不感興趣，服裝店的老闆屢屢拒絕進她的貨。當她走進一家服裝店表明來意後，該服裝店的老闆向她怒喝道：「給我滾出去！瞎眼了嗎？不看清我的店就隨便進來問，影響我做生意。」林雅秀委屈得眼淚差點掉下來。出來後她才發現自己進錯店了，原來該服裝店是某品牌服裝的專賣店，不可能再賣其他衣服。

一個多月過去了，林雅秀的魔術衣服還是沒有打開銷路。看著屋子裡堆放的衣服，林雅秀煩惱得連飯都吃不下。

繼續這樣下去，自己就要喝西北風了，無奈之下，林雅秀決定擺攤叫賣。她找來幾塊膠合板，做了個簡單的架子。

六月一個上午，林雅秀在路邊擺起攤。可面對著來來往往的行人，從來沒賣過東西的她始終開不了口。旁邊一位擺攤賣拖鞋的大嫂看到林雅秀的窘樣，便問她說：「小姐，你這是賣的啥玩意啊？怎麼不開口吆喝呢？」林雅秀告訴她自己賣的是魔術衣服，第一次出來擺攤，不好意思開口叫賣。大嫂於是說：「這有啥不好意思呢？我來幫你吆喝吧。」說完，大嫂來

第三章 奇思妙想，好點子帶來好生意
為鞋穿「襪子」，在社區賣寧靜

到林雅秀的攤前，放開嗓子吆喝起來：「魔術衣服，大人小孩都可以穿，快來看啊！」

在大嫂的幫助下，林雅秀也大膽放開嗓子吆喝起來。這麼一吆喝，還真有效果，生意很快就來了。一個小女孩硬是拉著他父親的手來看魔術衣服。女孩的父親看到這麼小的衣服，很不解問道：「這衣服這麼小，怎麼穿呢？」林雅秀趕緊對他說：「這是魔術衣服，可隨意張大或縮小。」說著，林雅秀拿著衣服給小女孩穿上去，小女孩高興喊著：「真有趣，爸爸買一件給我吧。」女孩的父親拗不過她，只好買了一件。

生意終於開張了，林雅秀心裡樂開了花。可魔術衣服賣了幾件之後，就少有人問津了，很多人聽到吆喝聲只是好奇看了一下就走開了，林雅秀百思不得其解。後來，林雅秀突然想到，服裝店在門口都放有許多模特，把漂亮的衣服穿在模特身上吸引客人。林雅秀也想找個模特來試試，可她不知道這樣的模特哪裡有賣。旁邊的大嫂知道林雅秀的想法後，笑著說：「小姐，你真傻，妳自己不就是一個很好的模特嗎？」大嫂的話提醒了林雅秀，她把一件漂亮的魔術衣服穿到身上，又努力吆喝起來。

過往的行人聽到林雅秀的吆喝，看到她身上美麗的衣服頓時圍了過來，紛紛掏錢購買。一位母親禁不住女兒的糾纏，給她購買了一件上衣，付了錢之後，她才注意到林雅秀穿在身上的那款上衣非常好看，於是她也購買了一件。

這天，林雅秀從早上一直忙到傍晚七點多才收攤回到出租屋。清點當天的戰果，竟賺了五百多元錢，辛苦付出終於有了回報。

接下來的半個月裡，林雅秀的魔術衣服天天都賣得很好。她於是匯錢到廠商，又進了一批貨。然而，擺攤畢竟是很不正規的生意，問題很快就出現了。

七月這天，林雅秀正在擺攤，突然來了幾個穿制服的人，二話不說就把林雅秀攤上的衣服全都沒收了，還給她開了兩千五百元的罰單。原來，這些人是警察，林雅秀擺攤沒有經過批准，違反了相關的管理條例。

讓錢自己長
你不是缺錢，只是沒種創業

　　林雅秀只好乖乖接受處罰。這件事使林雅秀意識到，要想做出成績，必須有正規的手續。林雅秀租了個十幾平方公尺的店面，辦理了相關手續，做起了正規的服裝生意。

　　然而，租店面做生意，租金和其他費用加起來是一筆不小的開支，林雅秀感覺壓力很大。第一個月，除去各種費用，只賺了兩萬多，而且每天都得忙到深夜才能入睡。

　　怎樣才能把魔術衣服的生意做大呢？林雅秀常常思考這個問題。一天，林雅秀經過一家服裝店時，被這家服裝店吸引了。這家服裝店是賣情侶裝的，各種各樣的情侶裝非常漂亮，光顧該店的人絡繹不絕。林雅秀眼睛一亮，自己的魔術衣服，同一件衣服大人小孩都可以穿，為什麼不當母子裝或父子裝來賣呢？

　　林雅秀找人製作了一塊看板掛在店外，接著印刷了一些傳單，雇人散發。一周後，她的生意好了起來，來買魔術服裝的人擠滿了店裡，她忙得不可開交。

　　一名五十多歲的阿桑，專程到林雅秀的店裡，買了兩套一模一樣的魔術衣服。她說：「我的女兒明天就要到外地工作了，一年難得回來一次，我想買套母女裝，只要把衣服穿在身上，我們的心會得到一些安慰。」

　　生意興隆使林雅秀忙不過來，她趕緊招了三名工人。為了吸引顧客，林雅秀還舉辦了一些抽獎活動。凡是進店的顧客，不管是否購買衣服，都可以抽獎，獎品有棒棒糖、筆記本、電話本等。這些小小的創意對擴大魔術服裝店的生意很有幫助。很多人本來是衝著抽獎來的，可當他們看了店裡美麗的魔術衣服後，都忍不住掏錢購買。店裡的營業額不斷增加。月底一算，除去成本，林雅秀竟賺了四萬多元。

　　林雅秀打算再租個店面開家分店，可就在這時，她發現有不少人也賣起了魔術衣服。對林雅秀來說，這可不是件好事。她馬上與廠商聯繫，廠商承認有一些人從他那裡進貨。林雅秀於是與廠商談判，最終廠商答應把總代理權給林雅秀，不過林雅秀必須保證一年內達到規定的銷量，否則取

消總代理資格。

做了魔術服裝的總代理，雖然避免了與別人的競爭，但壓力也不小。爲了擴大銷量，林雅秀招了幾名業務員，與各個服裝店聯繫，讓他們賣魔術衣服。可由於魔術服裝的知名度遠遠不夠，很多店不願進貨。

林雅秀只好花錢在報紙上做了廣告，一些小店才答應進貨。對那些還是不願進貨的大店，林雅秀只好先讓他們代銷。一個月後，市場慢慢打開。

由於天氣炎熱，這些輕薄而又漂亮的魔術衣服很受人們的歡迎。賣魔術衣服，林雅秀終於挖到了人生第一桶金。她準備成立一家服裝公司，把生意做得更大。一個商機總是有兩面性的，看起來似乎能賺錢，又似乎有風險。魔術衣服也一樣，它是個新事物，如果賣得好，自然有錢賺；賣不好，只能虧本。只有有遠見並敢於打拚的人才會成功。

變老照相館，最浪漫的事就是和你一起慢慢變老

「我能想到最浪漫的事，就是和你一起慢慢變老……」戀愛中的人沒有不知道這首歌的。然而，誰能發現這首歌裡隱藏的商機呢？

擅長攝影的文芳爲情侶拍照時，讓他們嘗試了各種POSE，拍了很多照片，可他們都覺得了然無趣，沒有一點浪漫感。後來，因這首歌她突發奇想，開個變老照相館，賣浪漫。男友大力支持她。一年多過去了，文芳的變老照相館竟照出了滾滾財富。銀白的沙灘上，一名男子深情環抱著一個美麗的女子，海風撩起他們的頭髮，兩人面朝大海，臉上閃爍著幸福的光芒。文芳輕輕按下照相機的快門，定格了他們的愛。

文芳是一名攝影師，喜歡大自然，常常帶著情侶到野外拍照。她認爲野外的美景可以給戀愛中的人增添浪漫。

然而，幾天後，當那對情侶拿到照片時，女的竟歎氣道：「哎，以美

麗的大海為背景拍出來的照片也沒什麼特別。」文芳解釋說：「大海象徵海枯石爛呢，是多浪漫的背景啊，怎麼能說沒什麼特別呢？」女孩反駁說：「那是人們的想像，一點都不直觀。」

女孩的話不無道理，可有什麼辦法能滿足這些人極度追求浪漫的願望呢？文芳開始思考起這個問題。

這天，文芳正忙著呢。男友洪飛走進來，嘴裡還輕輕哼著：「我能想到最浪漫的事，就是和你一起慢慢變老……」文芳笑他說：「你怎麼也唱這軟綿綿的歌呀？」洪飛卻一臉認真說：「這是我的心聲，我是一心想要和你慢慢變老。難道你不願意？」「我怎麼不願意？只怕你這個花心大蘿蔔會變心。」文芳說。洪飛急得直跺腳說：「要不咱們拍張我們一起變老的照片吧，這樣你就相信我的真心了。」

拍變老照？文芳眼睛一亮，有趣！文芳來了興趣。兩人忙了半天，終於打扮成一對老夫婦。文芳成了一個佝僂的老太婆，洪飛則成了一個白髮蒼蒼的老頭，兩人看著對方都忍不住哈哈大笑起來。拍完照片，看著兩人老了的模樣，文芳卻心潮起伏，自己和洪飛的愛情如果真有那麼一天，那該是多浪漫的一件事！文芳對這張相片倍加珍惜。

後來文芳的許多好友看到文芳和洪飛的「老」照片均讚歎不已，紛紛要求文芳為他們照變老相。文芳想，既然那麼多人喜歡拍變老相片，為什麼不開個變老照相館呢？文芳把自己的想法告訴洪飛。洪飛很支持文芳的想法，他說：「這可是個空白市場，你放手去做吧。」

有了男友的支持，文芳充滿了信心。她辭掉了攝影師的工作，租了個店面，生意馬上就開張了。萬事開頭難，文芳決定先開發熟人市場。為此，她用手機發給朋友自己開變老照相館的消息。花了幾塊錢的電話費，效果還真不錯。朋友們紛紛找上門來了解情況。剛剛談了女朋友的陸超當場交了一千五百元錢讓文芳給他和女友拍變老照片。他說：「我的女朋友總是抱怨我不懂得浪漫，這次我要給她一個驚喜。」

第二天，陸超果然把女朋友帶來了。文芳忙著給他們化裝，讓他們

變老。一個小時過去了，在文芳精巧小手的打扮下，兩人竟變成了非常逼真的老人。陸超幸福摟著女友。文芳輕輕一按快門，把這對「老夫妻」拍了下來。

幾天後，陸超和女友拿到相片後非常滿意。他的女友說：「這是我見過的最浪漫的禮物了，它是我們真愛的見證！」

文芳的變老照相館在朋友中的名氣越來越大，但光是朋友光顧市場太小。文芳於是製作了許多宣傳單，雇人散發，同時在報紙上做了點小廣告。人們對新事物永遠都充滿好奇。變老照相館廣告發出去後，慕名而來的人絡繹不絕。一對戀人甚至從幾百公里之外的城市趕過來拍變老照片。

由於文芳不斷創新，為情侶們製造浪漫，她的變老照相館生意日益興隆。她徵了多名員工，還開了分店，月收入突破了十五萬元，早已實現了房車夢。她說，人人都渴望浪漫，只要有心，浪漫就可以做出大文章！照相館幾乎每個城市、每條街都能看到，但有特色的照相館沒有幾個。變老照相館把人打扮成老人然後拍照，顛覆了一般的照相思維。一個大膽的想像往往帶來意想不到的效果，因此，要學會克服自己的慣性思維。

開寵物餐廳，從貓貓、狗狗們身上撈錢

細心的人善於發現商機。現在生活條件好了，養寵物的人越來越多，如果開一家寵物餐廳應該大有市場。李積逛街時發現有許多寵物店，但還真的沒有一家寵物餐廳，於是產生了開寵物餐廳的想法。

父親一聽說李積要開寵物餐廳，頓時緊張起來，勸道：「你哪裡來那麼多的錢？難道狗比人還要高貴嗎？你還是好好工作吧，錢賺得再多都不夠花。只要你有份穩定的工作，我們就放心了。」

李積最終還是瞞著父母辭掉工作，悄悄準備起來。

李積手頭沒有什麼積蓄，資金成了最大問題。同學和朋友都是剛參加工作不久，大都是「月光族」。李積決定找人合股，他負責管理，別人出資，利潤五五分成。

讓錢自己長
你不是缺錢，只是沒種創業

詳細的創業計畫書列印出來後，李積開始外出「乞討」，李積找的第一個人是一家書店的林老闆。計畫書遞上去之後，林老闆頭都不抬一下，說：「我沒興趣，你找錯人了。」

後來，李積學精了。見到老闆們閉口不談寵物餐廳的事，而是談老闆們當初創業的艱辛。這一招果然見效，回憶起往事，老闆們說得津津有味，末了才突然問起：「你是來做什麼的？」李積這才表明目的，老闆們雖然不樂意，但態度已經和藹了許多。

經過三番五次的親自登門拜訪，李積的真誠感動了一家超市的陳老闆。陳老闆給了李積一百萬元，說：「你的經歷和我年輕時很相似，一個人在社會上闖蕩吃苦是免不了的。你要用好這筆錢，記住，不要辜負欣賞你的人。」

看了這麼多的白眼，終於拿到了錢，李積的眉頭舒展開了。但他感覺到，肩上的膽子還是沉。「不要辜負欣賞你的人。」這句話深深扎根在李積的心裡。

幾經找尋，李積看中了一條人流量較大的街道旁的一個店面。這個店面積九十平方公尺，原來是餐廳。簽訂了轉讓合約後，李積暗自高興，因為這個店面很合適開寵物餐廳。

幾天後，李積交租金給店面的主人時，對方還叫他交欠下的五萬多元的租金。李積很吃驚，轉讓時那個餐廳的老闆明明說沒有欠租金。

「根本不是這樣的，他欠了我三個月的租金，還有水電費呢。」店面的主人說。李積撥打對方的電話，卻怎麼也接不通。商場處處是陷阱，李積讀懂了這句話的含義。不得已，李積只好背負起這五萬多元的債務。生意還沒開始就白白丟了五萬多元，李積心疼不已。

對做生意來說，時間就是金錢。李積找來裝修公司，日夜施工，只兩天就把店面裝修好了。走進豪華的寵物餐廳，竟和其他餐廳沒什麼區別，不同的只是菜單上的菜是給寵物準備的。

第三章　奇思妙想，好點子帶來好生意
變老照相館，最浪漫的事就是和你一起慢慢變老

寵物餐廳開業的當天，陳老闆特地來祝賀。看到李積工作效率如此神速，陳老闆表揚了李積。李積隻字不提租店面被騙的事。

開業的前幾天，寵物餐廳沒什麼生意。這一點是李積意料之中。李積早已做好虧本的思想準備。前三個月的目標，李積定為保本。

一天，一名男子走進寵物餐廳，坐到了餐廳角落的位置。男子點了兩份菜，然後悠然抽起煙來。菜端上來後，服務生就忙開了，沒有人留意男子的行為。

不久，「嘩啦」一聲，該男子推翻桌子，大罵起來：「什麼狗屁餐廳，叫你們老闆出來！」

原來，該男子進來前沒有仔細看店名，以為是供人用餐的餐廳。菜上來後，他竟埋頭吃起來，吃了一半發現味道不對勁，後來才看到菜單上的「寵物」兩個字。

男子看到李積時暴跳如雷，衝上來就要打李積，骯髒的話語像機關槍不停掃射。儘管責任不全在自己，李積還是連聲給對方道歉並賠對方一萬五千元錢。

出師不利，李積鬱悶到了極點，倍覺對不起相信自己、幫助自己的陳老闆。陳老闆獲知此事後，安慰李積說：「人總要經歷風雨才能成熟，振作起來。」

在哪裡跌倒，就要從哪裡爬起來。李積在餐廳的大門上，用紅紙貼上了「寵物餐廳」幾個大字。這樣，每個進門的人都能夠看到。在寵物餐廳的菜單上，還用大號字印著：寵物菜單。李積還讓每個服務生記住，要提醒進店的客人這裡是寵物餐廳。

這件事一度成為許多人閒聊的話題。

李積不再被動等待生意送上門，他開始主動出擊。他製作了一些小看板，然後與寵物店聯繫，希望把看板子掛在寵物店裡。作為回報，李積在自己的店裡懸掛對方的看板。

讓錢自己長
你不是缺錢，只是沒種創業

　　一個星期過去了，十多家寵物店裡掛上了李積的看板。由於廣告直接瞄準目標顧客，很多有寵物的人都知道了李積的寵物餐廳。這些寵物的主人家裡經濟狀況都很好，他們開始領著自己的寶貝光顧李積的寵物餐廳。李積的營業額開始上升。第二個月，李積實現了保本的目標。

　　一天，李積正在觀看電視，電視裡的時裝表演吸引了他的目光。愛思考的李積突然眼前一亮，為什麼不舉辦一場寵物選美呢？這肯定對寵物餐廳的生意有幫助。

　　幾天後，一則寵物選美廣告出現在當地報紙上。許多人把自己的寵物打扮得漂漂亮亮的，來參加比賽。

　　這時，李積表現出他過人的行銷技巧。他在每張桌子上貼了一幅畫。畫上畫的是貓貓、狗狗們愛吃的魚和骨頭。為了引起貓貓狗狗們的食慾，李積還在畫上塗上了香味。結果貓貓狗狗們看著美食，聞著香味，莫不煩躁不安。牠們的主人只好掏錢請客了。貓貓狗狗們吃得很開心。等所有的寵物們吃飽喝足之後，李積才宣布大賽開始。

　　一場比賽下來，除去廣告費和買獎品的一些費用，李積賺了兩萬五千多元。透過舉辦這次活動，李積讓有寵物一族知道了他的寵物餐廳，培養起了潛在顧客。

　　後來，李積還舉辦了寵物 PARTY、寵物才藝表演等活動，把有寵物一族全都給吸引了過來。李積還不定時請來有關專家舉辦養寵物注意事項的講座。這些活動深受有寵物一族的歡迎，他們成了李積的寵物餐廳的常客。

　　第四個月，李積的寵物餐廳日營業額已經超過四千元。除去各種費用，李積賺了五萬多元。李積把這個消息告訴陳老闆時，陳老闆拍拍李積的肩膀說：「不錯，好好做，只要你用心，寵物市場還可以挖掘的。」

　　一天，李積正在店裡忙著生意。一個女孩牽著狗狗走進來說：「老闆，我能把我的狗狗先放在你這裡，等我逛完街再領回去嗎？」李積正在猶豫，女孩說：「這樣吧，我給你五十元，你就讓我把狗狗先存放在這裡吧。」

女孩的話使李積想到了一項業務，就是寵物寄存。李積買了十多個寵物籠子，放在寵物餐廳的角落裡。當門口貼出寵物寄存的消息後，許多帶著狗狗逛街的人紛紛進來寄存。一天下來，李積的寵物寄存業務竟也賺了五百多元。

資金日漸充足後，李積並沒有急著還錢給陳老闆。他在一個高級社區租了個店面，開了家小分店。那個高檔社區養狗的人很多，小分店開起來後生意很好，有些寵物的主人甚至一日兩餐都帶著寵物到店裡解決。李積的小分店第一個月就實現了盈利。

緊接著，李積第二家、第三家分店陸續開業。生意照樣興隆，李積的月收入超過了二十萬元。透過自己的努力打拚，李積終於走上了成功的道路。有句成語叫做愛屋及烏，每個人都有自己的愛好。生活條件好後，許多人養寵物，隨著與寵物相處的時間越來越長，人們對寵物有一定的感情。而養寵物自然要花錢，寵物身上自然有不少商機。

恐怖廣告： 越恐怖越賺錢

丁大軍當了三年廣告業務員後，終於擁有了自己的廣告公司。由於沒有自己的媒體資源，丁大軍只能做一些媒體的代理，賺些小錢。這使得他的公司沒有競爭力，業務一直上不去。丁大軍為此很苦惱，不過機會很快就來了。一天，丁大軍深夜觀看了一部恐怖片，感覺非常刺激、驚悚。第二天，他還念念不忘影片中的恐怖情節。當他來到公司時，他眼睛突然一亮，心想，如果讓員工打扮成一些恐怖的造型，不是更能引起行人的注意嗎？只要關注的人多了，必定引起商家的興趣。他把自己的想法和公司的策劃總監商量後，總監也非常支持他，說這個想法很有創意。

在所有令人恐怖的造型中，最讓人感到毛骨悚然的莫過於僵屍和骷髏了。丁大軍當即買回一些僵屍和骷髏道具，讓員工練習打扮成僵屍和骷髏，直到他認為形象逼真為止。丁大軍讓員工裝扮成僵屍免費為一家飲料

讓錢自己長
你不是缺錢，只是沒種創業

公司做廣告，當員工們走上街頭時，幾乎每個路過的人都停下腳步觀看，廣告的效果非常好。該飲料公司的老闆現場目睹了這一幕後，當即投了一百多萬元的廣告給丁大軍的公司。

第一炮打響後，很多商家都主動找上門來，爭著要丁大軍為他們做恐怖廣告，丁大軍的生意日益變好。然而，由於裝扮成僵屍、骷髏要被悶住，一些員工做了不到一個月就鬧著要辭職。

為了解決這些問題，丁大軍打電話給僵屍、骷髏道具的生產廠商，要求他們在僵屍面具上開小孔，讓裝扮者呼吸順暢。

為了擴大自己的名聲，讓更多的商家主動找上門來，丁大軍為員工準備了統一的僵屍、骷髏服裝，服裝上印刷有他公司的名字和聯繫方式。這樣，當員工在街上走動時，無形中也為公司做了廣告。很快，知道丁大軍公司的人越來越多，丁大軍的生意也日益興隆。

為了使恐怖廣告永遠保持新奇，丁大軍不斷推出不同類型的恐怖廣告，比如蛇造型廣告、麒麟廣告等。這些造型獨特的廣告，每次「上市」後，都受到人們的追捧。丁大軍的收入不斷增加。

除了讓員工裝扮成僵屍和骷髏外，丁大軍還讓員工用低沉的聲調學說一些恐怖的事情，使恐怖廣告做到有聲有色。為了使「僵屍」的形象更逼真，丁大軍囑咐員工，一定要統一用彩色來裝扮成僵屍、骷髏。後來，怕恐怖廣告嚇到一些心理承受能力弱的人，丁大軍別出心裁把小丑的滑稽形象和恐怖形象結合起來，使恐怖廣告讓人們既感到恐怖，又感到滑稽，充滿喜劇意味。廣告的功能就是把產品介紹給顧客。廣告創意的成功與否在於廣告播出去後引起多少的人關注，因為，只有引起轟動的廣告才是好廣告。恐怖廣告一反常理，以恐怖的形式做宣傳，很吸引人的眼球。當然恐怖的程度要在人們的可接受範圍內，否則將起反作用。

主動辭職開瓷器店，闖出新天地

第三章 奇思妙想，好點子帶來好生意
主動辭職開瓷器店，闖出新天地

六十三歲的趙芳蘭五專畢業，分配到一家生產瓷器的企業，在公司平淡工作了二十多年。

三伏天，太陽特別火辣，趙芳蘭經常頂著烈日出去聯繫業務，吃了不少苦頭。一天上午，熾熱的太陽烘烤著大地，趙芳蘭推銷瓷器時突然感到一陣頭暈，然後失去了知覺。醒來後，趙芳蘭發現自己已經躺在醫院的病床上，丈夫張金志正焦急守護在身旁。

原來，由於天氣過熱，加上過度勞累，趙芳蘭中暑暈倒過去，幸虧路人及時撥打電話把她送到醫院。看著臉色蒼白的妻子，丈夫張金志心疼勸她說：「好好休息，你是主管而且這麼一把年紀了，以後就不要出來跑業務了。這些事就交給下屬去做吧。咱們再敷衍幾年就可以退休安享晚年了，何必那麼苦？」

但趙芳蘭是個很負責任的人，公司器重她，派她來開拓市場，如果不做出成績，她是不會安心的。剛一出院，趙芳蘭就不顧丈夫的反對，又出來聯繫業務。趙芳蘭的敬業精神感動了員工，他們和趙芳蘭齊心協力為了拓展業務而努力奮鬥著。終於，付出有了回報，辦事處的業務慢慢走上正軌。但命運好像故意捉弄趙芳蘭似的，生意剛剛好轉，一場意外就降臨到趙芳蘭的頭上。

九月，趙芳蘭正在店裡安排這天的任務。突然，五個蒙面人持刀闖進店裡，大喝一聲：「不許動！」趙芳蘭和店裡的員工被這突如其來的一幕嚇呆了，沒想到只在電影裡見過的場面竟然也會發生在自己的頭上。歹徒用刀架在趙芳蘭他們的脖子上，然後滿屋子亂翻，最終搶走了保險櫃裡的二十萬多元現金，揚長而去。

趙芳蘭是負責人，出了事理應由她負責。為了給公司一個交代，趙芳蘭只好和丈夫背上二十萬多的債務。二十萬多元對於普通人來說不是個小數字，當時趙芳蘭和丈夫每月的薪水加起來才五千多。光靠微薄的薪水，趙芳蘭和丈夫不知什麼時候才能還清債務。其實如果要賴不還錢，公司也拿她沒辦法。但趙芳蘭從來不昧良心，欠債還錢是天經地義的事。恰好當

讓錢自己長
你不是缺錢，只是沒種創業

時公司也在拚命裁員，趙芳蘭斷然做出決定，和丈夫主動辭職做生意。那時她和丈夫剛五十出頭。

創業要有足夠的資金。趙芳蘭找親戚朋友借，可只借到了五萬多元。五萬多元在物價奇高的當今社會中，根本不能做什麼。趙芳蘭於是找跑業務時認識的客戶李總借，李總經營著一家中型超市，賺了不少錢。但沒有什麼好處李總根本不願意把錢借給欠著一屁股債的趙芳蘭。趙芳蘭於是想到了一個好辦法，她對李總說：「咱們合夥經營，如果賺了大家一起分紅，如果失敗了，你投入多少錢，我負責賠你多少錢。」李總這才給了趙芳蘭十五萬元。趙芳蘭投入三十萬多元，承包了公司的瓷器店。

對趙芳蘭來說，這是背水一戰，只許成功，不許失敗。在開業之初，說趙芳蘭是個生意人不足為過。瓷器一運到，因為捨不得花錢請人，她就和丈夫親自去卸貨，五十多歲的人了，竟也幹勁十足。

一天早上天還沒有亮，貨就到碼頭了。趙芳蘭和丈夫叫車，來到碼頭卸貨。幾十斤重的一箱瓷器，兩人抬著，從車上搬下來可不是件容易的事情。抬了幾箱後，由於天色太暗，趙芳蘭一不小心摔倒在地。那箱陶瓷也摔到地上，嘩啦的一聲被摔成碎片。趙芳蘭和丈夫的腳都被陶瓷碎片割破，鮮血染紅了他們的腳。當時，趙芳蘭的兒子在外地上大學，他們只好到藥店買了些止血藥，簡單包紮之後，繼續卸貨。但劇烈的疼痛使他們沒法再動彈，趙芳蘭只好花錢請人卸貨。

為了節省費用，趙芳蘭沒有雇車送貨給顧客，而是和老伴踩著腳踏車整天在大街小巷轉，渴了喝自己帶的白開水。平時一日三餐，趙芳蘭和丈夫也都是按最低標準來吃，從不亂花一分錢。

趙芳蘭的勤勞節儉，使她的生意逐步走上正軌，半年後，她的瓷器店開始營利。一年後，趙芳蘭就把那二十萬多元的債全部還清，而且還收回了本錢，有了盈餘。這時，趙芳蘭的合作夥伴李總因為生意上急需資金，提出退股，趙芳蘭於是把股金退還給了李總。

此時，很多人看到趙芳蘭的瓷器生意做得風生水起，也開始轉做瓷

第三章 奇思妙想，好點子帶來好生意
主動辭職開瓷器店，闖出新天地

器生意。為了搶奪市場，他們紛紛打價格戰，市場競爭頓時異常激烈。面對價格大戰，趙芳蘭沒有跟進，她認為贏得市場，主要靠的是產品品質和信譽。

五月，一名顧客在一家超市購買了趙芳蘭幾百塊錢的瓷器，回去後，發現瓷器上面的圖案有點模糊不清，於是找到超市討說法。超市方趕緊打電話給趙芳蘭。趙芳蘭馬上趕到超市，仔細檢查後，發現其實瓷器的圖案只是某些線條模糊了些，根本不會有什麼影響。但為了自己的信譽，趙芳蘭還是給顧客換了圖案清晰的產品。顧客對處理結果很滿意，超市方看到趙芳蘭如此認真負責，也很受感動並樂意與她長期合作。

時間不斷流逝，那些拚命想以價格戰爭奪市場的瓷器店很多都經不住考驗，悄然退出市場。趙芳蘭的生意則越做越好。

生意場總是坎坷不平。新開了一家大型超市，許多商家對該超市趨之若鶩，都爭著想當它的供應商。趙芳蘭也找到超市負責人，表示想做對方的供應商。超市負責人不屑：「你要做超市的瓷器供應商可以，但得每年交進場費十萬元。」超市收進場費已經不是什麼祕密，但一般超市要的進場費每年只不過幾千元，對方要的進場費太離譜了，趙芳蘭沒法接受。僵持不下，趙芳蘭說：「這樣吧，只要你讓我做你們的供應商，每年從我的瓷器的銷售利潤中扣除30%作為進場費。」對方考察了趙芳蘭的實力後欣然答應。

趙芳蘭於是每月都給那家超市供應近五十萬元的瓷器。可每個月瓷器銷售出去後，超市方卻遲遲不肯結帳付清貨款。趙芳蘭多次催促超市，超市每次都以各種藉口拒絕結帳。當時，趙芳蘭想，這家超市規模這麼大，遲早會付清貨款的。因此，趙芳蘭並沒有太在意。

一天，趙芳蘭正跟客人談話，突然接到店裡一個業務打來的電話。該業務員告訴趙芳蘭，那家超市關門了。趙芳蘭倒抽了一口涼氣，她匆匆趕到那家超市，只見超市的大門緊鎖，門口圍了一大堆供應商。他們都嚷著要破門而入，搶回自己的貨物。員警也很快趕來控制了現場。看到此情景，趙芳蘭眼前一黑差點暈倒，因為那家超市還欠她近百萬元的貨款。

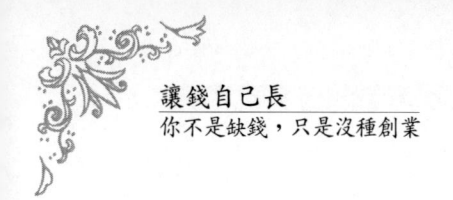

最終，趙芳蘭的那近百萬元的貨款還是沒法追回，趙芳蘭元氣大傷，資金流動出現困難。好在合作多年，信譽良好，瓷器廠商免費供了幾次貨給趙芳蘭，趙芳蘭才慢慢恢復過來。經過這次教訓後，趙芳蘭變得謹慎起來。以後供貨給超市都是當月結清貨款，否則次月停止供貨。

在做生意的過程中，趙芳蘭遇到過很多騙子，甚至連自己招來的員工中也有。九月，趙芳蘭招了一名只有高中學歷的女孩當營業員。該女孩口齒伶俐，有豐富的銷售經驗，工作也很認真負責，深得趙芳蘭的信任。幾個月後的一天，趙芳蘭和丈夫回老家探親，店裡的事務全部交由該員工打理。可一個星期後，趙芳蘭回來時，該員工已不知去向。問其他員工，其他員工說是趙芳蘭叫她出去採購商品。趙芳蘭一聽感覺大事不妙，檢查了店裡的財務，果然發現少了二十五萬。

此後，在徵才時，趙芳蘭最為看重的不是員工的能力，而是其忠誠度。員工進來後，趙芳蘭還會暗中考察其人品。品行好的員工，趙芳蘭會培養他們，把諸如收貨款的重要事務都交給他們去做。

趙芳蘭店裡有一名員工因家裡窮，讀到高二就輟學出來工作。在工作之餘，他經常看書學習。趙芳蘭看到他這麼努力，就鼓勵他繼續讀書考大學，為此，趙芳蘭讓他做輕鬆的工作，以便騰出時間學習。最終，這名員工考上了大學。趙芳蘭還資助他兩年的學費。該員工對趙芳蘭一直念念不忘。

趙芳蘭在生意場上越走越順，生意日益興隆。目前，趙芳蘭已經開有兩家分店。談起自己創業的經歷，趙芳蘭說，做生意要想闖，要懂得節約，要勤奮，做到這些，離成功就不會太遠了。做生意要有好的方法、創意才能在競爭中立於不敗之地，但是很多時候光有創意是遠遠不夠的。因此，當你沒有好的創意時，不妨腳踏實一步一個腳印去做好每一件事，付出了終會有回報。

翱翔藍天，空中「飛」來財富

　　滑翔傘運動起源於法國，很快在歐美流行。但由於這項運動本身具有一定的危險性，而且花費不小，因此，不少人望而卻步。但總有那麼一些人，熱情追捧滑翔傘運動，哪怕花錢如流水，也在所不惜；哪怕受傷，也不會放棄。蘇宇聰便是這樣的一個人，不同的是，他還從中賺到了錢。大學時在同學眼中，蘇宇聰是個古怪的人。當同學們忙於泡圖書館、談戀愛時，他卻常常一個人徒步到野外探幽，平時看的也是些稀奇古怪的雜誌。蘇宇聰並不在意同學的眼光，他有自己的想法。他喜歡大自然，喜歡野外新鮮的空氣和美麗的景色。

　　如果不是看到一本戶外雜誌有關滑翔傘運動的介紹，蘇宇聰大學畢業後或許會像其他人那樣工作、買房、結婚、生子。但他深深被滑翔運動迷住了。他想，飛翔在藍天、俯瞰大地的感覺一定很刺激！

　　大學畢業後，蘇宇聰拒絕了一家公司的高薪聘請，到北京工作。原因很簡單，在北京有滑翔傘俱樂部，在那裡可以學滑翔傘飛行。

　　然而，到了北京他才知道，滑翔傘飛行可以說是一項貴族運動。一套普通的滑翔傘也要上萬元，好點的要幾十萬元。再加上飛行服、套帶、安全帽、手套、旅途花費等各種費用，沒有十幾萬根本玩不來。而蘇宇聰當時的月薪水才九千元。

　　但這沒有影響到蘇宇聰對滑翔傘的狂熱追求。為了早日實現翱翔藍天的夢想，蘇宇聰打了五份工。白天在公司上班，晚上吃完晚飯，匆匆趕去做英語家教。晚上十點多，做完家教回來後，他還趕時間為一家報紙寫稿。週六周日他兼職給一家廣告公司做策劃和拉業務。每天他都忙得像只陀螺，轉個不停。

　　幾個月後，他終於有錢報名學習滑翔飛行。不到一個月他就學會了，而且技術還不賴，儼然一個老手。又幾個月後，他存夠錢買了一套自己鍾愛的滑翔傘以及其他飛行用品。接下來，他輾轉各地，和其他傘友一起飛

翔，飽覽了各地美景，這段經歷令他終身難忘。

滑翔飛行畢竟是一項危險的運動，因飛行出意外而喪生的報導時有出現，受傷的就更多了，蘇宇聰就曾經遇到過險情。

二〇〇七年，蘇宇聰在空中翱翔了一段時間，欣賞了高空美景後，下降時突然遭遇一陣強旋風，滑翔傘的傘翼頓時塌掉。慌亂之中，蘇宇聰又操作失誤，他像個斷了線的風箏，失去控制，急速往下掉。幸運的是，他冷靜下來，正確操作後，滑翔傘翼恢復了正常，他逃過了一劫。

事後，蘇宇聰聽傘友說，幾個月前，這裡曾發生過滑翔飛行事故，一名傘友不幸遇難。蘇宇聰嚇得倒抽了一口冷氣。但這並沒有使他卻步，恢復心情後，他繼續到處飛，只不過，飛行時他更加謹慎了。

由於滑翔飛行開銷實在太大，蘇宇聰的那點存款很快就沒了。好在父母有退休薪水，不需要他寄錢，否則他早就支撐不住了。但憑每月那點薪水，想痛痛快快玩滑翔飛行，似乎不大可能。

七月的一天，他的一個大學校友聽他描述了滑翔飛行的驚險與刺激後，也報名學滑翔飛行。可那校友同樣是小資族，在學會了滑翔飛行後，根本沒錢買滑翔傘。恰好此時，蘇宇聰工作很忙，便把自己的滑翔傘低價租給那校友。此時，蘇宇聰突然冒出了做滑翔傘出租生意的想法。因為他覺得滑翔傘那麼貴，人們買不起，但肯定租得起。這裡面肯定有市場。

最初，蘇宇聰只是抱著試試看的態度來出租滑翔傘。上班沒空出去滑翔飛行時，他就把自己的滑翔傘以每小時五十元的租金，租給已經學會滑翔飛行但又買不起滑翔傘的朋友。每月憑藉出租滑翔傘，蘇宇聰竟也能有近千元的外快。

滑翔飛行不是毒品卻勝似毒品。會滑翔飛行的人癮都特別大，向蘇宇聰租滑翔傘的「菜鳥」傘友常常問蘇宇聰：「能不能幫我買套二手的滑翔傘？」有的甚至纏著蘇宇聰，要他低價轉讓他的滑翔傘。蘇宇聰認識的傘友很多，這些傘友中有很多大款。他們經濟條件非常優越，每個人擁有不少於五套滑翔傘，而且經常淘汰舊傘。蘇宇聰於是利用自己的關係，做起了

第三章 奇思妙想，好點子帶來好生意
翱翔藍天，空中「飛」來財富

滑翔傘的購銷生意。低價收購舊傘，再以高點的價格賣給「菜鳥」傘友。這項業務也讓他小賺了一把。

但蘇宇聰更多時候還是在各地飛行，有時甚至還飛到海外，如加拿大、美國等許多國家。精通英語的他把飛行經驗、體會發到外國傘友論壇上，和世界各地的傘友交流。

二〇〇八年年初，蘇宇聰意外收到一封來自美國的電子郵件。郵件是一個名叫邁克的美國人發來的，邁克是一家戶外雜誌的編輯，他說看了蘇宇聰的貼文，覺得他的英語水準還可以，想請他為他們雜誌寫稿，介紹滑翔飛行情況，稿酬千字四百美元。選題由雜誌定下後發給他。哪怕稿子沒有通過，雜誌社也將付給他 25% 的「kill fee」。這麼好的條件，蘇宇聰當然毫不猶豫答應了。該雜誌是半月刊，蘇宇聰每月給他們寫四篇稿子，能得到兩千美元左右的報酬。

此時，由於蘇宇聰工作不夠專心、屢次犯錯，公司再次給他發出警告。早有辭職打算的蘇宇聰遞交了辭呈，當起了自由職業者。為外國雜誌寫稿，加上購銷滑翔傘、出租滑翔傘，蘇宇聰的日子過得很瀟灑。

如果不是遇到王紅莉，蘇宇聰或許還會繼續過邊賺錢、邊玩飛行的無憂無慮的日子。王紅莉也是一名戶外運動愛好者，兩人偶遇後很快墜入愛河。此時，兩人都已到了談婚論嫁的年齡，蘇宇聰父母早已多次催促他成家，而王紅莉恰恰是那個使他有結婚想法的人。雖然相識還不到半年，兩人還是結了婚。

婚後第一天，王紅莉直截了當對他說：「從今天開始，你不能再像過去那樣到處瘋玩了。我們沒有房子，沒有存款，要是再生個孩子，生活壓力就更大了。」蘇宇聰父母也指責他說：「你是個大人了，要開始考慮為家庭承擔責任了。」

很多現實的問題使蘇宇聰開始考慮怎麼賺更多的錢，過去那股到處瘋玩的熱情減弱了許多。其實，他目前的收入也不低，只要他不到處玩，幾年下來買房買車不成問題。但他心裡蓄積了一股力量，總想找到適合自己

的項目，做一番事業。

美國一家戶外用品公司的老闆看了蘇宇聰的文章後，找邁克要到了蘇宇聰的聯繫方式。原來，他非常看好戶外用品市場，一直很想找個合作夥伴，可又苦於不懂中文。他問蘇宇聰：「你願意代理我們公司的產品嗎？」

蘇宇聰查看了該公司的介紹後才知道，該公司生產銷售的產品主要是安全帽、手套、護目鏡、儀錶板等。考慮到戶外運動市場有很大的市場空間，蘇宇聰答應與對方合作。他很快註冊了一家戶外用品銷售公司，主要銷售該公司的產品，同時也經銷知名品牌的滑翔傘。

然而，蘇宇聰畢竟經驗不足！公司銷售業績不佳。第一個月，他虧了三萬多元。第二個月，他做了點廣告，才勉強持平。

一天，一名菜鳥傘友向蘇宇聰抱怨說：「有時想出去飛行，卻找不到傘友，一個人去沒意思，要是能約到一群人去飛行，不但熱鬧，而且還能省些費用呢。」

說者無意，聽者有心，蘇宇聰覺得，帶傘友出去飛行裡面有商機。於是，他帶了五次飛行活動。視路途的遠近，收費從一千元到幾萬元不等。蘇宇聰從為傘友包車、安排聚餐、住宿中賺取利潤。對傘友來說，參加集體活動的花費遠比單獨行動少得多，他們當然很樂意。

最主要的是，在帶活動的過程中，蘇宇聰使自己公司在傘友中有了名聲，培養起了顧客對公司的忠誠度。很多傘友都很樂意找蘇宇聰買滑翔傘和其他用品。蘇宇聰的生意慢慢做開了。

蘇宇聰的飛行事業越做越大。他有個願望，明年結婚周年紀念日，和妻子王紅莉到西藏飛行，讓他們的愛自由飛翔。滑翔飛行是一項很時髦、刺激卻又充滿風險的運動。隨著生活水準的提高，越來越多的年輕人將加入到這項運動中。帶這樣的運動最重要的是注意安全，唯有安全有保障了，才能吸引更多的愛好者。

面具相親大會，讓大齡未婚青年告別羞答答

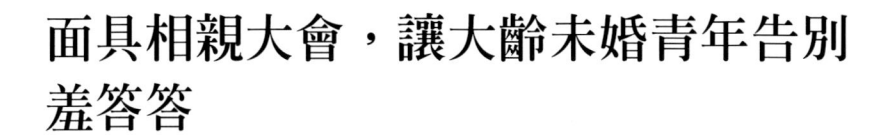

如今，未婚大齡青年越來越多。很多人都想透過相親來找到自己的另一半。然而，在不少人眼中，只有無能的人才會相親，相親是無奈之舉。因此，參與相親的大齡青年多少有點害羞心理。有沒有什麼辦法解決這個問題，讓他們放下包袱，大膽去相親呢？

三十幾歲的林文香早該為人妻、人母，可由於一心在工作上，她還是「孤家寡人」。母親經常在她耳邊嘮叨：「妳得趕緊找個對象，把自己嫁出去。要知道，女人老了不值錢！」熱心的親朋好友也忙著為她介紹對象。一直很享受獨身狀態的林文香，不得不考慮起個人問題來。

一天，母親拿著一張報紙，興沖沖走進來說：「後天一家婚姻介紹所舉辦相親大會，你去看看吧。聽說這次相親大會規模很大，而且是專門為像你這樣的白領階層舉辦的。」林文香不忍心掃母親的興，撥打了報紙上的電話，報了名。

當日精心打扮了一番後，林文香來到了相親地點：某歌舞廳一樓大廳。大廳四周的牆上，貼滿了參與相親的男男女女的資料。大廳內每個人都伸長脖子，像找工作似的尋找合適自己的對象。林文香剛在角落的椅子上坐下，電話就響了。一名男子看了她的資料，認為林文香是他所喜歡的類型。

幾分鐘後，男子根據林文香在電話中的描述，找到了她。然而，一見面，林文香的心就涼了半截，這是一隻不折不扣的「青蛙」。而且，對方還在林文香面前說個不停，全然不顧她的感受，相親就這麼失敗了。

後來，林文香去參加好友阿花舉辦的化裝生日晚會。戴上面具後，大家很放得開，大膽邀請別人跳舞、唱歌、遊戲，玩得很開心。林文香想，要是相親的時候戴個面具，別人就不會知道自己是誰了，自己也不用害羞，聊起來也更隨意。假如舉辦一個面具相親大會，不是更受未婚青年的

讓錢自己長
你不是缺錢，只是沒種創業

歡迎嗎？

一直有創業想法的林文香蠢蠢欲動起來。她終於辭掉工作，著手準備面具相親大會的事。她以每月三千五百元的租金，租了個小店面作為辦公地點，接著註冊了一家婚姻介紹所。面具相親大會需要用到很多面具，可是賣面具的商店很少，林文香逛了一個多小時才找到一家，一問價格，她嚇了一跳，一個面具要二十五元。她跟店老闆講了半天，老闆才答應以每個二十元錢的價格賣給她。

萬事俱備後，林文香在報紙上登了廣告：戴上面具相親，你不再感到害羞。即使相親失敗，你也不用擔心別人知道你的隱私。

廣告打出來後，電話接連響個不停。林文香把每個報名者的詳細情況一一記錄下來，列印在紙上，然後懸掛到相親大會現場。林文香的一些單身好友得知消息，也趕緊報名參加。

面具相親大會終於在一家酒店大廳裡舉行。來相親的男男女女忙著看資料，記電話，約見合適的人。向來比較羞澀的女性戴上面具後，相起親來竟落落大方，有些甚至還主動「出擊」。

一名姓張的小姐看中了在外商工作的李先生。可當找到李先生後，她才發現，李先生已經「有主」了，正在和一女子開心聊天。但是，有了面具遮掩的張小姐，竟大膽「搶」李先生。她大步走過去，坦率向李先生介紹自己，表明她的愛慕之心。

林文香雖是活動的舉辦者，可同樣單身的她也忍不住戴上面具，約見中意的男人。然而，或許是由於她的眼光太高，或許是由於緣分還沒到，她沒有相到合適的人。

這次活動有三百多人參加。林文香每個人收進場費一百五十元。除去場地租金和其他費用，她賺了兩萬五千多元。這麼輕鬆就賺了兩萬五千多元，林文香興奮不已。

然而，幾天後有人打來電話訴苦了。在一家廣告公司工作的趙小姐抱

第三章 奇思妙想，好點子帶來好生意
面具相親大會，讓大齡未婚青年告別羞答答

怨說：「戴著面具相親的時候，我一聽他那很有磁性的聲音，就對他產生了好感。隨後，我和他聊得很投機，憑直覺我認為他就是我想要託付終身的人。可是昨天我們見面後我才發現，他的相貌太差，達不到我的要求，我不知道該怎麼辦。」

類似的情況還有好幾個。這是戴著面具相親的軟肋，因戴面具相親大會現場不允許摘掉面具，相親的人只聞其聲，見不了人。有沒有什麼辦法解決這個問題呢？林文香苦苦思考著。

幾天後，她想出了一個好辦法：把面具裁掉一大半，只遮住眼部。這樣相親的雙方可以大概知道對方的長相。

這個方法很有效，林文香舉辦第二次戴面具相親大會時，很多人說，這樣的面具很有特色，有「猶抱琵琶半遮面」的感覺，既可以掩蓋人臉上的表情，又可以讓人大概知道對方的相貌。

在某中學當老師的吳小姐，同時被五名男士看中。他們爭著在吳小姐面前表現自己，以博取她的好感。這五名男士學歷都很高，各方面的條件都不錯。吳小姐觀看了他們的臉形後，感覺在貿易公司工作的王先生比較帥，便選擇了他。當王先生摘掉面具後，吳小姐面露喜色，王先生果然一表人才。

改進了面具後，林文香不再接到投訴。她每隔一個月開一次面具相親大會。每次參加的人都很多，她也賺了不少錢。

一次，林文香剛舉辦完一次面具相親大會，一個女孩就打電話向她抱怨說：「你們舉辦的相親大會太亂，我在那裡逛了好久都沒找到合適的。」林文香以為是女孩的要求太高，參加相親大會的人那麼多，怎麼會沒有合適她的呢？

後來，她問了幾個參加過面具相親大會的人，他們都說相親大會是有點亂。仔細分析後，林文香找到了原因：來相親的人太多，每一個人都很難在那麼短的時間內讀完所有人的資料，找到自己最中意的人。女孩的抱怨沒有錯，畢竟，婚姻是人生大事，怎麼可能來這裡隨便找個人就談起戀

愛呢？找另一半必須千挑萬選！林文香思考著解決的辦法。

仔細閱讀了一些參加相親的人的資料介紹後，林文香決定事先為他們預選合適的對象。比如，女方要求男方有事業心，有經濟基礎。林文香就把事業有成，上進心強的男性的資料挑出來，和女方的資料放在一起，供女方選擇。這樣女方不用費力去尋找了。反之，男方也是如此。

後來，林文香舉辦相親大會前，仔細閱讀了每個參與者的資料，然後為他們配對，挑選合適的相親對象。相親大會召開時，林文香給每個人都發了一份資料。上面記錄有適合他（她）們的所有對象。參與者馬上就可以與對方聯繫聊天，不用費時費力找。

此舉大大方便了相親者，他們一來到相親大會現場，即可馬上與適合自己的對象聊天，相親成功的機率很高。一名姓冼的小姐，林文香為她預選的適合男士竟有二十名。冼小姐來到現場後，三小時內和他們聊天，了解了他們的情況。經過比較，她最終選擇了當醫生的盧先生。經過一段時間的交往，她和盧先生終於走到了一起，結婚那天，她還邀請林文香去喝喜酒呢。

由於林文香不斷改進，戴面具相親的生意越做越大，月收入已有四萬多元。在舉辦面具相親大會的過程中，林文香也多次參加。林文香在參加面具相親大會時，和在某政府部門工作的阿驥聊得很開心。多次來往後，兩人訂了終身。林文香終於找到了心愛的人。

後來，在舉辦面具相親大會的同時，林文香又推出了婚禮策劃、婚禮攝像等業務。這些業務與相親業務互相影響、互相推動，使林文香的收入不斷成長。

婚姻是人生的大事，由於種種原因，許多青年遲遲沒有談戀愛。其中一個重要原因是羞怯心理。面具相親可以讓相親時不再感到害羞，因而受到歡迎。所以，不論從事哪個行業，都要設身處地為顧客想一想，了解他們的心理，滿足他們的內心需求。

情感腳踏車，只租不賣

　　很多城市都有出租腳踏車的服務，但絕大多數供出租的腳踏車都是普通的兩輪腳踏車。有一名女孩獨具慧眼開展情感腳踏車出租業務，賺到了大筆財富。

　　大學畢業後，盧紅豔並沒有像其他同學那樣為工作奔波，一直想從商的她拿著當家教賺來的一萬多元錢進了一些小商品，在路邊擺起了地攤。每天面對著熙熙攘攘的行人，她沒有絲毫的羞澀，從早上到晚上，一天忙下來竟能賺到五百多元。苦是吃了不少，但收入比許多在公司打工的同學要高，更重要的是她學會了察言觀色，捕捉消費者的心理。

　　一天，盧紅豔和朋友到公園玩。園內綠樹成蔭，條條寬闊的水泥道上遊人來來往往，熱鬧非凡。人多的地方必定有商機，盧紅豔想。可這商機到底是什麼呢？回來後，盧紅豔一直思考著這個問題。

　　後來，盧紅豔想，假如在公園騎腳踏車該是多麼愜意啊！一邊騎，一邊享受綠色美景、陽光。對，在公園出租腳踏車肯定有市場，盧紅豔決定放棄擺攤，開展出租腳踏車業務。

　　盧紅豔向公園管理處交納了一定的費用後，取得了在園內經營腳踏車出租業務的許可。接著，她拿出擺攤的積蓄購進了二十多輛腳踏車，開始了出租腳踏車的生意。

　　最初，來租腳踏車的人還挺多，尤其是週末和節假日，很多年輕人都結伴來租腳踏車，在公園裡穿梭遊玩。每輛腳踏車一小時的租金二十元，一個月下來，除去成本，盧紅豔能賺到一萬多元。盧紅豔對這個業績並不滿意，她想，剛開始生意還沒走上正軌，知名度還沒打開，時間久了，生意自然會好起來。

　　可半年過去了，盧紅豔的生意不但沒變好，反而下滑了。七月，盧紅豔只賺了一千七百多。看著公園內如織的遊人，自己卻賺不到錢，盧紅豔不由得心急如焚。她想不通，明明看起來很好的生意，為什麼做起來卻一

讓錢自己長
你不是缺錢，只是沒種創業

點成績都沒有？

盧紅豔不甘失敗，她開始留心觀察、用心分析失敗的原因。一天，一名男子圍著盧紅豔的腳踏車轉了一圈後，搖搖頭準備走開。盧紅豔忍不住問他：「你為什麼不願意租腳踏車呢？我的腳踏車款式很新，也很好騎的。」男子說：「我來公園是為了放鬆。」

找到原因後，盧紅豔思忖著，該怎樣擺脫困境呢？後來經過觀察，盧紅豔發現來公園遊玩的人都是結伴而來。有的是幾個朋友一起來，有的是一家幾口人一起來，有的是情侶成對而來。

「要是有一種可以雙人或者多人騎的腳踏車該多好啊！」盧紅豔想。到底有沒有這樣的腳踏車呢？盧紅豔放下生意在街上到處尋找。可她逛遍了大大小小幾十家腳踏車銷售店，都沒有找到這樣的腳踏車。後來，盧紅豔上網查詢才得知，有一家腳踏車生產廠商生產這樣的腳踏車。

可打電話一問，這樣的腳踏車要五千多元一台。盧紅豔頓時猶豫了起來。好友歐小絹勸她說：「在公園出租腳踏車或許並不是什麼好生意，你不如到大學旁邊租個點，把腳踏車租給學生還好些。如果你購進這些腳踏車，萬一生意做不下去，想要轉讓可就難了。」

盧紅豔覺得好友的分析很有道理。可轉念，她想，這些可多人騎的腳踏車很適合人們休閒放鬆，如果在公園出租，肯定會受歡迎的。盧紅豔不想錯過任何一個機會。為了保險起見，她親自去考察這些腳踏車。

盧紅豔看到這些特色腳踏車後頓時眼前一亮。這些腳踏車有雙人的，三人的，甚至六人騎的都有。坐在上面非常的舒服，而且還有靠背，半躺著就可以踩動腳踏車。如果是情侶，可以騎雙人的腳踏車，邊騎邊聊天，看風景，該是多麼浪漫的事。如果是一家三口，可以騎三人的腳踏車，一邊騎，一邊談笑風生，親情多麼溫馨！如果是朋友，可以騎多人的腳踏車，可以邊騎邊聊天，朋友之間的感情將會加深。盧紅豔被這些很有特色的腳踏車迷住了，毫不猶豫訂購了三十輛。

回來後，盧紅豔馬上聯繫舊貨收購商，把那些普通的腳踏車賣掉，然

第三章 奇思妙想，好點子帶來好生意
情感腳踏車，只租不賣

後籌錢匯給廠商。九月，盧紅豔訂購的腳踏車到了。貨卸下來後，盧紅豔顧不上休息，馬上找到印刷廠，印刷了許多精美的傳單請人發。

接著，盧紅豔製作了「浪漫愛情」、「濃濃親情」、「純潔友情」等幾種精美的招牌，掛在對應的腳踏車上並且歸類放好。為了彰顯特色，盧紅豔在腳踏車出租攤位前豎起了一塊巨大的招牌，上面寫著「情感腳踏車」幾個大字。

有了這些特色腳踏車，加上盧紅豔頗具創意的手法，生意很快就來了。盧紅豔剛開張不久，一對情侶就好奇湊上來問道：「情感腳踏車是什麼樣的？」盧紅豔於是推出一輛雙人腳踏車，說：「這輛是浪漫愛情腳踏車，你們倆坐著騎，邊說悄悄話邊看風景，多浪漫啊！」

那對情侶聽了，當即高興租了一輛騎了起來。一個小時後，租車時間到了，他們還意猶未盡。女的撒嬌硬是讓男的再續租一個小時。他們慢悠悠踩著腳踏車，一邊還竊竊私語著，無比親密的樣子引來許多人好奇的目光。

當人們得知這輛特色腳踏車是來自盧紅豔後，都紛紛前來租車，盧紅豔的生意頓時興隆起來，當天就賺了一千多元。

為了迅速打開市場，盧紅豔花錢在公園的門口做了一塊看板，公布情感腳踏車的收費標準。盧紅豔把出租情感腳踏車定位於大眾化，因此價格定得很低，每輛車每小時的租金是二十五元，大部分人都可以消費得起。這種明碼標價的廣告做出來後，很快吸引了很多顧客。

一天，幾個女孩租了一輛多人騎的腳踏車遊玩。一個小時後還車時，其中一個女孩向盧紅豔抱怨說：「這腳踏車騎著確實好玩，只是太陽那麼熱，我們坐在上面可真是受罪。今天被曬了一個小時，皮膚肯定會被曬黑了許多。」

女孩的抱怨無不道理，盧紅豔想，如果在腳踏車的頂上加個蓋不就可以遮住陽光了嗎？盧紅豔找到一家鐵藝加工廠，花了一萬五千多元，讓焊接師傅為每一輛腳踏車都加蓋。有了車蓋，顧客再也不用擔心陽光曝曬

讓錢自己長
你不是缺錢，只是沒種創業

了。一名曾經租過腳踏車的女孩看到腳踏車加了蓋後，高興說：「太好了，以後我們在這裡騎腳踏車再也不用打傘了。」

由於盧紅豔處處為顧客著想，加上情感腳踏車迎合了人們的需求，她的生意做得很好。一名年輕男子問盧紅豔：「妳能賣一輛多人騎的腳踏車給我嗎？」盧紅豔很不解，經營出租腳踏車生意這麼長時間來，第一次有人來買她的腳踏車。男子把買腳踏車的原因告訴了盧紅豔。原來，該男子的家在農村，他的家周圍有塊空地，他很想買一輛回去騎，當作娛樂。雖然男子很誠懇並且再三央求，盧紅豔還是拒絕了他。要知道，每一輛腳踏車盧紅豔都注入了很多心血，她怎麼捨得賣？

好友歐小絹問她：「你一邊租車，一邊賣車不是可以賺更多的錢嗎？」盧紅豔則有自己的看法，這些特色腳踏車的價值在於休閒而不是實用，因此如果賣給別人，市場不大。

為了更加吸引顧客，盧紅豔還在腳踏車上做了許多文章。比如，舉辦租車抽獎活動，中獎者可獲得盧紅豔贈送的優惠卡。在盧紅豔的悉心經營下，她的月收入不斷攀升。腳踏車到處都有，沒什麼稀奇和吸引人的。盧紅豔的成功在於她出租的是特殊的腳踏車，而且銷售時以情動人，把腳踏車和情感聯繫起來。發揮個人智慧的同時，別忘了動一動自己的情商。

穿上求愛T恤，大膽推銷愛情

三十歲的符麗紅出生在一個普通家庭，大學畢業後到某公司當祕書。

像許多女孩子一樣，符麗紅也幻想著有個高大帥氣的男朋友。然而她相貌普通，加上工作忙、交際範圍小，她一直沒有找到心中的白馬王子。勞動節放假，符麗紅回家看望父母。父親語重心長說：「麗紅，你年紀不小了，該考慮婚姻大事了，我和你媽好放心。」看著父親頭上的絲絲銀髮，符麗紅感到一陣內疚，決定盡快找個對象，解決終身大事。

一天，符麗紅下班回來的路上，迎面走來一位陽光帥氣的男子。她不

第三章 奇思妙想，好點子帶來好生意
穿上求愛T恤，大膽推銷愛情

禁怦然心動，如果他是自己的男友該多好啊！為了引起該男子的注意，符麗紅故意哼起了歌曲，儘管她唱得很動聽，可該男子還是對她視而不見，擦肩而過。符麗紅傷心極了。

這天，符麗紅在街上看到一個女孩穿著一條印有骷髏圖案的T恤，她突然冒出一個大膽的想法：乾脆在T恤上印上自己的求愛宣言，穿出去逛街，主動推銷自己。同事得知她的想法後，都很驚訝問她：「妳真的敢這麼做嗎？」符麗紅很有自信：「有什麼不敢的？我又沒犯法。」

說做就做，符麗紅買來幾件高級T恤，印上自己的求愛宣言：本人女，28歲，大學學歷，公司職員。想尋找一位高大帥氣、體貼溫柔、有事業心和責任心的男朋友。有意者請聯繫：×××。

符麗紅穿上求愛T恤去上班。當她走到廣場時，立即引來不少人圍觀。一名男子嘲笑說：「原來是個剩女，難怪這麼急著要找男友。」另一名男子插嘴說：「她還要找高大帥氣的呢？也不拿鏡子照照自己是什麼貨色。」符麗紅聽不下去了，連班都不上了，趕緊叫車回到宿舍大哭了一場。父親得知此事後，立即打來電話生氣責□道：「真是作孽啊，妳這麼做不覺得丟人嗎？」身邊的好友得知消息，也對她冷眼相看。然而，不服輸的符麗紅擦乾眼淚後，繼續穿著求愛T恤去上班、逛街。

儘管受到嘲笑和責□，符麗紅這種大膽的求愛方式還是吸引了很多單身男性。幾天後，傳簡訊給符麗紅，要求和她交朋友的人竟有二十多個。經過對比篩選後，符麗紅和在外商上班的英俊又有才華的何凡強確定了戀愛關係。父母得知符麗紅找了個這麼優秀的準女婿，非常高興，當初的不快一掃而光。

符麗紅的幾個單身同事看到她以這種方式找到了這麼優秀的男友，也想效仿她穿求愛T恤。符麗紅想，如今未婚青年越來越多，他們苦於工作忙、交際範圍小，沒法找到理想的對象。如果他們都像自己一樣，大膽穿上求愛T恤，肯定會受到更多人的關注。他們找到理想伴侶的可能性就越大。求愛T恤是個很大的市場，我乾脆辭職專門設計製作求愛T恤。

男友何凡強得知她的想法後也大力支持她，符麗紅於是辭去工作，積極開始準備。

符麗紅以四千元的月租金，租了一間十五平方公尺的店面作為辦公室，然後註冊了一家Ｔ恤設計工作室。

很快，符麗紅的生意開張了，有十二個人來訂做求愛Ｔ恤。符麗紅先一一記下他們所穿Ｔ恤的尺碼，為他們挑選合適的Ｔ恤。接著，她依據每個人的情況，設計不同的求愛宣言。然後找到印刷店，把求愛宣言印刷在Ｔ恤上。可當求愛Ｔ恤製作出來後，Ｔ恤的主人都不敢穿著去逛街，都說太顯眼了。符麗紅把自己的經歷告訴他們，鼓勵他們要大膽些。但除了個別大膽穿著求愛Ｔ恤去逛街外，絕大部分人還是不敢穿。符麗紅於是提議，由她帶頭，大家一起穿著求愛Ｔ恤去逛街。這些單身男女才答應了下來。

符麗紅帶著十多名穿著求愛Ｔ恤的單身男女剛來到街上，頓時引來了眾人的目光。人們對這種獨特的求愛方式很感興趣，都駐足觀看。有的還拿筆記下看上的對象的電話。一位六十歲的大媽，看上了一個名叫才惠的女孩，立即記下了她的電話說：「這個女孩挺漂亮，我要把我兒子介紹給她。」

最初，這些單身男女聽到人們的議論，都不好意思。但慢慢，他們不再感到羞怯，都大膽穿著求愛Ｔ恤各自逛街去了。每設計製作一件求愛Ｔ恤，符麗紅賺一百元。第一個星期，符麗紅賺了一千五百多元。第一批求愛Ｔ恤被十多名單身男女顧客穿去逛街後，符麗紅的求愛Ｔ恤名氣逐漸大了起來，來要求訂做求愛Ｔ恤的人也逐漸增多。

一日，符麗紅正在店裡忙著為顧客設計求愛宣言，一名神態憔悴的女孩走了進來，說：「你的求愛Ｔ恤把我害慘了。」原來，該女孩穿上求愛Ｔ恤後，的確引起了許多人的關注。其中，不少心術不正的人記下了她的手機號碼，每天都傳一些不堪入目的簡訊。有些甚至打來電話問她：「妳願意做我的二奶嗎？」女孩整天被干擾得心神不寧，不但沒找到理想的男友，反而落下了憂鬱症。

後來，符麗紅又遇到多起類似情況。苦苦尋思後，她找到了解決的辦法。在設計愛情宣言時，她不再留顧客的電話或手機號碼，而是留電子郵箱和QQ。這樣，那些無聊的人就沒法直接騷擾未婚女性了。為了驚嚇不良男子，符麗紅還在每件T恤上寫下「拒絕騷擾，否則報警」。改良後的愛情T恤果然有效。那些心懷鬼胎的人一看到報警兩個字，就不敢再騷擾T恤主人了。

最初，來訂做求愛T恤的大多是女性。為了擴大業務，讓廣大單身男也喜歡上求愛T恤，符麗紅雇人到各個辦公室發宣傳單，還到幾個著名網站發文介紹自己的業務。在她的努力下，許多單身男性也被吸引。在一家文化傳播公司上班的張先生已是快超過四十了，還沒找到對象，看到廣告後當即趕過來訂製了三套求愛T恤，每天都穿著去上班。兩個星期後，他終於找到了合適對象。他高興得連聲向符麗紅道謝：「你設計的求愛T恤，讓我找到了合適的伴侶，真的太謝謝您了！」

符麗紅處處為顧客著想贏得了顧客的讚譽，找她製作求愛T恤的人紛至遝來。符麗紅的求愛T恤生意逐漸做成了規模。找伴侶就像做生意，需要推銷宣傳自己，才能找到最好的。求愛T恤這種自我推銷的方式非常獨特，自然受到單身族歡迎。因此，它給我們的啟示是，成功就要大膽一點。

牆上種花，另類創業財源滾滾

生活中，人們看到的花大都是種在地上或者種在花盆裡，再擺放在陽台上、客廳裡。可是，有人卻把花種在牆上，賺到了大筆財富。林蜜豐和女友小梅買了一套七十平方公尺的房子，準備結婚。

房子裝修完畢後，小梅買了幾盆花，準備放在客廳裡增添綠意。然而，花買回來後她才發現，客廳裡根本沒地方放。原本就狹小的客廳早已被電視、沙發、茶几、飲水機等擠滿，她只好把花放到陽台上。幾天後，林蜜豐卻又抱怨那幾盆花遮光和擋住空氣，而且曬衣服也不方便。愛花的

小梅對此苦惱不已。

一天，小梅應邀到同事李紅語家做客。李紅語的家境很好，她家的房子有一百三十多平方公尺，裝修很豪華。客廳的各個角落裡擺放了許多花，這些花不但使人感到綠意盎然，而且還能淨化空氣，小梅彷彿置身大自然中一般，倍感舒服。

回來後，她無比羨慕對林蜜豐說：「李紅語的家太漂亮了，她家的客廳裡種了很多花，既美麗又環保。」林蜜豐自嘲說：「人家的房子可比我們的大多了，誰叫我們沒錢呢？哪天我發財了，買棟大房子，在客廳裡設計個小花園。」小梅歎了口氣說：「那我就等下輩子吧！」

一天小梅做飯時，把剛買來的蒜頭放在抽油煙機旁邊的小壁櫥裡。這個小壁櫥是房子裝修時，林蜜豐特意叫裝修工人挖的。他說，有個壁櫥可以放點東西，節省空間。

一個星期後，小壁櫥裡的蒜頭竟長出苗來。小梅欣喜對林蜜豐說：「乾脆就在小壁櫥裡種些大蒜吧！」林蜜豐依了她。兩人在壁櫥裡填滿了泥土，然後把大蒜埋在裡面。很快，小壁櫥裡長出了鮮綠的蒜苗。這些蒜苗從壁櫥裡伸出來，貼在牆上非常好看，而且幾乎不占用空間。

受到壁櫥裡種植大蒜的啟發，林蜜豐提議在客廳的牆上裝些小壁櫥，在裡面種花，小梅拍手贊成。經過物業公司批准後，他們請來裝修工人，在牆上裝了六個花盆似的小壁櫥，接著在裡面填上土，種上花。這些花不但環保，而且還給原本單調空白的牆壁增添了自然之美。看著牆上那些惹人喜愛的花，小梅的心情燦爛無比。

好友阿芬來看望小梅。走進客廳後，她立即被牆上那些美麗的花朵迷住了，讚歎說：「你們的想像力太豐富了，這些花種在牆上很漂亮而且還節省空間呢。」後來，林蜜豐和小梅的其他朋友來參觀了他們的傑作後，都讚歎不已。他們都請求林蜜豐和小梅幫忙在自家客廳牆上也種些花。

林蜜豐想，如今房價越來越高，經濟條件不太好的人買的房子面積都比較小。這些人當中有不少人都想在客廳裡種幾盆花，以美化環境、陶冶

第三章 奇思妙想，好點子帶來好生意
牆上種花，另類創業財源滾滾

性情。可是，正如自己遇到的問題一樣，他們的客廳都很小，很難放下幾盆花。如果幫他們在牆上種花，不是可以滿足他們對花的需求嗎？他把自己的想法告訴小梅，小梅大力支持他。

林蜜豐辭掉工作，著手準備起牆上種花的業務。牆上種花首先要解決的問題是，在牆上裝個壁櫥或者砌個凸出來的半圓形小花盆。林蜜豐聯繫了幾名水泥工，與他們商定合作條件：裝一個壁櫥或者砌一個小花盆的價格為一百五十元。接著，他與一家花卉銷售公司簽訂長期合作協定，對方答應以批發價供應各種花卉。一切準備工作就緒後，林蜜豐在報紙上做了廣告並印刷了一些傳單，雇人散發。

林蜜豐的眼光瞄得很準，由於很多人買的房子面積都很小，牆上種花確實可以節省空間，想在牆上種花的人很多。廣告剛投放不久，他的電話就接連響起。愛花的張小姐撥打電話，讓林蜜豐在她家的客廳和臥室、廚房的牆上總共砌了二十個花盆。走進她的家，一抬頭就是滿眼綠色，給人視覺上的享受。

某中學的王老師買了兩盆鐵樹，但由於客廳放不下，只好一直放在陽台。看到廣告後，他打電話讓林蜜豐幫忙在牆上種花。林蜜豐得知他想種的是鐵樹後，很為難，因為鐵樹比花要高大很多，在牆上挖個洞是不可能的。經過再三考慮後，他在王老師客廳的電視櫃兩側的牆上砌了兩個大花盆，然後把鐵樹移植進去。王老師的客廳頓時綠意幽幽，而且鐵樹是種在電視機旁，還有利於吸收輻射。

林蜜豐在牆上種花，收費是按花的數量來收，每種一盆，他賺七十五元錢。投放廣告的那個月，他就接到了三十多單，賺了兩萬多。

但林蜜豐遇到了一些問題，一位顧客打來電話抱怨說，牆上的花沒種多久，就已經枯死了。林蜜豐諮詢了專業人士後了解到，那些花很嬌嫩，種在室內缺少陽光的照射，存活的時間不會太長。查明原因後，林蜜豐在開展業務時，專門向人們推薦適合在室內生長的花朵。

林蜜豐開展牆上種花服務，最初是針對經濟條件不是很好、房子較小

的群體。可後來他驚喜發現，一些有錢人也喜歡在牆上種花。

自己開公司的李先生讓林蜜豐在他那一百五十多平方公尺的大房子裡，砌了三十多個很有特色的牆上花盆，在裡面種了各種各樣的花朵。為了讓這些花晚上看起來更加美麗，李先生還別出心裁在每個花盆的旁邊安裝了彩燈。晚上，當這些彩燈開啟後，牆上的鮮花在朦朧的燈光的映襯下，格外的美麗迷人。

李先生的朋友參觀了之後都讚不絕口，並紛紛效仿他，找林蜜豐在他們的房子裡的牆上種花。林蜜豐忙得不可開交，收入自然也增加了許多。

當生意越來越好後，林蜜豐一個人已經忙不過來了。他徵了八名業務，並把辦公地點搬到繁華路段的一棟豪華辦公室。

為了盡快擴大業務，林蜜豐還經常開展業務推介活動。他用水泥製作了幾根柱子，柱子上砌有許多花盆，花盆裡種有各種各樣的花。他又在公園旁邊租了一塊地，把這些花柱拉到現場展示。這些別樣的種花方式，立即引起了市民的興趣，許多人當場就與他簽訂合約。

林蜜豐接到一名陌生男子的電話。男子自稱姓張，是某裝修公司的老闆。張總提出想和他見面，商談合作事宜。原來，張總了解了林蜜豐的牆上種花業務後，覺得是個不錯的商機。但他認為，盲目在牆上種花會影響房子原先的裝修效果。因此，他多方打聽找到林蜜豐，要求與他合作，把他的業務和自己的設計融合在一起推廣。

林蜜豐與小梅商量後認為，這是一個雙贏的合作，對雙方開展業務都有利，於是爽快答應了下來。此後，張總接到裝修業務時，都會向顧客推薦牆上種花業務。林蜜豐在開展牆上種花業務時，遇到有裝修需求的顧客，也大力向張總推薦。這樣，林蜜豐無疑多了一個業務推廣管道，生意很快興隆起來。

任何服務一旦紅起來，勢必有跟風者。林蜜豐的牆上種花業務紅起來後，跟風者馬上變多。不到一個月，市場上突然一下子冒出了十多家開展牆上種花業務的公司。這些公司良莠不齊、擾亂了市場，林蜜豐的業務量

急遽下降，他開始感到舉步維艱。

甩開對手的一個好辦法，就是把對手消滅在萌芽狀態。林蜜豐咬咬牙，在報紙、電視上大做廣告，樹立起自己的品牌。同時，他重金聘請了專業設計師，專門設計牆上種花。一系列的方案實施後，他的業務開始回升，那些公司很快消失。

擺脫對手後，林蜜豐迅速採取措施占領市場。他派業務到各個房地產活動，拿到新購房業主的資料，然後向他們推銷牆上種花業務。由於市場定位準確，他的業務開展得如火如荼。

為了使牆上種花更具特色，林蜜豐還費盡心思把聲、光和花朵結合起來，即在花盆裡安裝彩燈和流水、鳥鳴等音樂盒。夜幕降臨時，一按開關，牆上的花朵在彩燈的映照下，透出一種朦朧美，再加上音樂盒裡傳出的流水、鳥鳴、蛙鳴等動聽樂曲，使人彷彿置身大自然中一般，倍感愜意。

林蜜豐透過牆上種花終於挖到了人生的第一桶金。他把七十平方公尺的小房子換成一百六十多平方公尺的樓中樓，還買了一輛轎車代步。牆上種花？乍一聽好像是異想天開，但不是不可能。天價的房子使我們的住宅空間很窄小。牆上種花充分利用空間、增加綠意，不失為絕妙之舉。因此，想要創業，不妨把想像放飛得更高更遠。

同名俱樂部，賺不同人的錢

你知道和你同一座城市的人中，有多少人和你同名同姓嗎？你知道他們都從事什麼職業嗎？和與你同名同姓的人認識是一種緣分，或許也是一種機遇。同名同姓俱樂部，或許能給你一個驚喜。

王飛剛大學畢業，就遇到了一件令他十分尷尬的事。他去參加一家大型企業的徵才會，初試、複試過後，人力資源部張經理告訴他，錄用結果將於一個星期後公布在企業的公告欄裡。

讓錢自己長
你不是缺錢，只是沒種創業

　　一個星期後，王飛在該企業的公告欄裡看到了自己的名字。可是，當他欣喜萬分到那家企業報到時，張經理上下打量了他一番，滿懷戒意問道：「我們並沒有錄用你，你幹嘛要冒充別人？」被問得一頭霧水的王飛說：「公告欄裡明明寫著我的名字啊，怎麼說我冒充別人呢？」張經理趕緊打電話，把一個年輕人叫了進來，對王飛說：「我們錄用的是他。」原來，這次參加應徵的人中，有一個人與王飛同名同姓，人家錄用的是那個王飛。明白了事情的原委後，張經理連聲對王飛說對不起，尷尬得滿臉通紅，恨不得在地上找個縫鑽進去。

　　這次經歷雖然令王飛感到很難堪，但他也有不小的收穫，那就是和另一個王飛認識並成為好朋友。兩人經常一起吃飯、喝茶，聊工作，聊人生。王飛進入一家廣告公司當業務員後，那個王飛還透過同學父親的關係，幫他拉到了一筆業務。王飛想，社會上同名同姓的人不少，如果辦一個同名同姓俱樂部，為他們創造條件、幫他們互相認識，肯定會受到歡迎。

　　王飛把自己的想法告訴好友阿剛，阿剛說：「很多人對陌生人都有戒備之心，你讓同名同姓的陌生人互相認識，他們願意嗎？」王飛解釋說：「很多人熱衷於認識與自己同年同月同日生的人，我想結識同名同姓者也肯定會受到人們的歡迎。再說多認識一個朋友就多一條路。」

　　經過深思熟慮之後，王飛終於辭掉工作，開始準備起同名同姓俱樂部的事情。他先租了間二十多平方公尺的房間作為辦公室，接著申請了相關執照。隨後，王飛隨機對一些年輕人做了調查，了解他們對此項目的看法。綜合了許多人意見，王飛把同名同姓俱樂部的服務內容定為：幫人尋找和自己同名同姓的人，舉辦各種活動，讓他們認識。

　　一切準備就緒後，王飛做了一些戶外廣告：你想知道和你同名同姓的朋友是個什麼樣的人嗎？你想和同名同姓的人交朋友嗎？那就趕緊加入同名同姓俱樂部吧。廣告投放後不久，就有顧客上門了。一個名叫孫×蘭的女孩子來到王飛的辦公室，交了五十元加入同名同姓俱樂部。她說：「我的名字很大眾化，肯定有很多人與我同名同姓，如果能和他（她）們交朋

第三章 奇思妙想，好點子帶來好生意
同名俱樂部，賺不同人的錢

友，那肯定很有意思。」

隨著加入俱樂部的人越來越多，孫×蘭很快就找到了兩個與自己同名同姓的人，其中一個竟然還是男孩子。三個人見面的那一刻都好奇仔細觀看對方。接著，他們三個人一起吃了一頓飯，聊得很開心，臨別時還互相交換了聯繫方式，並約定以後經常出來聚會。

然而，畢竟在茫茫人海中找到同名同姓的人不是一件很容易的事情。一個月過去了，有兩百多人加入同名同姓俱樂部，可只有十人找到同名同姓的人。那些沒有找到與自己同名同姓的人不斷質問王飛為什麼。王飛只好如實相告，同名同姓俱樂部目前名氣還不是很大，報名的人少，以後人多了之後，就好找了。

可怎麼樣才能提高自己的知名度呢？廣告已經做了，效果卻不是很理想。仔細分析後，王飛找到了原因，自己投放的廣告太小，很難吸引人們的注意。但憑他目前的經濟實力，只能做小廣告。

為了提高同名同姓俱樂部的名氣，王飛狠下心印刷了一大疊傳單，雇人在主要街道發。同時，他還每天上網在各大網站宣傳同名同姓俱樂部。為了吸引大量的顧客加入同名同姓俱樂部，王飛還把價格降到每人五元。

採取了這一系列措施之後，短短一個星期，報名加入同名同姓俱樂部的人增加到一千五百多人。人數增多後，許多人很快就找到與自己同名同姓的人。

已到了而立之年的王×雄加入俱樂部的第二天，就找到了兩名與自己同名同姓的人。三個人在一起聊得非常開心。後來，當得知他還沒有談到合適的女友後，另外兩個王×雄熱情把自己的親戚和朋友介紹給他。在他們的幫助下，王×雄竟和其中一個王×雄的表妹談戀愛。高興之餘，他向朋友大力推薦同名同姓俱樂部。

由於收費低，加上廣告支出和其他開銷，前三個月平均下來，王飛每個月只賺了一萬元左右。王飛並不滿足，他想，向會員收取的費用太低了，這樣下去很難把同名同姓交友事業做大，賺更多的錢。

讓錢自己長
你不是缺錢，只是沒種創業

一天，一個名叫彭×美的女孩向王飛抱怨說：「你的同名同姓俱樂部應該適當舉辦一些活動，這樣我們可以透過活動加深彼此的了解，更有利於我們建立起好朋友的關係。否則，讓我們光坐著聊天，一點意思都沒有。」

彭×美說得沒錯，王飛於是增加了棋子、紙牌、麻將等娛樂項目，租給會員玩樂。這樣，他們的交往就不會枯燥了。後來，王飛還大膽舉辦會員郊遊，加強他們的交流溝通，促使他們結成好朋友。

一個名叫符×清的男子加入同名同姓俱樂部後，找到了五名和自己同名同姓的人。當天晚上，王飛舉辦他們和其他會員開展集體歌唱比賽。符×清和其他幾個同心協力，戰勝了其他人，獲得冠軍。幾個人很快發展成為好朋友。符×清很高興：「才花二十五元就可以加入同名同姓俱樂部，結交有緣分的朋友，擴大自己的人脈，很值！」

請會員開辦晚會，王飛向他們收取一定的費用。這樣除去會員費，他又多了一項收入。

當同名同姓俱樂部的生意越來越紅以後，王飛自己一個人已經忙不過來了。他只好徵了兩名員工作為自己的幫手。然而，這兩名員工初來乍到，對業務不是很了解，犯了一些錯誤，引起了很大的麻煩。

一天，一個名叫鍾×飛的男子交了錢後，員工幫他找到了同名同姓的人。可他才和對方聊了幾分鐘便匆匆離去。對方發現自己放在包裡的手機竟不見了，找王飛投訴。王飛詢問了負責接待的員工小張，小張竟然沒有查驗對方的真正姓名，才給了對方可乘之機，盜走了別人的手機。

面對員工的滿臉焦急與客戶的憤怒，萬般無奈的王飛，只好答應賠償客戶的損失。事後，王飛嚴厲向員工交代，在接納別人為會員之前，必須查驗對方的身分證，否則出事了必須由員工自己負責。這個做法深受顧客的歡迎，來報名的會員讚揚說：「這種做法使我們和同名同姓的人交起朋友來更安全，更讓人放心。」

為了把同名同姓俱樂部經營出特色，王飛還增加了同名同姓認親活

動，即如果同名同姓朋友之間如果互相感覺很投緣，可以在王飛的主持下，結成親戚關係。

一個名叫蘇×龍的青年男子加入同名同姓俱樂部後，認識了六個與自己同名同姓的朋友。在這六個朋友中，五十六歲的蘇×龍經常向他講為人處世的道理，為他的工作出主意。兩人很投緣，蘇×龍於是提出認他為乾爹。蘇×龍很爽快答應了。在王飛的見證下，蘇×龍向乾爹磕頭並親熱叫了聲：「乾爹！」在場的人羨慕不已。

在外商工作的方小姐的名字很有「男人味」。加入了同名同姓俱樂部後，她認識了三名與自己同名同姓的朋友。在這三名朋友中，她覺得小自己五歲的方先生性格和行為都很像自己的弟弟。於是，她主動提議和方先生結成了姐弟。

「認親」服務推出後，同名同姓俱樂部生意興隆。但細心的王飛還是處處留心著顧客的需求。一次，一名會員向王飛提議說：「能和同名同姓的人認識是一種緣分，但我們認識了之後，沒有留點什麼東西做紀念，感覺單調了些。」王飛覺得該會員說得有道理，為了了解會員的想法，王飛仔細詢問了許多會員，他們竟然都有這樣的看法。

王飛於是採購了鋼筆、筆記本、相框等禮物。每當顧客想留點東西作為紀念時，王飛就會把這些商品賣給他們，賺取一些差價。後來，王飛買了高檔攝影機後，又推出了同名同姓留影紀念活動。任何人只要想和同名同姓的人合影，王飛都很樂意幫助他們。後來，王飛還乾脆用攝影機把同名同姓的人交談的過程拍下來，再賣給他們。由於王飛推出的服務多，賺的錢也越來越多。

在網路上輸入你的名字，你肯定能找到很多和你同名同姓的人。此時你肯定會想，他們是什麼樣的人，長得怎麼樣？同名俱樂部正是抓住了人們的好奇心理。好好利用人們的好奇心，或許你會發現一片不一樣的天地。

讓錢自己長
你不是缺錢,只是沒種創業

培訓準爸爸，圓了財富夢

即將當爸爸了，可你知道該怎麼為孩子餵奶嗎？知道該怎麼為孩子換尿布嗎？知道怎麼哄孩子嗎？沒有當過爸爸的人大都對此一無所知。有人瞄準這個商機，開了準爸爸培訓班。

二十七歲的郝基佑終於當上了爸爸。然而，當他欣喜萬分抱起兒子時，小傢伙卻不買他的帳，在他懷裡哭個不停。妻子鄭愛美接過來，抱在懷裡，輕輕拍一拍後，頓時停止了哭聲，睜大眼睛看著這個陌生的世界。氣得郝基佑直罵他，只認娘不認爹。

更令他無比沮喪的是，鄭愛美到外地出差那段時間，小傢伙把他當敵人似的，跟他「作對」，拒絕由他照顧，整天哭個不停。郝基佑抱著他，心疼說：「寶寶不哭，媽媽出差了，爸爸來照顧你啊。」可任他怎麼說，小傢伙硬是哇哇大哭。郝基佑猜測他可能是肚子餓了，便給他餵奶粉。小傢伙只吸了一口便吐出來，繼續哭。

看著他淚流滿面的樣子，郝基佑又心疼又氣憤：「叫你哭，等你長大了，非狠狠揍你一頓不可！」後來，他到書店大量閱讀有關育兒的書籍後，才掌握了照顧嬰兒的技巧，把小傢伙服伺候的舒舒服服。

郝基佑的許多剛當爸爸的朋友，像他一樣都遇到類似的情況，大家聚在一起時，都感歎小孩難伺候。一天，郝基佑在一本雜誌上看到一篇有關育兒的文章介紹說，在小孩的成長過程中，父親的愛撫對孩子的健康成長有很重要的影響。郝基佑想，大多數剛當爸爸的人，根本不懂得如何照顧孩子，如果創一個準爸爸培訓班，教這些人如何照顧孩子，會是個很好的創業點子。

郝基佑把自己的想法告訴了鄭愛美，鄭愛美白了他一眼說：「你們男人大都是懶人，照顧孩子又那麼累，有幾個會受得了？再說了，也沒有幾個男人有時間照顧孩子。」郝基佑反駁說：「這不一定，如今社會上的女強人越來越多，女主外、男主內的也不少。」接著，他向鄭愛美大談父愛對孩子

的重要影響。鄭愛美拗不過他，只好同意了。

郝基佑於是開了一間爸爸培訓班。一個星期後，他招到了十五名準爸爸。準爸爸的培訓期限為兩個星期，每個學員收費一千五百元。

第一天，郝基佑詳細向學員們講解了有關嬰兒餵奶方面的內容，學員聽得很認真，很多人還記了筆記。看到學員這麼投入，郝基佑心裡暗暗喜歡。然而，下課後，學員們都圍上來，問他是哪家醫院的醫生並向他索要名片。郝基佑告訴他們自己並不是醫生後，一個學員說：「你不是醫生，我們憑什麼相信你講的是對的呢？萬一我按照你所說的為孩子餵奶出現了問題，你負責嗎？」其他學員聽了，都紛紛跟著起哄，有些人甚至說他是騙子。從沒遇到過這種事情的郝基佑，頓時慌了手腳。

為了緩和學員的情緒，郝基佑只好說：「今天只是見面會，由我向大家簡單介紹培訓的內容，以後的課程將由專家向你們講授孩子的養育知識。」聽了他的話，學員才將信將疑安靜下來。

真要請專家，自己得花不少錢呢。但是不請的話，準爸爸培訓班就沒法開下去了。一番權衡之後，郝基佑只好到醫院請了有名的兒科醫生張醫生為學員講課。張醫生每上一次課，郝基佑給他五百元。

張醫生有著二十多年的從醫經驗，在小孩的養育方面很有研究。每次講課，他都結合自己看病的經歷，給學員講解嬰兒養育方面需要注意的事項以及具體方法。學員聽了之後，很是受益。

陸先生剛當上爸爸，在一家企業當副總的妻子坐完月子後馬上回到工作崗位上，孩子交給他看管。最初為孩子餵奶時，他簡單認為只要把奶嘴塞到孩子的嘴裡任他吸就得了。聽了張醫生的課後他嚇出了一身冷汗，說：「幸虧有張醫生的提醒，否則萬一不小心，後果不堪設想。」

原來，張醫生在工作中，曾經遇到過這樣一個事例：一名剛當爸爸的男子為孩子餵奶時，奶水嗆到孩子的氣管裡，最終搶救無效死亡。因此，張醫生提醒所有的學員，為孩子餵奶時，要少餵、慢餵，孩子喝下奶後，要在他的後背輕輕拍拍，以防嗆到氣管。

第三章 奇思妙想，好點子帶來好生意
培訓準爸爸，圓了財富夢

請了張醫生來講課後，學員們不再找碴，聽課也更認真了。這期培訓班結束後，除去場地租金、請張醫生的費用和其他費用後，郝基佑只賺了五千多元。錢雖然少了些，但他從中吸取了許多經驗。

第一期準爸爸培訓班成功舉辦後，郝基佑的名氣逐漸大起來。第二期，他很快就招到了三十一名學員。這次，為了避免學員因記筆記而跟不上張醫生的講課，郝基佑提前讓張醫生把養育嬰兒的一些重點注意事項列印出來，分發給學員。郝基佑的細心贏得了學員們的讚揚，他也滿心歡喜盼望著這期培訓班早點結束，他好早點賺錢。

然而，培訓了三天後，一名姓趙的先生向郝基佑抱怨說：「張醫生講的一些方法很好、很重要，但是光憑他一張嘴說很抽象，我們很難完全把握每個細節。比如，他講到怎樣給孩子換尿布時，我們看不到他的實際操作，很難記住整個動作的過程。」

郝基佑覺得趙先生的抱怨很有道理，但是他又找不到解決的辦法，為此他苦惱不已。鄭愛美得知他的難處後，建議說：「要不，你去買台投影機，讓張醫生做些投影片，放給學員看，這樣就形象多了，學員肯定更容易掌握。」郝基佑覺得鄭愛美的建議很不錯，於是花幾千元買了一台投影機，然後把自己的想法告訴張醫生。張醫生也欣然同意用幻燈片輔助講解。

有了幻燈片的說明，張醫生講起課來更加直觀形象。後來，受此啟發，郝基佑還不時為學員播放一些有關嬰兒撫養知識的影片。他細心周到的服務贏得學員的好評。在學員的口耳相傳下，來參加準爸爸培訓的人逐漸增多。郝基佑的收入也由最初的五千多元，增加到兩萬五千多元。

一天，一名姓王的準爸爸前來諮詢相關報名事宜。郝基佑向他介紹了培訓的價格後，王先生問道：「你的準爸爸培訓班有沒有介紹嬰幼兒心理的內容？」郝基佑告訴他沒有之後，王先生很失望：「嬰幼兒也有他們特定的心理需求。你的培訓班沒有這方面的內容，是不完整的。」

王先生的一番話把郝基佑說得啞口無言。是啊，嬰幼兒也有他們的心理特點，如果不了解他們的心理特點，怎麼能做到正確與他們進行親子交

流呢？郝基佑決定增加嬰幼兒心理方面的培訓內容。

經過幾天的連續登門拜訪後，郝基佑以每節課五百元的價格，請到了一家大醫院的心理諮詢師馮醫生，讓他來為學員們講課。馮醫生先是為學員講解了嬰幼兒各種神態、動作所代表的心理需求，讓學員掌握嬰幼兒的心理特點。接著，他教給學員許多與嬰兒溝通的面部表情。學員學了之後，都感覺受益匪淺。

林先生是一家IT公司的工程師。整天與電腦打交道的他原以為當爸爸不外就是為孩子餵餵奶、換換尿布。聽了馮醫生的課後，他驚奇了解到，原來新手爸爸也有這麼多學問。為了與剛出生不久的女兒溝通，他經常向女兒做出各種誇張的表情，把女兒逗得樂不可支，他也從中真正嘗到新手爸爸的樂趣。

請了馮醫生來講解嬰幼兒心理後，準爸爸培訓的成本增加了許多。考慮到自己的利潤，郝基佑只好把收費標準由原先的一千五百元增加到兩千元。收費提高後，他曾一度非常擔心準爸爸們會因為收費高而退卻。但結果出乎他的意料之外，來報名的人絲毫不減。對這些準爸爸來說，花兩千元能掌握撫養好自己寶貝兒子、女兒的知識很值得。

隨著參加培訓的準爸爸越來越多，郝基佑也積累了很多經驗，準爸爸培訓班越來越有特色。一個姓黃的準爸爸在培訓的最後一天，竟把自己八個月大的兒子帶到教室，向其他學員展示他學到的照顧嬰幼兒的知識，並向專家詢問有關知識。其他學員看到小傢伙的可愛模樣，都忍不住捏捏他的小腿。

後來，細心的郝基佑觀察到，很多學員都有抱自己的孩子來與他人交流的欲望。於是，他產生了一個絕妙的主意：在培訓的最後一天，讓所有的準爸爸都把自己的小孩帶過來，學員之間可以互相交流並免費向專家諮詢有關問題。

這個活動推出後，大受準爸爸們歡迎。每到培訓的最後一天，教室裡充滿了歡聲笑語。學員既可以與小孩玩，還可以向專家、其他準爸爸諮詢

養兒、育兒的經驗與良方。

當準爸爸培訓生意越做越紅後，郝基佑又租了另一個房間，增設培訓點。憑藉培訓準爸爸，他賺到了人生的第一桶金。

初為人父，如何照顧好孩子，相信大部分人都不知道。培訓準爸爸正是打父愛牌，教準爸爸照顧孩子的知識，愛心永遠是一筆財富。

另類父愛，週末爸爸開啟成功之門

身為老闆，有幾個人有空陪孩子、教孩子？沒有父親的管教，孩子的成長會不會受到影響呢？

大學畢業後第一次面試，趙態走進一家廣告公司的老闆辦公室。「你好，我叫趙態，從師範大學畢業。我的專業是幼教……」話還沒說完，老闆就打斷了他：「我這裡不是幼稚園。」趙態羞得滿臉通紅，履歷還沒遞上去，他掉頭就走。

「等等。」趙態的後腳跟即將跨出門時，老闆叫住了他，「你學的是幼教專業，應該對小孩心理很了解吧？」趙態愣了一下，說：「是的。」然後大談小孩的心理行為特點，接著把自己的履歷遞給老闆。老闆看完滿意點點頭，「你明天來上班吧。」竟然連趙態應徵什麼職位都不問。

老闆姓周，今年四十一歲，開廣告公司已經八年多，身家幾千萬。由於工作繁忙，周總和愛人很少有時間陪孩子。平日裡，兩個雙胞胎小孩和社會上的一些不良青年混在一起，打電子遊戲、賭博，還吸菸。

周總只好把他們關在家裡，這是無奈之舉，他的心裡永遠有一處疼痛。趙態到公司報到後，周總沒有安排他在公司工作，而是讓他帶他的兩個小孩，薪水是一萬七千五百元。「如果你做得好，我還會替你加薪水。」周總說。

「這是趙叔叔，以後你們要聽他的話。」周總把趙態介紹給兩個小孩之

讓錢自己長
你不是缺錢，只是沒種創業

後，就匆匆出去了。兩個小傢伙撇起嘴巴，給趙態白眼，根本不理睬。趙態徑直走到電腦旁，裝上遊戲軟體，自顧自玩起來。「叔叔，給我們玩一下好嗎？」兩兄弟態度來了個180度轉變，他們一個叫周豐，一個叫周富，今年十一歲，都是五年級，在同一個班。

遊戲只是個接近他們的幌子。第一天，趙態教周豐和周富游泳，之後，帶他們到一家西餐廳吃披薩。回家後，趙態讓他們寫日記。兩人在日記裡說：「今天是暑假裡玩得最開心的一天，趙叔叔還教我們學會了游泳。」晚上，兩人還高興和父親談起今天的樂事。這麼久了，孩子第一次主動和自己說話，周總很慶幸那天及時叫住了趙態。

看到趙態和孩子那麼投緣，周總把大部分當父親的職責都交給了他。為了方便趙態照顧孩子，周總花錢讓趙態學車，並專門從公司裡騰出一部豐田車給他使用。

每天，趙態都開車接送周豐和周富上學和回家。週末和節假日，趙態有時開車帶他們出去逛街。兩個小傢伙花起錢來讓趙態目瞪口呆。

一次，兩人在一家玩具店看上了一架航空模型，非要買下來。趙態一問價格嚇了一跳，四萬多元。他身上哪有這麼多錢？無奈之下，只好打電話給周總。二十多分鐘後，周總的司機開車送來了一萬元。

可航空模型才玩不到一個星期，兩人就膩了。四萬多元的航空模型很快被打入冷宮——他們的玩具屋，一個十多平方公尺的房間，裡面堆滿了他們玩膩了的各種高級玩具。這一屋子的玩具，趙態看得眼花撩亂。也難怪，他們平時被關在家，除了玩具，還有誰和他們做伴呢？

為了帶好小孩，趙態很認真安排兩兄弟的週末活動。週六早上，趙態教兄弟倆功課；下午，趙態帶兩人去參加體育鍛鍊。週日早上是玩樂時間，他們愛玩什麼，趙態都盡量滿足。下午趙態教他們寫作文，鍛鍊他們的寫作能力。

幾個月後，兩人的作文水準大大提高。一次，學校舉行作文大賽，周豐寫的作文得了一等獎，周富寫的得了三等獎。國文老師在課堂上表揚了

第三章 奇思妙想，好點子帶來好生意
另類父愛，週末爸爸開啟成功之門

他們，還對全班同學朗誦他們的作文。課後老師對他們說：「你們的爸爸真了不起，他那麼忙還帶你們遊覽了這麼多地方。」兄弟倆相視一笑。

回到家，一放下書包，兩個傢伙就迫不及待打電話告訴父親，「我們的作文獲獎了，老師表揚了我們，這全都是趙爸的功勞。」鬼精靈的周豐說。「趙爸？」電話裡的周總一下子糊塗了。「真笨！就是趙叔叔啊。」周豐說，電話裡立即傳來周總爽朗的笑聲。

沒想到兩個小傢伙竟真的把「趙爸」叫順口了，一見到趙態，就「趙爸」叫個不停，弄得趙態無比尷尬。

一次，趙態和周總愛人帶著兩個小傢伙上街買衣服。周豐挑自己喜歡的一件黃色上衣，問他母親：「媽媽，這件好看嗎？」周總愛人點點頭說：「好看！」周豐隨即轉頭對趙態說：「趙爸，我要買這件。」周圍的人莫不投來異樣的目光，趙態臉上火辣辣的。

一年過去了，在趙態的看管下，兩兄弟發生了很大的轉變，不僅學習成績名列前茅，而且還學會了拉小提琴、下國際象棋等多種本領。

周總的好友對周豐和周富的變化感到很驚訝。他們問周總：「你整天那麼忙，怎麼還能把小孩培養得那麼優秀呢？」周總開玩笑說：「我請了個『替身爸爸』！」然後，把趙態介紹給他們。

周總的朋友也大都是公司老闆，他們一直在為沒時間教育小孩而苦惱。聽了周總的介紹，他們都找到趙態說：「你順便也幫我帶帶小孩吧。」

細心的趙態看到了這裡面的商機：公司老闆都是整天忙碌，根本沒有時間陪小孩。他們又不敢擅自將小孩放出來，一則怕小孩學壞；二則擔心小孩的安全。趙態想開一家提供「替身爸爸」的服務公司，專門為有錢而又沒時間的老闆們看管孩子。

趙態的想法得到了周總的支持。周總出資幫趙態註冊了公司，並招了兩名幼教系畢業的大學生。憑藉周總的關係，趙態很快就攬到了業務，為十名小學生提供「替身爸爸」服務。

趙態很快就和這十名孩子混熟了，有趣的是，這十名孩子竟然和周豐、周富一樣，都喊趙態為趙爸。這些孩子從七歲到十歲不等，而且性格各異，管起來可不是件容易的事。

歐陽才今年十歲，正在上小學四年級，是某建築公司老闆的小孩。歐陽才是個有過動症的小孩，為了防止他到處亂跑，他的父親把他關在家裡長達一年之久。結果，他的過動症不但沒有改變，脾氣反而變得非常暴躁。

一個週六早上，趙態帶孩子們上興趣課。歐陽才不斷和同桌說話，趙態發現後說了他兩句，結果他拿起書本砸向趙態。教室裡鬧哄哄，根本沒法上課。

趙態對他頭痛不已。後來，趙態終於找到治療歐陽才過動症和脾氣暴躁的好方法。他讓歐陽才學習刺繡，一開始歐陽才說什麼也不願意學；但當趙態拿出一些繡著精美圖案的成品後，歐陽才被那些精美的圖案吸引了。最終他很認真學起了刺繡，這種穿針引線的慢工作，還真的慢慢把歐陽才的不良性格矯正過來。

帶孩子出去玩時，趙態不是盲目讓孩子隨便玩，而是在玩的過程中培養他們的動手能力和互助精神。

兒童節那天，趙態把孩子們帶到郊區農村，讓孩子們體驗農家樂。十個小孩像放飛的小鳥，一下車就直奔果園幫農民摘果子。中午，趙態讓孩子們自己動手做飯。這些平時衣來伸手、飯來張口的小皇帝竟勤快拿起鍋碗瓢盆忙碌起來。他們有的洗米，有的生火，有的洗菜，分工還很到位呢。一個小時後，飯菜做好了，雖然味道很差，但小傢伙竟吃得津津有味。晚上，趙態帶孩子們生火燒烤，10個小傢伙邊燒烤邊表演了精彩的節目。

第二天回校後，他們在日記中寫道，兒童節我們過得非常有意義，趙爸帶我們去農村玩得很開心……一天，趙態發現一個名叫盧全的小男孩眼圈紅紅的，好像受了什麼委屈。趙態問他：「全全，你怎麼了？誰欺負你了？」盧全抬起頭對趙態說：「趙爸，以後學校開家長會，你能替我爸爸

去參加嗎？」說完，竟然「哇」的一聲大哭起來。「全全不哭，快跟趙爸說說是怎麼回事？」趙態安慰道。

原來，盧全的爸爸媽媽都是生意人，經營一家國際貿易公司。夫妻倆經常到國外出差，很少在家，更不用說去參加孩子的家長會了。班上的同學從來沒看到盧全的爸爸媽媽來開家長會，便私下議論紛紛，都說盧全是個沒爸媽的孩子，罵他是野種。小小年紀的盧全怎麼受得了這樣的委屈？

聽了盧全的遭遇，趙態心裡很不是滋味，他安慰盧全說：「全全別哭了，趙爸答應下次和你去開家長會。」盧全這才擦乾眼淚，露出笑臉。

當趙態和盧全出現在家長會現場時，盧全拉著趙態的手，大聲親切喊趙態「爸爸」。同學們頓時投來驚訝的目光，盧全滿臉自豪。那一刻，趙態心弦一直顫動著，眼淚都快要滴下來了。

後來，趙態才發現，他所帶的孩子裡面，竟然大半的父母都沒去參加過孩子的家長會。孩子心裡的失落可想而知。為了維護孩子的面子，趙態只好充當每個孩子的爸爸去參加孩子的家長會，然後再把會議的內容傳達給家長。

由於趙態的細心周到，處處扮演著孩子們父親的角色。他所帶的孩子缺失的父愛得到了補償，他們過得很充實開心。孩子們的家長發現孩子的巨大變化後，都對趙態感激不已。他們把趙態介紹給商界的朋友。那些商界的朋友紛紛找到趙態，讓趙態充當他們孩子的替身爸爸。趙態的業務量快速增多，月收入已經突破了十萬元。

老闆每天都忙得不可開交，他們的孩子大都交給妻子照看。這樣的孩子容易與父親產生隔閡。替身爸爸周旋在父親和孩子之間，巧妙把父愛傳遞給孩子，替繁忙的老闆祛除了一塊心病，也為自己打開了一扇財富之門。

小小幸福袋裡的大財富

日常生活中，祝福語的使用頻率很高。「祝你一切順利」、「祝你幸福」、「祝你萬事如意」之類的祝福語經常掛在人們的嘴邊。然而有誰想到，一位細心的女孩無意中發現了此中的商機，她把這些日常生活中的祝福語物化為一個個小巧精美的幸福袋，大受人們的歡迎，自己也賺到了大筆財富。

大專畢業後，李秀葭南下工作。臨行前，母親把一個紅色的小布包塞到李秀葭的手上說：「女兒啊，這是我為妳縫製的幸福袋，妳把它掛在身上，就會帶給妳平安和幸福，娘才放心。」李秀葭聽從母親的話，把幸福袋掛在了身上，因為她知道，那袋裡裝著母親濃濃的牽掛。

很快，李秀葭在一家廣告公司當上了祕書。一個人在外，免不了有想家的時候。一天，李秀葭無意中翻出母親給她的那個幸福袋，家的溫暖頓時出現在她的腦海中。身處異地的她不由得感到難過。為了緩解對家的思念，李秀葭把這個小小的幸福袋重新掛在腰上。

下午上班時，同事何顏看到李秀葭腰上的幸福袋，好奇問：「李秀葭，這是什麼？」李秀葭告訴她，這是幸福袋。何顏讚歎道：「真好看！能幫我織一個嗎？」李秀葭小時候跟母親學過織幸福袋，看到何顏那麼喜歡，便同意答應為她織一個。第二天，何顏拿到幸福袋後高興得哼起了小曲。

後來，又陸續有好幾個同事要求李秀葭為她們做幸福袋。李秀葭想：「既然這麼多人喜歡幸福袋，我為什麼不織一些來賣呢？」李秀葭於是買來幾塊彩色布料，利用業餘時間織了幾十個幸福袋。接著，李秀葭找到一家禮品店，讓對方代銷。對方爽快答應了。令李秀葭感到意外的是，這些幸福袋還挺暢銷，僅一個星期，幾十個幸福袋就全賣完了。只是由於代銷商提出的條件很苛刻，李秀葭僅賺了四百多元。

後來，李秀葭所在的公司破產了，她只好每天到人力銀行找工作，可兩個星期過去了還沒找到。此時，代銷商又催李秀葭快點織幸福袋。一直

第三章 奇思妙想，好點子帶來好生意
小小幸福袋裡的大財富

想做一番事業的李秀葭決定自己創業，賣幸福袋。

她到布料批發市場批發回五顏六色的布，買來剪刀、迷你縫紉機等設備，每天在租屋裡縫製幸福袋。一天忙碌下來，李秀葭能縫製三十個左右的幸福袋。每個幸福袋，她以四十元的價格給代銷商代銷，除去成本，每個幸福袋李秀葭大約賺三十元。為了擴大銷路，李秀葭又發展了兩家代銷商，每天忙得不可開交。一個月下來她竟賺了一萬五千多。

有了一定積蓄後李秀葭以四千元的月租金租了一個店面，專賣幸福袋。母親知道李秀葭的決定後，不遠千里從黑龍江趕來幫忙。店開起來後，生意挺不錯，第一個月，李秀葭就賺了兩萬多元。可從第二個月開始，生意就慢慢下滑了。第三個月，李秀葭才賺了一萬多元。李秀葭不明白問題到底出在哪裡。

一天，一位顧客在店裡轉了半個鐘頭，仔細看了多個幸福袋，可最終一個都沒買。李秀葭好奇問他：「這麼多款式的幸福袋，沒有一個是你喜歡的嗎？」顧客說：「這些幸福袋的外觀很漂亮，我很喜歡。我是買來送給朋友的，我朋友下週生日，我想祝福他事業有成。可這些幸福袋都統一標上了幸福袋，沒有祝福語，不知道送給朋友合不合適。」

顧客的一席話使李秀葭恍然大悟，她決定對幸福袋進行改良。

李秀葭在每個幸福袋的背面繡上不同的祝福語，比如：「生活愉快」、「事業有成」、「大展宏圖」、「早生貴子」、「生日快樂」、「身體健康」等。接著，李秀葭把這些幸福袋按親情、友情、愛情，生活、事業等不同的類別在店裡擺好，做到顧客一進門即可一目了然。接著，李秀葭印刷了一疊傳單，請人在街上散發。生意很快就上來了。

一對青年情侶來到李秀葭的店裡，買了兩個一模一樣的幸福袋，該袋的背面繡的是「我們的愛永遠不變」。女的告訴李秀葭：「我愛人後天就要離開這裡到外地工作了，我們都深愛著對方，他走後，我會很想念他，他也會很想念我。因此我們買兩個一樣的幸福袋，每天看到袋子就彷彿看到對方，這樣可以緩解我們思念之苦。」男的點點頭，付錢後，他們當場就讓

讓錢自己長
你不是缺錢，只是沒種創業

李秀葭拿來別針，把幸福袋別到他們的衣服上。後來，他們還介紹了不少人來買幸福袋。

還有一位張小姐因為幸福袋收穫了愛情。張小姐有一位家境非常優越的好朋友王先生。王先生生日，他邀請了許多好友參加他的生日晚會，張小姐也被邀請參加。在選擇生日禮物時，張小姐費盡了腦筋，不知道選什麼禮物好。

一次偶然的機會，她經過李秀葭的店時被店裡琳瑯滿目的幸福袋吸引了，於是買了一個繡有「幸福美滿」的幸福袋作為生日禮物送給王先生。當天晚上，王先生收到了許多昂貴的生日禮物，然而，給他印象最深的卻是張小姐送的幸福袋。他不由得關注起張小姐來，後來，隨著交往的深入，兩人確定了戀愛關係。王先生告訴張小姐：「要不是妳送的那件特殊禮物，妳還真的不會引起我的注意呢。」為此，張小姐特意找到李秀葭表示感謝。

李秀葭對幸福袋做的這個小小的改進，使得幸福袋大受歡迎，生意也日益興隆，月收入達到了三萬元。

一日，李秀葭經過一家飾品店時，被店內陳列的香囊吸引住了。這些香囊只有糖果般大小，裡面裹著一些植物的葉子，不斷散發出淡淡的迷人的芳香。店主告訴李秀葭，這些香囊都是天然香味，沒有經過任何化學加工的。令李秀葭感到驚訝的是，這些小小的香囊竟然十五元錢一個，而且購買的人還絡繹不絕。

既然香囊那麼好賣，假如我把它裝入幸福袋，不是更受歡迎嗎？李秀葭想。李秀葭與店主商談，店主同意以批發價賣給她一些香囊。香囊買回來後，李秀葭把它們一個個裝入幸福袋中，裝滿各種祝福的幸福袋，頓時也成了香囊。

這些香囊幸福袋特別受女孩的歡迎，她們紛紛前來購買。在銀行工作的劉小姐在李秀葭的店裡一下子就購買了十個香囊幸福袋。她告訴李秀葭：「這些香囊幸福袋又吉祥又芬芳，我很喜歡。十個香囊中，一個是送給男朋友的，其他都是送給好友的。」

第三章　奇思妙想，好點子帶來好生意
小小幸福袋裡的大財富

一對年輕夫婦漫無目的走進李秀葭的店中，男的不耐煩催女的說：「走吧，幸福袋有什麼好看的，你想聽祝福的話語，我天天說給你聽就是了。」女的撒嬌說：「急什麼嘛！我們結婚兩年多了，你不是想要個孩子嗎？買個香囊幸福袋回去，就算是圖個吉利吧。」男的沒辦法，只好答應了。

幾個月後，年輕夫婦興沖沖找到李秀葭，連聲道謝。原來，他們買了個繡有「早生貴子」的香囊幸福袋回去後，女的竟然真的懷孕了。男的很高興：「沒想到一個小小的幸福袋還真帶給我們好運。」說完，他又在李秀葭的店裡購買了幾個繡有「闔家幸福」的香囊幸福袋。

香囊幸福袋經過顧客的口耳相傳，知名度越來越高，顧客也越來越多，李秀葭的月收入又增加了不少。

幸福袋上繡的是祝福語，李秀葭怎麼也想不到，它還會和性感聯繫到一起。

李秀葭的一名老顧客，在外商工作的盧小姐帶著十多名女同事來到李秀葭的店裡，向她們介紹說：「就是這裡。」李秀葭正納悶兒，她帶這麼多人來這裡做什麼呢？盧小姐的同事就高興挑選起幸福袋了。

盧小姐告訴李秀葭：「前幾天，我在這裡買了一個繡有『生日快樂』的香囊幸福袋，送給過生日的同事齊柳美。齊柳美很喜歡，把它掛在腰上。其他同事都說很性感。齊柳美的男朋友看到後也讚歎說，很性感。於是其他女同事都纏著我，硬要我帶她們來買香囊幸福袋。」

原來如此，只是李秀葭還是有點不明白，以前，這麼多女孩買香囊幸福袋，為什麼沒人說性感呢？盧小姐選了一個紅色的香囊幸福袋示範給李秀葭看。原來，盧小姐選的是扁長形的紅色香囊幸福袋，這個幸福袋盧小姐不是像別人那樣掛在腰上，而是用腰帶裹住，纏在腰上，白嫩的肌膚襯著紅色的幸福袋，看起來確實很性感。

美麗性感是多少女孩心中的夢想啊！幸福袋能夠突出女孩的性感，如果加以宣傳必定大受女孩的青睞。

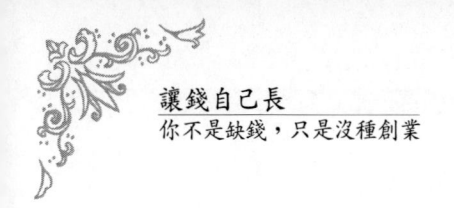

讓錢自己長
你不是缺錢，只是沒種創業

李秀葭找到廣告公司，印刷了一批宣傳畫，畫面的圖片就是女孩帶著紅色幸福袋的性感照片。李秀葭把這些精美的宣傳畫掛在店裡的顯著位置，顧客在門口就可以看到。為了更加突出幸福袋的性感，李秀葭還特意設計縫製了好幾款紅色的幸福袋，並且在店裡列出一個專櫃，專賣性感幸福袋。

性感幸福袋一推出就大受歡迎，李秀葭小小的店裡擠滿了來買性感幸福袋的顧客。在中學任教的趙先生慕名來李秀葭的店裡買了兩個繡有「愛你到海枯石爛」的性感幸福袋。他有點羞澀告訴李秀葭：「每年女朋友生日，我送給她的禮物她都說太普通了，一點神祕浪漫感都沒有。下週一就是她的生日，我從朋友那裡聽說性感幸福袋才特意來的，但願這性感幸福袋她能喜歡。」

兩週後，趙先生打來電話說：「我女朋友很滿意這份生日禮物，生日晚會上，她的朋友都說我懂得浪漫。以後，我會給介紹朋友去你那裡買幸福袋的。」聽了趙先生的講述，李秀葭也由衷替他感到高興。

一個女孩面帶愁容走進李秀葭的店裡，心不在焉拿起幸福袋看了看又放下，還不時歎氣。李秀葭忍不住問她有什麼心事。女孩告訴李秀葭，因為她的相貌平平，沒有男孩子看上她。

可李秀葭仔細觀察了女孩後發現，女孩其實長得不錯，只是由於不懂得打扮，才顯得她不出眾。李秀葭於是教她一些打扮技巧，然後送給她一個性感幸福袋，女孩才將信將疑離去。

幾個星期後，女孩牽著一名男子的手來到店裡，向李秀葭表示感謝。原來，聽了李秀葭的一番話，女孩回去後認真打扮自己，並把李秀葭送的紅色幸福袋別在外面。她頓時像變了個人似的，引來了許多男孩的目光。不久，愛神竟真的光顧她了。

李秀葭的幸福袋生意在連續紅了一年多後，終於第一次出現了小幅度的下滑。任何事物都有低潮的時候，生意偶爾下滑本來是很正常的現象。然而，一心想不斷挑戰成功的李秀葭卻為此事而大傷腦筋，她思考著，如

第三章　奇思妙想，好點子帶來好生意
小小幸福袋裡的大財富

何把幸福袋的生意再推向又一個高潮。

一名顧客逛了李秀葭的店後搖搖頭，一個幸福袋都沒買就走了。第二天，該顧客拿來布錢包，問李秀葭：「你能在我的錢包上繡『前程似錦』幾個字嗎？」看到李秀葭疑惑的眼神，該顧客解釋說：「我覺得你的幸福袋太花哨了，一點實用價值都沒有。因此，我才讓你幫我在錢包上繡字，我想把這個錢包送給做生意的好友，祝他事業有成。你放心，我會給你勞動費的。」

李秀葭這才答應了對方的請求。後來李秀葭想，那名顧客的話不無道理。自己賣的幸福袋確實沒有什麼實用價值。母親建議說：「咱們如果把幸福袋做成錢包或者手提袋，不就具有實用性了嗎？」

李秀葭認可了母親的建議，忙了好幾天，她帶領工人趕製了一批錢包幸福袋、手提包幸福袋，這些幸福袋除了具有普通錢包的功能，還繡有吉利的祝福語。為了做到多樣化，滿足不同顧客的需求，李秀葭做的這些幸福袋，有的可以直接裝在口袋裡，有的則直接掛在胸前。

這些具有實用價值的幸福袋一推出就很受歡迎。在工廠打工的李小姐一下子就買了錢包幸福袋和手提包幸福袋各兩個送給朋友。她說：「幸福袋既可以把我的祝福送給對方，又能當錢包、手提包，真的很划算。對我們打工妹來說，可以節省一些費用。」

一天，一名企業的公關經理歐先生找到李秀葭，要她為他們公司縫製一批繡有「生意興隆」、「財源廣進」、「馬到成功」等與事業有關的可以裝公文的幸福袋。歐先生說：「我們公司最近要採購一批禮物送給顧客。我思考了很久，一直想不出該送什麼禮物好，好的禮物以往都送過了，這次再送就沒有什麼意義了。我從朋友那裡聽說了你的幸福袋，覺得很有新意，這些幸福袋上的祝福足以表達出我們公司對客戶的衷心祝福。」

李秀葭爽快答應了下來。幾天後，這些幸福袋就趕製出來了。歐先生非常滿意，當場就把貨款結清了。

歐先生把這些公文幸福袋送出去後，無意中為李秀葭做了一次免費宣

傳。其他的生意人看到這些既實用又帶有祝福的幸福袋很滿意，他們紛紛找到李秀葭，要求她為自己公司也縫製這樣的幸福袋。

李秀葭於是又找了一批工人，專門做企業用的幸福袋，這些幸福袋有會議用的幸福袋、禮品幸福袋、節日幸福袋等。這些繡有美好祝福的幸福袋很受各個公司的歡迎，李秀葭又狠狠賺了一筆。

祝福的言語可以說是日常生活中使用頻率最高的話，但人們大都把祝福掛在嘴邊。幸福袋卻一改傳統，把祝福別在身上，成功往往就是突破傳統的過程。

心願叢林：每一個心願都是一筆財富

種樹是再平常不過的事了，然而有眼光的人卻能從中發現商機。有一名女孩在遠離市區的荒野上租了一塊空地，做種植心願樹的生意。只要你花一千元，即可種下一棵樹，然後許一個心願。業務推出後，來種心願樹的人絡繹不絕，女孩實現了自己的財富夢。

符小霞在一家貿易公司當文書。八月二十五日是她的生日，還沒有男朋友的她只好回到農村的老家，和家人一起度過生日。上午，母親像往常一樣，煮了兩顆雞蛋給她。下午兩點多，她正睡得迷迷糊糊，父親就把她喊起來說：「別再睡懶覺了！起來到後院種植一棵樹，然後許個心願吧。」

過生日時，種一棵樹許一個心願，是他們家的習俗。自懂事起，父親就告訴她：「只要妳種下一棵樹再許個心願，妳的心願就會像那棵樹一樣不斷長大，變成現實。」因此，從小到大每次過生日，她都會親手種下一棵心願樹。

今年也不例外，她到後院種下了一棵相思樹，然後許了一個心願：早日找到心中的白馬王子。

後來，在好友阿瑩的生日晚會上，符小霞認識了北部的黎剛元。高大帥氣的黎剛元一下子就打動了她的心，黎剛元對美麗聰穎的符小霞也頗有好感。透過一段時間的交往後，兩人終於走到了一起。

第三章 奇思妙想，好點子帶來好生意
小小幸福袋裡的大財富

符小霞希望自己的男朋友是個有事業心的人，為此她多次對他說：「我們應該擁有自己的事業。」黎剛元明白她的意思，可是社會競爭是如此的激烈，創業不是一件容易的事！

符小霞所在的公司帶員工到野外植樹。員工的興致很高，在植樹現場大家很勤快。符小霞觸景生情，往年過生日種植心願樹的情景，一幕幕出現在她的腦海裡。她突然冒出一個想法：把種植心願樹作為自己的事業，即租一塊荒地，人們可以花錢來此種一棵樹，然後許個心願。

她把自己的想法告訴了黎剛元。黎剛元猶豫說：「妳的想法聽起來不錯，就是不知道人家買不買妳的帳。」經過商量，符小霞決定出來創業，黎剛元則繼續工作。

父親知道她的想法後，反對說：「妳不好好工作，胡思亂想什麼呢？種植心願樹能做出什麼名堂？」母親也勸她不要盲目行事。

可符小霞還是固執己見，辭職後，她到郊區轉了一圈，想找適合種樹的空地。可她找了一個星期都沒找到，郊區周圍的空地人家都是買來蓋房子，沒有人願意租給她，符小霞像洩了氣的皮球，沮喪不已。

然而，好強的符小霞不甘心還沒開始就失敗。在郊區實在找不到合適的荒地後，她把目光轉向更遠的地區。在離市區十多公里遠的鎮，有一戶人家願意把一塊五畝左右的荒地租給她。

經過討價還價，雙方簽訂了協議。對方以每年一萬五千元的租金，把這塊荒地租給符小霞，租期為二十年，租金按年支付。接著，符小霞花了五千多元，找人把荒地上的雜草除淨，再用柵欄圍起來。在圍欄的門口，她還掛了一塊大木牌，上面寫著：心願叢林。

租下場地後，符小霞製作了一疊精美的傳單，雇人散發，還在報紙上做了個小廣告。很快，她的電話就響個不停，諮詢種植心願樹的人很多。

可是，當聽說種樹的地點離市區有十多公里後，很多人都搖搖頭走開了。一個多月過去了，只有極少數人開車過去種了幾棵樹。符小霞意識

到,要想做出成績,首先必須得解決交通問題。

她大膽做出一個決定,包一輛公車,去種心願樹的人可以免費乘坐。此舉果然見效,早已厭倦了鋼筋叢林的都市人,都想到野外放鬆一下,種一棵樹許個願。符小霞包車解決了交通問題後,報名的人驟然增多。兒童節這天,幾十個家長帶著孩子到心願叢林種樹。每種一棵樹苗,符小霞收費一千元,樹屬於買樹者擁有,場地租期滿後,樹的主人可隨意處置。那天,符小霞就賺了幾萬元。

在觀察人們種心願樹的過程中,符小霞發現絕大多數的人種樹的目的不是為了擁有這棵樹,而是為尋求一種樂趣,當作一種休閒放鬆的方式。一個家長說:「這次帶孩子出來種樹,除了讓他許個心願外,還想讓他吃點苦。同時,種樹也有利於保護環境。」

一名年輕的女孩帶著她的心上人來種樹。她說,她和心愛的人一起種下了一棵樹並許了共同的願望:兩人白頭偕老,愛情永遠不會枯萎。

由於心願叢林集休閒、娛樂、健身、浪漫為一體,很快受到人們的追捧,其中又以年輕人居多。

十月,一群年輕人趁著國慶日到心願叢林種樹。一個名叫大偉的男孩,種下了一棵相思樹苗,還在樹苗上掛了一個密封的小鐵盒。符小霞好奇問他:「你在樹上掛這個鐵盒幹嘛?」

大偉說:「這個鐵盒裡裝著我對一位女孩的愛,我把它掛在樹上,我對她的愛就會隨著樹的生長而不斷增加。」在場的人都被他的浪漫舉動感動了,許多人也效仿他,寫下自己的心願,用盒子裝起來,掛到樹上。

可是,他們使用的盒子外觀很醜,有些甚至是用紙做成的,一點也不牢固,遇到下雨天肯定會漏水。符小霞於是找到一家塑膠廠,訂做了一千多個小塑膠盒,賣給追求浪漫的年輕人。後來,她還在心願叢林門口開了個小賣部,賣飲料、太陽帽等雜貨。這些附加服務,為她增加了一筆不小的收入。

第三章　奇思妙想，好點子帶來好生意
小小幸福袋裡的大財富

　　半年過去了，符小霞的心願叢林裡，大部分都種上了各種各樣的「心願樹」。看著這些蔥翠、給自己帶來財富的樹，符小霞感到無比自豪。父親也認可了她的選擇。

　　一天，一個女孩來到心願叢林後，問符小霞：「今天是我的生日，我想種一棵生日樹，應該在哪裡種呢？」符小霞說：「哪裡都可以，妳隨便種吧。」女孩不滿嘀咕說：「怎麼能隨便種呢？應該劃出一塊地專門種生日樹，這樣隨便種太亂了。」

　　說者無意，聽者有心。符小霞覺得女孩的話很有道理，決定好好規劃一下心願叢林。她把剩下的空地劃成四塊，分成四大類，分別是生日、親情、友情、愛情。凡是想在生日的時候，給自己或他人許願的，可以到生日心願叢林種樹並許願，其他依此類推。

　　符小霞的不斷創新使她的心願叢林名氣大噪。來種植心願樹的人日益增多。隔年六月的時候，她租來的空地已經種滿了心願樹，她也很輕鬆賺了幾萬元。讓她感到意外的是，人們對種植心願樹的興趣竟是如此高，那塊空地種滿樹後，還有許多人打來電話，強烈要求符小霞帶他們去種植心願樹。符小霞決定再找一塊空地，開展種植心願樹業務。

　　七月，她租到了一塊八畝的空地，除完雜草圍起柵欄後，她的心願樹生意又開張了。但與上次不同的是，這次她提供給人們種植的樹是各種各樣的果樹。她的想法是，突出實用性。這些果樹都是嫁接的，樹苗種植下兩三年後即可結果。到時候，樹的主人可以來採摘果實，享受鄉村的樂趣。業務推出後很受人們的歡迎，來種植心願樹的人絡繹不絕。

　　然而，意外卻出現了。九月，一名顧客打來電話責怪符小霞說：「我種下的心願樹怎麼枯萎了？」原來，第一片心願叢林種完後，符小霞根本沒時間去照看。叢林裡的樹因為沒人澆水開始枯萎了。

　　這個問題該怎麼解決呢？自己根本抽不出時間去澆水，雇人成本又太高，符小霞為難了。幾天後，她想出了一個好辦法：每隔一段時間就請樹的主人去澆水。去野外為樹澆水既是一種樂趣，又能鍛鍊身體，放鬆精

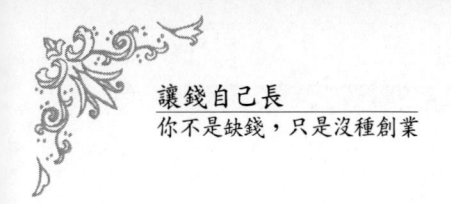

神，很多人都樂意前往。實在去不了，符小霞才代勞。

　　爲了迅速擴大心願叢林的業務，符小霞又接連在遠離城市的野外租了八塊空地，種上了數以萬計的心願樹。這些承載著各種各樣心願的樹給她帶來了滾滾財源，實現了她的房車夢。每個人都有心願，但符小霞卻把心願變成了財富。她給我們的啟示是，要注意把具體的事物和人們的感情、思想聯繫，用具體事物來實現人們的情感渴望。

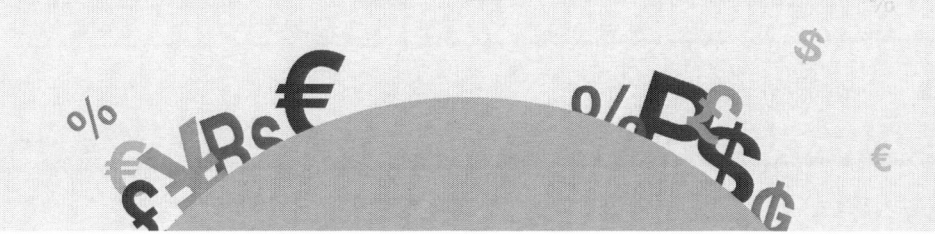

第四章
發揮自身優勢,特殊技藝成攬金高手

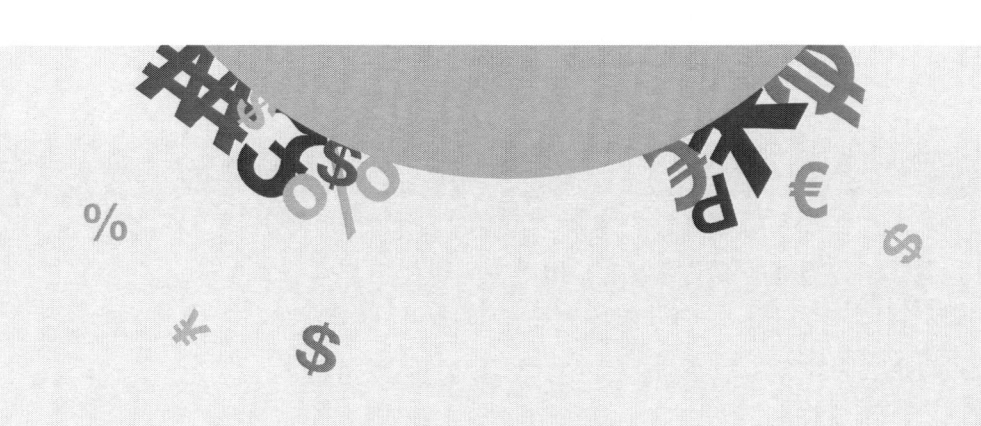

每個人都有優點，每個人都有自己的愛好，有的人把自己的愛好發揮到極致，成了特長。有特長的人千萬要記住，只要你善於思考，勇於行動，它就能帶來成功。

翻譯族譜，故紙堆裡翻出的成功

絕大多數的家庭都有族譜，可族譜都是用晦澀的古文記錄，很少有人能完全讀懂。一次偶然的機會，一個女孩發現了裡面的市場，做起了翻譯族譜的生意。

柯思芊大學畢業後聽從父親的勸說，到一所學校當國文老師。然而，喜歡挑戰自我的她才教了半年多的書就厭倦了，不久就遞交了辭呈。

從學校出來後，她才感覺到競爭的殘酷。履歷投了上百份，卻沒有一個回音。三個月過去了，她的工作依然沒有著落。眼看口袋中的錢越來越少，她第一次感到心慌。即便如此，她仍然很興奮，因為這是她自己的選擇，因為她很「自由」。

她接到好友馮雲妹的電話，請她幫忙把族譜翻譯成白話文。馮雲妹和她同一所大學畢業，她學化學，柯思芊學中文。

柯思芊仔細研究了馮雲妹的族譜後，才後悔當初在大學沒有把古文學好，她只看懂了一部分。一些非常晦澀的地方，她絞盡腦汁也沒法理解。

看到柯思芊眉頭緊鎖的樣子，馮雲妹哀求道：「拜託了！妳一定要幫我翻譯，我們家準備根據族譜製作祖先的牌位，可沒人看得懂族譜上的內容，牌位就沒法做。」柯思芊面露難色地說：「我只看懂了一部分，不過我可以讓我們的古文老師幫忙。」馮雲妹感激得連聲道謝。

柯思芊把族譜中自己不懂的語句寄給了教古文的張教授。很快，張教授把那些晦澀的語句翻譯好寄回來。柯思芊終於把族譜完整翻譯成白話文，交給了馮雲妹。馮雲妹慷慨請她到大吃了一頓，感謝說：「這些古董東

第四章 發揮自身優勢，特殊技藝成攬金高手
翻譯族譜，故紙堆裡翻出的成功

西並不是人人都能看得懂的，多虧妳幫忙！」

細心的柯思芊想，大多數家庭都有族譜，子孫後代都想了解家族的歷史，緬懷祖先。可是正如馮雲妹所說，族譜是用古文寫成，沒幾個人能看得懂，因此翻譯族譜大有市場。

幾番考慮後，柯思芊不再找工作，決定把翻譯族譜作為自己的事業。

她用A4紙列印了幾百張廣告。天黑後她到各個住宅社區閒晃，趁沒人時貼廣告。從晚上八點忙到深夜十二點左右，她才把幾百張廣告單貼完。回來的路上漆黑一片，她的心撲通撲通跳個不停，害怕到了極點。

第二天九點多，她還沒睜開眼，手機就響了：「妳好，請問翻譯一份族譜要多少錢？」這個問題，柯思芊竟沒有考慮過。她隨口報了個價：五百元。對方沒有殺價，請她過來拿族譜。

第一筆生意就這麼簡單開張了。柯思芊先把看得懂的句子翻譯成白話文，剩下的交給張教授。拿到酬勞後，她把一半匯給張教授並告訴他：自己在做翻譯族譜的生意，以後不懂的地方請他幫忙，她付給他酬勞，張教授答應了。

柯思芊的目光瞄得很準。幾乎每個家庭都藏有祖先留下來的族譜，但是大多數人都只是把族譜當古董般珍藏著，少有人知道上面具體記載的是什麼。柯思芊的廣告貼出後，找她翻譯族譜的人接連不斷。那個月她做成了八十多筆生意，除去給張教授的酬勞，她賺了一萬五千多元。

她接到一名姓李的男子的電話。李先生問她：「我們家族準備續寫族譜，妳能不能把白話文翻譯成古文？」柯思芊覺得很逗，別人都找她把族譜上的古文翻譯成現代文，李先生卻逆而行之。但是李先生自有道理：「我們準備修族譜，把家族目前的情況寫進族譜裡。族譜本來是古文寫成的，我們如果用白話文來續寫，豈不是狗尾續貂？」

柯思芊答應了李先生的要求，把他們家族目前的情況先用現代漢語寫下來，再翻譯成古文。為了謹慎起見，她還把自己的翻譯發電子郵件給張

讓錢自己長
你不是缺錢，只是沒種創業

教授，讓張教授審閱、修改。

李先生拿到翻譯好的族譜後非常滿意，還多付給柯思芊一百五十元的酬勞。後來，又陸續有幾個人找柯思芊把他們家族現況用古文寫進族譜裡。柯思芊意識到這也是個不小的市場。

於是，她在報紙上做了個續寫族譜的小廣告。廣告刊登出來後，找她續寫族譜的人還挺多，一天她就接了八筆生意，賺了近千元。

柯思芊與在外商當翻譯的男友阿志戀愛。阿志建議她說：「如果妳想把翻譯族譜的生意擴大，必須把業務範圍拓展。乾脆這樣吧，妳推出把族譜翻譯成英語的服務，只要妳接到業務，我負責把族譜翻譯成英文。」

柯思芊說：「你以為這裡是美國還是英國？人家錢多到沒處花才會想到把族譜翻譯成英文。」

阿志解釋說：「這可不一定，說不定他們有後代生活在海外呢？誰能保證以後他們在海外的後代不回來認祖呢？」

聽了男友的解釋，柯思芊決定嘗試一下。她在廣告中，加入了把族譜翻譯成英文的服務。

男友的眼光不錯，找她把族譜翻譯成英文的人還不少。一位姓王的老先生說：「民國初年，我們王姓家族有不少人流浪到英、美、加拿大等國。子孫如今已成了他國國民，許多人還聯繫上我們，想回來認祖。有了英文族譜，他們對自己的祖先就會一目瞭然。」

有些人則純粹是為了趕潮流，而把族譜翻譯成英語。這樣，這項業務又為柯思芊打開了一條財路，她的收入又增加了不少。

在翻譯族譜的過程中，柯思芊發現大多數族譜都很舊，字跡不大清楚，發黃的紙張也起毛，輕輕拍打還有不少灰塵灑落。更有一些族譜，由於主人保管不妥而破損、殘缺。柯思芊想，如果把族譜裝裱起來，保管將更加美觀、安全。

之前柯思芊結識了從事書畫裝裱、舊相片翻新的張偉峰。柯思芊把自

第四章 發揮自身優勢，特殊技藝成攬金高手
翻譯族譜，故紙堆裡翻出的成功

己的想法告訴他，張偉峰裝裱了幾份族譜樣品，竟引來許多人的讚歎。於是，柯思芊與張偉峰商定，由她為張偉峰介紹族譜翻新裝裱業務。每做成一筆業務，她得到四成利潤。

在翻譯了多種族譜後，柯思芊還驚奇發現，族譜裡面記載著許多趣事。慢慢她喜歡上了族譜，每次幫人家翻譯完族譜後，她都說服對方讓自己影印一份留念，她已收集了幾百份各種各樣的族譜影本。

她把這些族譜影本和翻譯件像裝裱字畫那樣裝裱，掛在房間裡。一有空，她就慢慢欣賞、閱讀每一份族譜，感悟古人的智慧。

後來，許多人慕名而來。有的想透過查閱族譜，找尋自己的遠祖；有的想透過族譜了解歷史事件和時代變遷的軌跡。

一天，一名女孩多方打聽找到柯思芊，說：「能讓我看看吳姓的族譜嗎？」原來女孩姓張，不久前她結交了一名姓吳的男友。她是個很浪漫的女孩，非常相信兩個之間的緣分。這次找到柯思芊，目的就是查閱吳姓族譜，看看自己和男友是否有前世姻緣。

柯思芊租了一套房子，簡單裝修後，把自己收藏的族譜的翻譯件全都在裡面展出，供人們觀看、查閱。在房間門口，她掛了個字牌：前世姻緣查閱室。

查閱室開放後，立即引來了一大批青年男女前來查詢。一對情侶專門趕來查詢兩人之間的前世姻緣。女的說：「我們小時候曾上同一所幼稚園，後來他搬家了，我們二十多年沒有見面。去年，我去旅遊時和他同車，透過聊天才知道我們小時候上同一所幼稚園。我們之間好像是命中註定。」

前世姻緣查閱業務滿足了年輕情侶追求浪漫的需求，因此，每天來查閱的人絡繹不絕，生意非常好。

從這些故紙堆裡，柯思芊淘到了第一桶金。好的古董價值連城，族譜雖然不如其他古董那麼值錢，但它也有價值，只要能好好利用。柯思芊的成功給我們的啟示是，只要眼光獨到，廢物也是一筆財富。

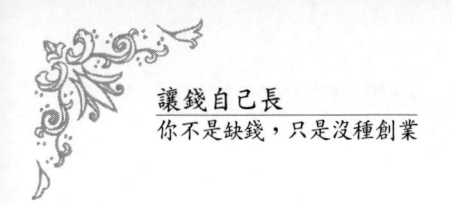

讓錢自己長
你不是缺錢，只是沒種創業

為高樓大樓「戴綠帽」，農大學生勇闖財富路

賣花的張翔龍是個不安分的人。一天他突發奇想，在樓頂上種花。別人都笑他是白癡，他卻迎難而上，毅然做起了樓頂種花的生意。經過不懈的努力，樓頂種花的生意做得很好，賺到了人生的第一桶金，實現了自己的財富夢。

張翔龍從農業大學畢業後，到一家飯店當祕書。不久他辭掉工作，拿出一萬多元積蓄租了個攤位賣盆栽。

每天他守在花攤旁，為花施施肥、澆澆水，與客人討價還價，忙得不亦樂乎。平均下來，每個月能賺到一萬多元。錢不算多，但張翔龍感到很滿足。看著朝氣蓬勃的朵朵鮮花，嗅著淡淡花香，張翔龍的心情燦爛得像初升的太陽。

張翔龍交了個在政府機關上班的女友。女友家裡有「關係」，她希望張翔龍到她們機關做後勤。張翔龍不同意，他覺得做後勤工作不外乎是打雜，沒什麼意思。為此女友奚落他說：「難道你就這樣守著這個花攤一輩子嗎？你這樣賣花能賣出什麼名堂呢？」

女友的話不無道理，經營這個小花攤應付一下生活還可以，要做大確實很難。說不定哪天生意不好，自己會失業呢。可張翔龍又不想丟掉這些惹人憐愛的花。花攤的生意怎樣才能拓展呢？張翔龍常常思考。

一天，張翔龍在報紙上看到一則新聞，政府將提高環保預算，張翔龍隱約意識到環保產業大有商機。

一天早上，一位顧客一下子就向張翔龍購買了兩百多盆花，張翔龍賺了一千五百多元。這是自賣花以來，張翔龍最大的一筆生意。張翔龍心裡很高興，但同時又很奇怪，這位顧客買那麼多花做什麼？

忍不住好奇，張翔龍問了顧客這個問題。顧客告訴張翔龍：「我買回去

第四章 發揮自身優勢，特殊技藝成攬金高手
為高樓大樓「戴綠帽」，農大學生勇闖財富路

種在我家的樓頂上。」「把花種到樓頂上？」張翔龍很驚奇。顧客說：「是啊，在樓頂上種花可以使空氣清新，還有隔熱的作用呢。」

送走顧客後，張翔龍沉思，城市每天都在蓋大樓，綠化速度根本跟不上。在樓頂種花，確實可以有隔熱和綠化、美化作用。對，在樓頂種花，這裡面肯定有市場，這是個絕佳的商機。張翔龍找到了自己的事業方向。

張翔龍把花攤交給賦閒在家的嬸嬸看管，開始準備起樓頂種花的事業。可是初期，張翔龍屢屢碰壁，人家一聽說在樓頂上種花，都用異樣的眼光看他。

兩個星期過去了，張翔龍竟然沒有一點收穫。此時，張翔龍花攤的生意也急遽下滑。原本一天能賺四百元左右的花攤，現每天只賺一百多元。張翔龍檢查後發現，原來嬸嬸每天澆大量的水，導致花根腐爛，花當然也蔫了，誰還願意買這樣的花？

女友以前偶爾來幫忙打理花攤，懂得照顧花，張翔龍想讓女友抽空來幫忙。沒想到女友斷然拒絕，她說：「你現在已經知道樓頂種花行不通，就應該收手做正經事，不要再亂來。」

女友不僅沒有安慰他，反而以極其陌生的眼光看著他，最終頭也不回走了，事業和愛情的挫折使張翔龍沮喪到了極點。

又是兩個星期過去了，張翔龍還是沒有任何收穫。由於整日操勞，他瘦了許多，看到鏡子中那張憔悴蒼白的面孔，張翔龍不敢相信那個人就是自己。張翔龍是個要強好勝的人，他不甘失敗，尤其不甘心以失敗的姿態來面對前女友，他決定勇敢面對困難。他把花攤承包給別人經營，自己繼續外出聯繫樓頂種花的業務。

一天，張翔龍在報紙上看到一位市民投訴說，他購買了某房地產頂樓的房子。裝修完住進去之後才發現樓頂沒有隔熱層，每天太陽一出來，家裡像烤箱似的非常熱。職業敏感使張翔龍意識到，這是個好機會。

他打電話到報社，問清了該市民的住址，然後上門推銷業務。當他

讓錢自己長
你不是缺錢，只是沒種創業

來到李先生家時，李先生正為此事滿臉愁容。原來，李先生和開發商交涉後，開發商賠償了李先生一筆錢，讓他自己解決這個問題。李先生覺得找人來施工太麻煩了，而且價錢也高。

張翔龍對李先生說：「你乾脆在樓頂上種花吧，既可以很好隔熱，還可以使空氣變得清新，價格也不貴。」李先生覺得張翔龍說得很有道理，當即決定讓張翔龍為他在樓頂上種花。

把花種到樓頂與種在室內不同。室內種花沒有風吹雨打，什麼花都可以種。而樓頂種花只有那些生命力強的花才容易存活。為此，張翔龍選擇了價格相對較低、生命力卻很強的七里香、野菊花、向日葵等。忙了兩天，張翔龍終於把幾百盆不同的花種到了樓頂上。當太陽火辣辣烤著大樓時，李先生家裡像開著空調般涼爽。李先生很爽快付給張翔龍一萬兩千五百元的花錢和工錢。「你幫我解決了大難題，要是找施工蓋加隔熱層不知要花多少錢呢，而且即使加了隔熱層，隔熱效果也沒有種花好。」

除去各種費用，張翔龍這筆生意賺了四千五百多元。終於做成了一筆生意，張翔龍信心大增。接下來的幾個星期裡，張翔龍把業務的重點放在住宅大樓，專門找住在最頂層的住戶，向他們推銷業務。由於住在頂層的住戶或多或少都飽受高溫的困擾，好多住戶都讓張翔龍在樓頂上種花。那個月張翔龍做成了八筆生意，賺了三萬五千多元。

正當張翔龍準備大展身手的時候，一件意外的事情發生了。一天，張翔龍正忙於跑業務。李先生打來電話責備張翔龍說：「你為我種在樓頂的花，因為沒人澆水，已經全部枯萎了。」沒人澆水，花肯定活不成，這事責任不在張翔龍。但李先生的解釋很有道理：「我花錢種了花，還要天天去澆水，我哪有這麼閒！」李先生要求張翔龍為他想想辦法。

這可是個很現實的問題，如不能圓滿解決，張翔龍的樓頂種花服務會困難重重。幾經思考，張翔龍決定為李先生安裝自動灑水設備。但這項服務，張翔龍只收成本費，絕對不賺李先生一分錢。張翔龍的誠信周到贏得了李先生的好評。

第四章 發揮自身優勢，特殊技藝成攬金高手
為高樓大樓「戴綠帽」，農大學生勇闖財富路

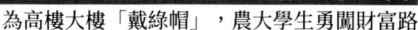

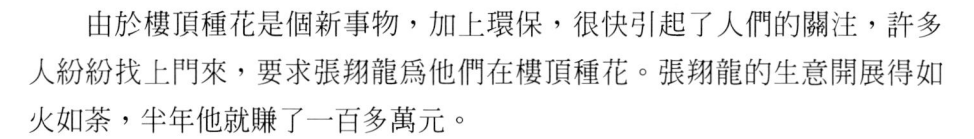

由於樓頂種花是個新事物，加上環保，很快引起了人們的關注，許多人紛紛找上門來，要求張翔龍為他們在樓頂種花。張翔龍的生意開展得如火如荼，半年他就賺了一百多萬元。

一天，張翔龍向一家四星級酒店的老闆推銷樓頂種花業務時，該老闆很感興趣。但當他得知張翔龍在樓頂種的花是盆栽花後卻很失望：「這樣種的花不好看，要是你在樓頂鋪上泥土種花就好看多了，因為這樣種花很平整美觀。」

在樓頂鋪上泥土種花？張翔龍眼睛一亮，以前他怎麼沒想到過這種種法？該老闆的話很有道理，用泥土種花確實比用花盆種花來得美觀。張翔龍立即拍胸脯對那老闆說：「你要用泥土種也可以，這沒什麼困難。」該老闆當場與張翔龍簽約。

鋪泥土種花，說起來容易，做起來很難。把泥土運到酒店樓頂的過程中，張翔龍雇來的兼職在酒店大廳和電梯內灑落了一些泥土。酒店老闆很不滿，抱怨說：「你叫的工人怎麼這麼不小心？早知道這樣我就不跟你簽約了。」張翔龍只好拚命賠不是，然後花錢找清潔工來打掃。

忙了好幾天，張翔龍終於用泥土在該酒店的樓頂種上了各種美麗的花。酒店老闆看到這整齊美觀的空中花園後，非常高興。

張翔龍對比用盆種花和鋪泥土種花後發現，鋪泥土種花更加漂亮。於是，他決定把重點放在鋪泥土種花上。他把在那家酒店種的花拍下來，製作了許多在樓頂鋪泥土種花的精美廣告，雇人散發。

果然不出所料，人們在看了這些精美的傳單後，都被張翔龍頗具創意的想法打動，許多人找到張翔龍，要他幫忙在樓頂種花。張翔龍的生意好得不得了。

一房地產公司的老闆甚至主動找上門來，要求張翔龍在他的住宅樓樓頂上種花。他說：「我們公司都是高級住宅，我們的目標就是讓住戶像住在花園裡一樣舒服，你的樓頂種花業務正是我們所需要的。」

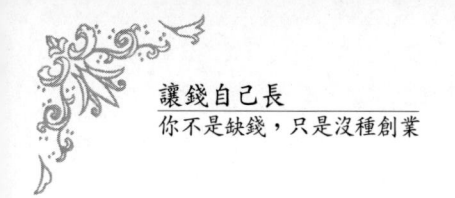

由於樓頂種花是個完全空白的市場，張翔龍的業務發展很快。他很快賺了五百多萬元。在跑業務的過程中，張翔龍還收穫了愛情，交了個在某集團當財務總監的女友。

人口膨脹，環境越來越惡化，環保問題已引起人們的重視。樓頂種花可以淨化空氣，而且節省空間，不失為一箭雙鵰的好方法。如今全球都在強調環保，環保的商機不可忽視。

無心插柳，年輕人開家庭餐廳圓了房車夢

在外打拚的人如能吃到道地的家鄉菜，那將是多麼幸福的一件事。有需求就有市場，誰能提供這樣的服務，誰就找到了一條通往財富的道路。

于軍隻身一人到大城市闖蕩。于軍國中畢業就開始學廚藝，憑自己的廚藝，于軍很快就在一家知名度較高的餐廳找到了一份廚師的工作，月薪兩萬元。

初來乍到，于軍沒有朋友。工作之餘于軍倍感孤獨。好在這裡同鄉朋友不少，透過網路，于軍很快就認識了不少朋友。相聚時，大家玩得很開心，很合得來，假日時一群朋友經常聚會。

一個週六早上，十多個朋友相約到于軍的租屋打牌。大家玩得很開心，直到中午肚子餓時，大家才想起午飯的問題該怎麼解決。玩在興頭上，朋友都不想停下來，有人向于軍建議說：「你是廚師，乾脆我們湊錢給你，你去買菜回來做吧，這樣不耽誤大家繼續打牌，而且還可以省錢。」為了不讓朋友掃興，于軍只好到市場買回來一些肉和菜，自己一個人忙了起來。

玩完牌後，朋友一起吃飯。大家嘗了于軍做的菜後都大呼好吃！這幫朋友大都是普通的公司職員，平時都是吃速食，很少去餐廳。今天吃到味道如此純正的家鄉菜，他們胃口大開，個個狼吞虎嚥。不一會兒，幾盤菜被他們掃得一乾二淨，他們對于軍的手藝讚不絕口。

第四章 發揮自身優勢，特殊技藝成攬金高手
無心插柳，年輕人開家庭餐廳圓了房車夢

此後，朋友們聚會總喜歡把地點選在于軍家。他們醉翁之意不在酒，目的是想吃于軍做的菜。隨著朋友越來越多，于軍的家也越來越熱鬧。

于軍所打工的餐廳頗有名氣，餐廳主要經營各種特色套餐，每天的客流量很大。于軍的廚藝在這家餐廳很受歡迎。許多顧客嘗了于軍做的菜之後都說味道很好，于軍的回頭客也很多。但餐廳的老闆是個苛刻的人，對待員工很刻薄，經常找藉口扣工人的薪水，于軍很看不慣。

一日，于軍患了重感冒，發高燒臥床不起。于軍很要好的一名朋友得知消息後，向公司請假陪于軍去看病，于軍心裡很感動。回到家，于軍打電話向酒店餐飲部的張經理請假。沒想到張經理斷然拒絕。他對于軍說：「一般的小病是不准請假的，你不來就當做是曠工，曠一天扣五百元。」這是哪門子的規定？于軍氣呼呼掛了電話。兩天後，于軍恢復了健康。回酒店上班的那天，于軍帶上收據找到張經理，證明自己真的是生病。但張經理態度還是那樣堅決。于軍找到酒店老闆，老闆說：「這是酒店的工作制度，誰都不能例外。」最終，于軍還是被扣了一千元。于軍很生氣，很想當場離職。但考慮到工作不好找而且這家酒店給的薪水也高，于軍只好忍氣吞聲。

到了發薪水的日子，于軍沒領到薪水。于軍以為餐廳故意刁難他。但一打聽，餐廳所有員工都沒領到薪水。幾天後，餐廳老闆向員工解釋，因為現在正在開分店，資金一下子還不能周轉過來。老闆保證，兩個月後一定把拖欠的薪水全部發完。可兩個月過去了，餐廳的承諾沒有兌現。老闆說：「再等一等。」可到了十月份，員工還是沒領到薪水。于軍坐不住了，他聯合幾名員工檢舉餐廳。很快，勞保局介入調查。一週後，于軍終於領到了薪水。但領到薪水的那天，張經理告訴他：「從明天開始，你不要再來這裡上班了。」

失業後，于軍想開個小餐廳，自己當老闆。但連續逛了幾天後，于軍洩氣了，在很難找到合適的店面，位置好的店面租金高得嚇人，位置差的店面太偏，行人稀少。自己手頭的積蓄不多，即使餐廳開張，如果生意不

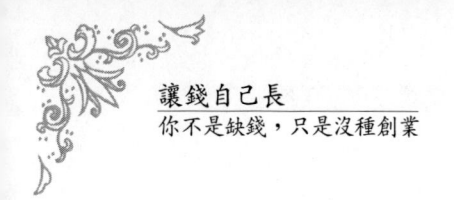

好，自己也支撐不了多久。于軍想再去找工作，可好的餐廳不缺人，一些小餐廳想請于軍，但每月幾千塊錢的薪水，于軍根本不感興趣，而且工作量又很大。無奈之下，于軍只好放假，整天出去逛街，偶爾為朋友做菜，為他們解解饞。

看到于軍無所事事，幾個要好的朋友開玩笑說：「于軍，乾脆你在家開餐廳吧，我們會經常來捧場，朋友這麼多，你的生意肯定會好。」于軍想，這個主意不錯，反正自己沒事做，不如先應付應付生活，以後有機會再說。

第二天，于軍買來各種廚具和各種調味料，然後把兩房一廳的租屋簡單裝修。于軍用紅紙寫了「小于家庭餐廳」幾個大字貼在門口，于軍的家庭餐廳算是正式開張了。開張的這天，于軍打電話告訴朋友，並強調家庭餐廳開張第一天，只收成本費。得知于軍開家庭餐廳的消息，朋友蜂擁而至，他們對于軍的手藝一直讚不絕口。飯桌上大家有說有笑，吃得很開心。于軍向朋友們保證，以後來吃飯，價格絕對很優惠。

在家開餐廳，于軍不用承擔高昂的鋪租和花錢雇員工，飯菜的價格自然有很大的調整空間。為了給朋友最大的實惠，于軍把每個菜的價格定在外面餐廳價格的一半。為了讓朋友能消費起，于軍不做大菜，專門做一些家庭小菜，菜的價格大都在五十元左右，讓朋友吃得起，吃得好。

由於菜的價格低、味道可口，于軍的朋友都喜歡到于軍家開飯。住在于軍附近的朋友更是把于軍家當餐廳，天天來于軍家吃飯。住得遠的朋友平時上班，沒有時間過來吃飯，只好週末才過來。每到週末，于軍家非常熱鬧，兩房一廳的房子竟擺了六張桌子。一些成家的朋友甚至舉家來于軍家吃飯。朋友們吃著家鄉菜，聊著家鄉事，小小的屋子裡充滿了濃濃的鄉情。

隨著朋友不斷增加，于軍的家庭餐廳名氣越來越大。一些在做生意的朋友也開始光顧于軍的餐廳，李老闆就是其中一個。李老闆做家具生意，有自己的家具廠。第一次來于軍的家庭餐廳嘗了于軍的手藝後，李老闆讚不絕口，他說：「到這麼多餐廳吃過飯，這裡最有特色，最有家鄉味。」此

第四章 發揮自身優勢，特殊技藝成攬金高手
無心插柳，年輕人開家庭餐廳圓了房車夢

後，李老闆也成了于軍的常客。

一天下午，于軍接到李老闆的電話，電話中李老闆莊重說：「小于，今晚準備幾個特色菜，並且把房間整理乾淨，八點鐘我要在你的家庭餐廳招待一個重要的客戶。」李老闆要在這裡招待客戶？于軍很驚訝，他不敢怠慢，趕緊把房間整理乾淨，還特地到花店買了幾束鮮花插在飯桌上做裝飾。接著，于軍到市場仔細挑選了一些菜，回到家他精心做了回鍋肉、宮保雞丁等幾個特色菜。

晚上七點多，一輛賓士車停在于軍租住的社區門口。李老闆和兩名男子從賓士車上下來，手裡還提著一瓶酒。走進于軍的房間，看到于軍整理、布置的房間整齊幽雅，李老闆滿意點點頭。第一次在家庭餐廳吃飯，李老闆的兩名客戶充滿了好奇。李老闆介紹說：「這是我朋友小于開的家庭餐廳，就這麼一家。咱們是自家人，你們就當作是在自家吃飯吧，隨意些。」飯桌上，李老闆和客人有說有笑，喝得很痛快，談得很投機。對于軍做的菜，他們讚不絕口。事後，除了飯錢，李老闆還塞給于軍五千元。于軍趕忙推辭。李老闆說，這是你應得的，並告訴于軍事情的原委。原來那晚，李老闆的兩名客人對這樣的招待很滿意，李老闆因此輕鬆談成了一筆大生意。此後，李老闆還多次在于軍家招待客戶。于軍的家庭餐廳快成了李老闆的商務餐廳了。

開家庭餐廳，于軍不用受別人的指點，看別人臉色行事，朋友方便，自己收入也不錯。月底在扣除了各種成本後，于軍竟賺了一萬多。錢雖然不是很多，但很自由、快樂，于軍很喜歡這樣的生活。

正當于軍的家庭餐廳日益興隆時，于軍的麻煩也隨之而來。由於來吃飯的人多，吃飯時，朋友們都愛說笑，嘈雜聲很大，嚴重影響了同一樓層的住戶。某個週六，五十多個朋友相約到于軍家吃飯，其中一個朋友還買來了一箱啤酒，吃得很開心，喝得很痛快。幾個朋友覺得不夠盡興，開始猜拳喝啤酒，其他朋友也跟著吆喝起來。下午整層樓其他住戶都已休息，只有于軍的屋子裡一片鬧哄哄。吃飽喝足的朋友準備離去，突然外面傳

讓錢自己長
你不是缺錢，只是沒種創業

來一陣敲門聲，于軍打開房門一看，外面站著一群穿制服的工作人員。原來由於于軍的家庭餐廳太吵鬧，嚴重影響了其他住戶午休，他們向警察檢舉。警察找上門來了，一查，于軍無照經營。警察當場開罰，于軍被狠狠罰了一大筆錢，並被告知馬上停止營業。于軍關閉了家庭餐廳，又回到以前無所事事的日子。

看著日漸興隆的家庭餐廳就這麼夭折，于軍很不甘心，他決定迎難而上。在生活社區開家庭餐廳的阻力大，經過詳細分析，于軍覺得租商住兩用房開家庭餐廳的可行性大。商住兩用房進出的人較多，本身也較嘈雜，在這樣的樓房裡開家庭餐廳不存在影響別人的問題。經過幾天的努力，于軍花八千多租了一套四房兩廳的商住兩用房，簽了一年的合約。接著，于軍辦齊了各種手續。

于軍的家庭餐廳再次開張，于軍的朋友知道家庭餐廳重新開張後，繼續來吃飯，于軍的家裡依舊熱鬧。但由於租房成本的提高以及繳納各種費用，于軍賺的錢卻比以前少了。一個月下來，于軍只賺了六千元左右。開家庭餐廳只能這樣嗎？月底結算時，于軍一直在思考這個問題。

一天中午，于軍到樓下買東西，無意之中于軍抬頭看到三樓的一家裝飾公司，把公司的名字和電話掛在窗外，這樣樓下過往的行人抬頭即可看到。于軍突然眼睛一亮，這是多麼好的廣告宣傳啊，既廉價又有效！幾天後，在五樓于軍的家庭餐廳窗外，也掛出了一塊看板，上面寫著于軍的家庭餐廳的名字和電話。

這塊小小的看板，給于軍的家庭餐廳帶來了意想不到的效果。由於這棟樓是商住兩用樓，樓裡絕大多數的住戶都自己開有公司，每天他們都忙於做生意，根本沒時間自己做飯。得知于軍的家庭餐廳後，他們都把于軍的家庭餐廳當做餐廳了，每天兩餐都在于軍的家庭餐廳裡吃。以往，于軍的家庭餐廳一般只有週末朋友聚集時才爆滿，現在由於這棟樓商家的頻繁光顧，于軍的家庭餐廳幾乎天天爆滿。月底結算，于軍竟然賺了三萬多元。這時，于軍一個人已經忙不過來，他只好雇了個幫手。

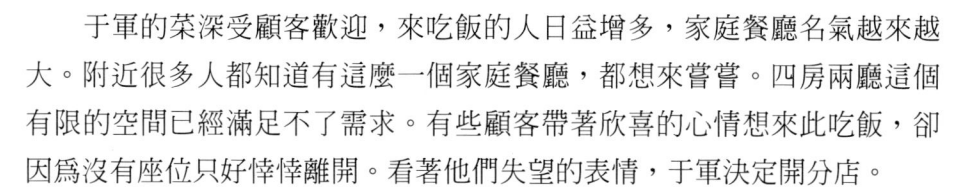

于軍的菜深受顧客歡迎，來吃飯的人日益增多，家庭餐廳名氣越來越大。附近很多人都知道有這麼一個家庭餐廳，都想來嚐嚐。四房兩廳這個有限的空間已經滿足不了需求。有些顧客帶著欣喜的心情想來此吃飯，卻因為沒有座位只好悻悻離開。看著他們失望的表情，于軍決定開分店。

于軍租了一套四房一廳的商住兩用房，簡單裝修後，于軍的第一家分店開張了。這次，于軍不再等待別人以口耳相傳的方式來提高自己的知名度了，于軍主動出擊。他印刷了一些傳單，花錢請人到各個辦公室發，並且開展各種促銷活動。由於瞄準了市場空白，加上菜價低廉、味道好，開業沒多久，于軍的第二家家庭餐廳生意很好，絲毫不亞於第一家。

身處異地，每個人都有鄉愁。家鄉永遠是那麼親切，于軍的成功在於，他把思鄉和吃飯聯繫，想到了開家庭餐廳這樣一條路。因此，創業路上思維要多往財富方向轉。

教老人使用現代化家電，另類「教學」也賺錢

如今，科技的發展日新月異，各種各樣的家用電器層出不窮。面對這些現代化家電，很多老年人即使研究一整天，也很難掌握它們繁多複雜的功能。再加上由於工作上的原因，老年人的子女大都不在身邊。於是，這些老年人對家裡的現代化家電束手無策。有些人根本不敢使用，有些人盲目使用發生了意外事故。一名從事家電銷售工作的年輕人發現了這裡面隱藏的商機，開了老年人家電使用培訓班。

劉金才聯考落榜後，到一家電器公司當銷售員。一天，一名六十多歲的老漢抱著一台DVD機，氣喘吁吁走進來，朝劉金才大罵道：「你是個騙子，竟然把壞的DVD機賣給我，我要退貨！」被罵得莫名其妙的劉金才，忍住心中的怒火，安慰他說：「您先別生氣，DVD機到底發生了什麼問題，您先跟我說說好嗎？」

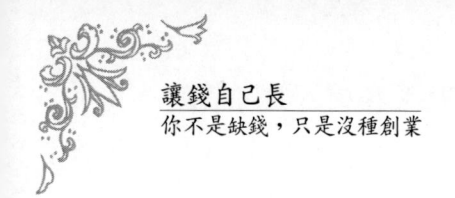

讓錢自己長
你不是缺錢，只是沒種創業

老漢於是氣呼呼把事情的原委說了一遍。老漢姓張，三天前，在電器公司購買了一台DVD機。昨天，他想放DVD光碟，可當他把DVD機和電視機連線後，竟然放不出來。電視螢幕上既沒有圖像也沒有聲音。他弄了大半天，依然如此，他懷疑DVD機是壞的，一氣之下找上門來退貨。

劉金才很奇怪，當初張先生買DVD機時，他反複試過了好幾次，沒有問題才包裝的。可如今怎麼才三天機器就故障了呢？劉金才試了一下張先生的DVD機，DVD能播放光碟，根本沒問題。張先生納悶：「為什麼我在家播放不了呢？」

當問清了張先生是怎麼連接DVD機和電視機後，劉金才哭笑不得。原來，DVD機上繁多的介面讓張先生糊塗了，接錯了線。

找到原因後，張先生很懊惱：「我年紀大了，這麼複雜的東西，我還真搞不清楚。」那天，劉金才耐心為他講解、示範了好幾次，張先生才完全掌握了DVD機的功能、用法。

劉金才在報紙上看到一則消息，一名七十多歲的阿婆，第一次使用微波爐烤雞翅時，因不懂得使用微波爐上的計時器，以至於把雞翅烤焦，最終導致火災，老太太被燒傷。

劉金才想，如今因工作上的需要，很多子女都不在老人身邊。老人們又跟不上時代，面對日新月異的現代化家電他們往往束手無策，很難掌握它們繁多複雜的用法與功能。如果教他們使用現代化家電，他們肯定很樂意。

劉金才辭掉工作，著手開始做教老人使用家電的服務。他花了七十五元列印了一盒名片，上面寫明服務內容，即教老人使用電腦、電視等各種現代化家電。接著，他到街上人多的地方，看到老人就發名片。

可是，幾個小時過去了，他還沒拉到一筆生意。老人看到他發名片要麼遠遠就躲開了，要嘛接過來後隨手就丟掉，根本沒仔細看上面的內容。

終於有一位姓吳的阿伯，仔細看了名片後說：「我兒子剛寄來一套音

第四章 發揮自身優勢，特殊技藝成攬金高手
教老人使用現代化家電，另類「教學」也賺錢

響，想讓我平時多聽音樂，放鬆精神。可我根本不懂得怎麼使用，你能教我嗎？」劉金才爽快答應了。

到了老人家後，他才發現阿伯兒子寄給他的，竟是一套日本進口組合音響，有很多按鍵，功能也很多。劉金才先告訴他音響上每個按鍵的作用，以及如何操作。接著他接通電源，手把手教吳阿伯如何使用組合音響上的收音機、DVD機。半個多小時過去了，阿伯終於完全掌握了音響的使用方法。

他給了劉金才一百元並建議說：「年輕人，你的想法很好。只是，你用發名片的方法來宣傳不太好。名片太小，老年人大都眼花，看不清。如果你做成傳單，把字體印刷大點就會更容易引起老年人的注意。」

劉金才覺得阿伯說得很有道理，於是他用粗體字印刷了一疊傳單。果然傳單發出去後，很多老人都仔細看上面的內容，不少人還向劉金才詢問價格。短短幾天，劉金才就做成了五筆生意，賺了五百元。

然而在街上發傳單，畢竟不是萬全之策。很多老人上街都有事情要辦，沒時間了解更多的情況。而且在街上發傳單還會被警察驅趕。劉金才為此頭疼不已。

一日，劉金才看到某社區的老人活動中心，成群的老人聚在一起聊天、打牌。他高興想，老年人大都在各個社區老年人活動中心活動，如果到這些地方推廣自己的業務，肯定大受歡迎。

第二天，劉金才帶著一疊傳單來到社區散發。老人們看到有人發傳單，都好奇圍過來看。當得知劉金才是來教他們使用電器之後，他們都很感興趣：「是不是免費的？」劉金才告訴他們要收費後，他們七嘴八舌開始議論。

一位阿伯說：「現在的家電越來越先進，小孩買給我不少，可我大都不會用。小孩又不在身邊，這些家電放在家裡根本就沒用過，成了擺設。」一位老奶奶對劉金才大聲說：「我們確實不太懂得使用現代化家電，可你如果收費，我們乾脆讓家人教得了，省得浪費錢。」

讓錢自己長
你不是缺錢，只是沒種創業

劉金才微笑著說：「如果您的家人能夠教你使用那就最好不過了。您完全不必找我教您。可是您的家人在您身邊嗎？而且有些家電您的家人也未必完全懂得其功能、用法和使用注意事項。」

劉金才合理的一席話博得了在場老人的認可，連那位老奶奶也點頭稱是。一位七十多歲的沈爺爺問清價格後，回到家中拿來一部數位相機，對劉金才說：「這部相機是我兒子買給我的，可我根本不懂怎麼操作，一直放在家中沒用。下週，我公司要請退休員工旅遊，你就教我如何使用。去旅遊時我帶上它拍些照片。」

劉金才接過相機，先教老人如何裝電池，接著耐心教沈爺爺調焦距、取景、拍攝等功能。最後，他讓沈爺爺自己操作，直到他熟練掌握為止。

一直圍著觀看的老人，看到沈爺爺在劉金才的教授下，這麼快就掌握了數位相機的各個功能，都說：「數位相機的功能那麼多，能這麼快就掌握它的用法挺不容易的。」一位姓趙的老奶奶還拿出一部手機，對劉金才說：「這是我孫子買給我的手機。他說這手機有照相功能，讓我拍張我和他爺爺的照片傳給他，可我只懂用這手機打電話，根本不懂拍照和傳照片，你能教教我嗎？」

劉金才接過手機，先教趙奶奶把手機按到照相狀態，然後再教她拍照和保存照片，再教怎麼傳照片。十幾分鐘後，趙奶奶終於懂得如何照相和傳照片了。她立即拍了張照片，然後傳給她孫子。沒多久，她就收到孫子的回覆，喜笑顏開。

在場的許多老人受到趙奶奶情緒的感染，紛紛要求劉金才教他們使用現代化家電。有的要求他教如何使用手機，有的要求他教如何使用攝影機，有的乾脆將他帶到自己家中，讓他教如何使電磁爐、洗衣機、DVD機等。那天，劉金才一直忙到中午才回到租屋。清點自己的戰果，劉金才驚喜發現，一個上午他竟賺了四百五十多元。

接下來的日子裡，他到各個社區的老年人活動中心宣傳。那個月，他賺了一萬五千多元。

第四章　發揮自身優勢，特殊技藝成攬金高手
教老人使用現代化家電，另類「教學」也賺錢

一天，劉金才正在社區發傳單，推廣服務，該社區的一名工作人員走過來，一把奪走劉金才手上的傳單，嚴肅說：「我們這裡不允許從事商業活動，請你立即離開。」劉金才解釋說：「我教老人使用電器是為了方便他們的生活，對他們有好處。」可無論劉金才怎麼解釋，該工作人員還是把他轟了出去。

後來在別的社區，劉金才又多次遇到這樣的情況。無奈之下，他只好與社區的負責人商量，向他們交一點錢，讓他們允許自己在社區老人活動中心宣傳。

一天，劉金才看到一家藥店正請一些老年人聽講座。他突然來了靈感，為什麼不將老年人集中在一起，像上課那樣教他們使用電器呢？這樣既省事，又能多賺錢。

劉金才把自己的想法告訴好友阿鵬。阿鵬說：「如今家用電器的種類那麼多，這個老人有的，另一個老人未必有，你該選擇哪一種來教呢？」經過篩選，劉金才決定選擇電腦、手機、音響等常用的家電作為講解內容。

內容選定後，新的問題又出來了。教老人使用電器，必須有電器實物。可自己只是一個普通外地工作者，家裡根本沒有這麼多類型的電器，怎麼辦呢？苦苦思索後，劉金才決定向朋友租，每件電器日租金五十元。

解決了這些問題後，劉金才到社區聯繫。該社區的負責人同意，以五百元的租金把社區老年人活動中心租給他使用一天，同時幫他宣傳，並招到了三十名老年「學生」。這些學生只要每人交一百元，即可學習使用傳單上列舉的家用電器。

上午，劉金把家裡的電器和向朋友租來的電器，搬到該社區老年人活動中心。接著，他詳細講解每個家電的使用方法以及注意事項。其中，因電腦的功能太多，劉金才只講解了開機、關機、上網、收發電子郵件等幾種常見的功能。手機的種類也很多，功能差別也很大，劉金才只是講解了手機的撥打、接聽、充電、拍照等幾種常用的功能。

在場的老人聽得很認真，有些還用筆記下一些關鍵的地方，有的則直

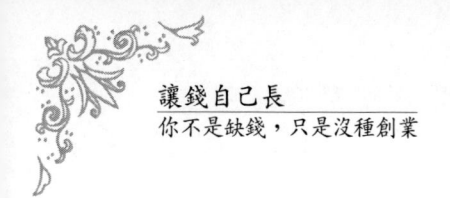

接走上來親手操作。一位姓林的爺爺剛搬到城市居住不久。一個月前，他兒子買了電腦、電視、音響等多種電器給他。可他還沒來得及教老人使用這些電器，就因為工作的原因匆匆離開。聽了劉金才的講解後，林爺爺很高興：「只花了一百塊錢就掌握了這麼多種電器的使用方法，很划算。」

這次教老人使用電器，除去場地租金、電器租金和車費，劉金才賺了一千五百元左右。在講解過程中，他還遇到了不少問題。一些老人向他抱怨說：「我家裡沒有那麼多電器，卻同樣交了一百元來學，感覺很浪費。」劉金才只好安慰他們說：「你們學會了，將來如果買了，就會用了。」

一日，劉金才遇到以前當銷售員時認識的一個朋友，某知名品牌空調的韓經理。當得知劉金才正在教老人使用現代化家電的時候，韓經理說：「你的想法不錯，這是個不錯的市場。一起合作怎麼樣？」

原來，韓經理所說的合作是指，向劉金才免費提供他教老人時使用的電器。這樣，劉金才就不必花錢找朋友租電器了。韓經理這樣做的目的是，劉金才教會老人使用他們公司的產品，就相當於為他們公司培養了一批潛在的顧客，是一種很好的廣告宣傳方式。而對劉金才來說，這是他求之不得的好事。他當即答應了下來。

後來，劉金才受到啟發，找到其他電器公司的市場部經理，與他們商談，要他們免費提供教老人使用電器時所需的實物電器。那些電器公司的市場部經理和韓經理一樣，都意識到其中的利益並爽快答應了。這樣，劉金才就免去了租朋友的家用電器的費用，他的收入又增加了不少。

一家電器公司的黃經理找到劉金才說：「我們公司剛推出一款針對老年人的豆漿機，你能不能和我們合作，教老人使用這款豆漿機？」接著，黃經理開出了很好的條件：他們派出講解員講解，不用劉金才操心。劉金才在現場掛出他們產品的廣告宣傳橫幅，他們將給劉金才五百元報酬。面對這麼好的條件，劉金才立即和對方簽訂了協議。

此後，每當教老人使用電器時，劉金才都提前通知黃經理。黃經理果然履行協議，派出講解員講解豆漿機的使用方法。劉金才在現場掛上他們

的橫幅後，黃經理也履行承諾給了他五百元的報酬。

後來，其他廠商也模仿黃經理的做法，與劉金才簽訂協定，由廠商派出講解員，講解家用電器的使用方法。劉金才如果在現場掛他們的廣告宣傳橫幅，他們也同樣給劉金才報酬。

這樣，教老人使用電器的工作，全都交給了各個電器公司的專業銷售人員。劉金才轉身成了活動的舉辦者和策劃者，工作輕鬆了許多，月收入已經突破了上萬元。

科技日益發達的今天，許多老人面對現代化電器總感到束手無策。教他們用現代化電器，無疑會給他們的生活帶來樂趣。幫助他們，其實也是幫助自己。

老外開WC，堅持自我有「錢途」

有一家名為「西方城市」的咖啡店，這家咖啡店面積不是很大，但這是一家由外國人投資的咖啡店，也是一家從飲食口味到裝修完全西化的咖啡店。咖啡店的英文名字叫 Western City Café Bar，簡稱就是 WCCB，餐廳的主人和他的朋友戲稱之為 WC 咖啡店。

澳洲的傑夫透過網路應徵當外籍教師。傑夫把履歷寄給了那所學校，不久就收到了聘請通知。打包好行李後，他隻身一人飛來亞洲。

但傑夫遇到了前所未有的困難。由於語言障礙，傑夫幾乎成了啞巴，出門購物只能與對方比手語

最麻煩的是吃飯的問題，有些菜都有辣椒，傑夫吃不慣，只好自己做西餐。

傑夫找來做西餐的相關書籍，買來做西餐的原料，自己邊做邊嘗邊改進。不久，他的西餐廚藝水準大大提高，一些老外朋友嘗了都讚不絕口。

傑夫和朋友到南部玩，一到目的地，傑夫就被迷住了。藍藍的天空中

讓錢自己長
你不是缺錢，只是沒種創業

飄著朵朵白雲，海風輕輕吹拂著，讓人感到無比愜意。婀娜的椰子樹結滿了累累碩果，晚上還可以看到深藍的夜空中繁星點點，這一切和澳洲很相似，傑夫決定到這邊工作。

傑夫在一所外語學校找到一份英語教師的工作。這份工作很輕鬆，每天只需上幾節課，薪水也挺高，傑夫很快就結交了一群老外朋友。

這幫老外朋友工作之餘，經常聚在一起打打牌、聊聊天。晚上，他們還相約到海邊燒烤、遊戲。圍在篝火旁，大家邊唱邊跳，玩得不亦樂乎。

和這幫朋友聚會時，傑夫發現了一個問題。這裡雖然有許多自稱西餐廳的餐廳，但菜的口味大都亞洲化。因此老外大都自己做西餐。

一次，幾名老外朋友到傑夫家做客。品嚐了傑夫為他們做的西餐後大呼好吃，一邊還不斷豎起大拇指，對傑夫的廚藝讚不絕口。其中一個老外還說：「如果你開一家西餐廳肯定大受歡迎。」傑夫覺得朋友的建議很不錯，如果開一家正宗的西餐廳，既可以提供西餐服務，又可為朋友提供聚會的場所，而且如果經營得好，還可以把在地朋友吸引過來。這可是個不小的市場，傑夫開始忙碌籌備起來。

取名時，傑夫費了一番心思。有朋友建議傑夫用外國著名電影的名字命名，傑夫覺得這樣的名字沒有新意。有人建議傑夫用澳洲的特色風景來命名，傑夫認為老外來自各個國家，不太合適。

一天，傑夫突然來了靈感，將咖啡店取名為：Western City Café Bar。當傑夫把咖啡店的名字告訴朋友時，他們都捧腹大笑，因為這個名字的簡稱就是 WC。

為了找到合適的經營場所，傑夫經常一個人在街上左顧右盼。但由於對街道不熟悉，傑夫常常迷路。迷了路後，又由於語言不通沒辦法問路，大半天都回不了家。

最終，傑夫看中了某酒店的頂樓。頂樓的場地開闊，很安靜，推開玻璃窗即可俯瞰底下的車水馬龍，而且租金還很低。

第四章 發揮自身優勢，特殊技藝成攬金高手
老外開 WC，堅持自我有「錢途」

傑夫的 WC 咖啡店終於開業了。開業的那天，傑夫的老外朋友和一些要好的本地朋友都來捧場。一個朋友甚至送給傑夫一輛摩托車放在咖啡店裡做裝飾。

來自澳洲、美國、加拿大、德國等多個國家的老外朋友聚集在傑夫的 WC 咖啡店。他們喝著咖啡，津津有味吃著傑夫做的正宗西餐。都說：「咖啡店的生意肯定會很好。」

但事實恰恰相反，咖啡店的生意很冷淡。第一個月，來就餐的顧客寥寥無幾，傑夫虧了幾千元。傑夫心情很不好，經常一個人抽悶煙。必須想方設法改變這種狀況，他想。

咖啡店對面是大學，傑夫決定先開發學生市場，傑夫有幾個老外朋友在大學教英語，傑夫便讓這幾個朋友為他宣傳。

傑夫的朋友於是把 WC 咖啡店介紹給了大學的學生。知道有這麼一家咖啡店後，外文系的學生和一些英語愛好者經常光顧傑夫的咖啡店，找機會鍛鍊會話。

後來，透過同學之間口耳相傳，其他幾所大學的一些學生也得知了傑夫的咖啡店。他們也經常光顧傑夫的咖啡店。

看到這麼多人想學英語，傑夫決定開一個「英語角落」。為此，傑夫騰出一個小空間，在四周張貼了一些英語文章，還在顯著位置擺放了一些英語雜誌。傑夫把英語角落開放的時間定在週末，這樣大家都有時間來參加。

得知傑夫的咖啡店開了英語角落後，想學好英語的學生週末都到 WC 咖啡店了。WC 吧裡終於擠滿了人，傑夫臉上開始露出了笑容。

但是，令傑夫吃驚的是，月底結算時 WC 吧還是虧，傑夫百思不得其解。

「原因其實很簡單，來 WC 吧的人雖然多，但大都是學生，學生的消費能力有限，你不虧本才怪。」傑夫朋友安解釋說。

傑夫這才明白過來。「你最好想方法把白領吸引到你的 WC 吧來消費，

讓錢自己長
你不是缺錢，只是沒種創業

這樣你才有錢賺。」朋友建議。

傑夫聽從朋友建議，印刷了一疊介紹WC吧的傳單，然後到一些辦公室發傳單。

中午十一點多，當辦公室裡的白領魚貫而出時，傑夫迎上去遞給他們傳單，然後用生硬的中文說：「歡迎光臨！」白領們看到老外發傳單，都很好奇，他們紛紛接過，仔細看。

不遠處的警察發現了傑夫，朝傑夫走過來，想制止。傑夫看到有人走過來，習慣性迎上去，遞給警察一張傳單：「歡迎光臨！」警察哭笑不得。

傳單發出去後，很快就有了效果。出於個人職業發展需要，白領都想練習英語。他們開始頻頻光顧傑夫的WC吧，出手大方的白領使傑夫的WC吧營業額迅速攀升，傑夫終於扭虧為盈。

為了吸引更多白領，傑夫經常開展各種活動。比如遊戲、開派對、舉辦化裝舞會等，豐富多彩的活動使白領們玩得很開心。

傑夫的WC吧名氣開始傳開了，傑夫的收入也增加了不少。此時，有人建議傑夫把WC吧本土化，這樣可以吸引更多的人。

但傑夫拒絕了。「如果把WC吧本土化，那和其他餐廳就沒有什麼區別了。」傑夫說。

傑夫不但不本土化，反而更加西化。他把WC按西方風格重新裝修。音響是進口的，裡面播放的全是西方流行音樂。雜誌全是從澳洲郵寄過來的時尚雜誌。啤酒也是從澳洲空運過來的暢銷品牌。做西餐用的奶油和乳酪，也全是傑夫託朋友從美國和澳洲郵寄過來的。連WC咖啡店裡的小燒烤爐都是外國產的。走進WC就能感覺到濃濃的外國情調。

傑夫的目標就是以純西方文化來吸引中外朋友，讓外國朋友在WC能感覺到家的溫暖，讓本地朋友可以感受純正的西方文化。

傑夫的眼光瞄得很準。由於WC完全西方化，本地工作和來旅遊的外國人都喜歡到WC用餐。市民聽說這裡有最純正的西餐，都紛紛來品嘗。

傑夫的咖啡店生意越來越好，傑夫也賺了不少錢。當一個商機出現時，人們往往一窩蜂湧上去，只為分一點蛋糕。傑夫的成功給我們的啟示是，堅持自我是一種更美的成功姿態。

時尚女孩：我的裸露裝紅了

盧湘妮是一家服裝公司的老闆，手下有六十多名員工。與眾不同的是，她的服裝公司只生產一種服裝，即裸露裝。即使如此，她的生意依然做得很好。盧湘妮剛大學畢業，就遭受了一個不小的打擊，相戀三年多的男友突然提分手。後來，她才知道他有了新歡，對方是小她一屆的學妹。見到她的那一刻，盧湘妮很是不解，他怎麼會喜歡上她？只見她穿著超短裙，袒胸露背，打扮妖豔，但相貌平平。盧湘妮的同班的男同學卻說：「她很性感。」

原來裸露不是妖豔，而是性感。盧湘妮這才明白自己輸在哪裡，自己太土，一直以來穿著很樸素，像個土包子，難怪男友會拋棄自己。傷心之餘，她開始注意起自己的打扮。

不久，盧湘妮到一家服裝公司當老闆祕書。該服裝公司主要生產各種時尚女裝。耳濡目染，她對服裝設計開始感興趣。業餘時間她設計了不少時尚服裝，還得到了老闆的表揚。

盧湘妮設計製作了一款領口很低、露臍的超短上衣和一條超短裙子。當照著鏡子穿上這一套衣服時，她的臉上頓時火辣辣，太裸露了！但不可否認的是，穿上這套衣服後，她的線條美馬上顯露出來，變得非常性感了。

猶豫了很久，盧湘妮才穿上自己設計的裸露裝去上班。當她走進辦公室的那一瞬間，同事馬上尖叫起來：「好性感！」最初，她感到很不好意思，慢慢轉變為享受這種受人矚目的感覺。老闆看了她的傑作後，讚歎不已，並決定以四萬元的價格買下盧湘妮的設計。設計一套服裝就能賺四萬元，盧湘妮驚訝不已。但令她更吃驚的是，衣服生產出來後，售價高達一千

讓錢自己長
你不是缺錢，只是沒種創業

元，而且還供不應求。原來做衣服這麼賺錢！

她產生了自己創業的念頭，她把自己的想法告訴好友小青。小青勸她說：「創業風險很大，妳有那麼多的資金嗎？而且創業會很苦，妳能扛得住嗎？」可小青的勸阻始終搖不了盧湘妮的信念。

盧湘妮辭掉工作，走上了創業的道路。她註冊了一間服裝設計工作室，然後接連幾天把自己關在工作室裡，設計了三款裸露裝。由於剛起步，她還沒有自己的加工生產車間，只好找到一家服裝加工廠，委託他們生產。

一個月後，兩百套裸露裝生產出來了。盧湘妮趕緊拿上樣品向每家服裝店推銷。可人家一看是默默無聞的雜牌貨，都拒絕了。她只好找普通的服裝店推銷，可對方卻把價格壓得很低，連成本都不夠。

兩個月過去了，盧湘妮的裸露裝一套都賣不出去，眼看口袋中的錢越來越少，她急得連飯都吃不下。

處處碰壁後，盧湘妮咬咬牙，乾脆花錢在商場租了個櫃檯自己賣。第一天，她把裸露撞掛出來後，少有人問津。旁邊賣襪子的李小姐問她：「妳賣的是泳裝嗎？」盧湘妮告訴她：「這不是泳裝，是裸露裝。」李小姐很驚訝：「這些裸露裝太像泳裝了，妳這樣掛在架子上，很容易讓人誤解為泳裝，妳最好找個假人模型穿著展示，才能引起顧客的注意。」

盧湘妮於是買了個假模特兒，立在櫃檯前把裸露裝穿上。這一穿果然很快就招來了顧客。在外商工作的張小姐看到裸露裝後，馬上走過來了解並最終買了一套。她說：「過去我的男友老是說我很土，這次我要讓他大開眼界。」

裸露裝慢慢有了市場。商場將要舉辦文藝演出，她主動找到主辦方，表示可以給女主持人提供服裝贊助，作為回報，她將在現場掛一個看板。商場答應了她的要求。演出當天，女主持人穿的裸露裝成了全場的焦點，人們對性感的女主持人議論紛紛。電視台攝影機的鏡頭圍著她轉個不停。盧湘妮的裸露裝看板不時出現在電視螢幕中，自然也出盡了風頭。

第四章　發揮自身優勢，特殊技藝成攬金高手
時尚女孩：我的裸露裝紅了

　　演出結束後兩個多月的時間裡，她的兩百套裸露裝全都賣完，盧湘妮賺了十萬多元。她把賺來的錢投入擴大生產中，這次她生產了五百套。

　　有了一定的銷售經驗和技巧後，這五百套裸露裝的銷售根本不成問題。只是顧客穿上裸露裝後，她總感覺好像少了什麼，但具體少什麼她卻說不出來。

　　一天，她在翻一本時尚雜誌時，一位女明星的照片引起了她的注意。這位女明星的穿著固然漂亮，但讓人感到妙不可言的卻是她胸前的那朵粉紅色的花。盧湘妮眼睛頓時一亮，要是把花和裸露裝搭配在一起會不會更美麗？她馬上買來不同顏色的花朵，穿上裸露裝，對著鏡子比較起來。果然，裸露的肌膚搭配鮮豔的花朵使她整個人變得更有氣質，更美麗。

　　於是，在賣裸露裝的同時，盧湘妮準備了許多花朵，現場教顧客如何用花朵搭配裸露裝。此舉大受顧客的歡迎。她那小小的櫃檯每天都圍滿了前來諮詢和購買裸露裝的人。五百套衣服很快就賣完了，盧湘妮拿出一部分錢租了個二十多平方公尺的店面，專賣自己設計的裸露裝。

　　當裸露裝暢銷後，盧湘妮發現僅有的幾個款式已經遠遠不能滿足顧客的需求了。她只好徵了兩名銷售員替她賣衣服。她自己抽出時間設計更多款式的裸露裝並聯繫廠商生產。然而，由於還沒有完全了解顧客的需求，她設計出來的產品竟遭到退貨。

　　一天，在媒體工作的陳女士找上門來，硬是要求退貨，銷售員卻堅絕不同意，於是兩人吵了起來。聞訊趕來的盧湘妮制止了他們並耐心詢問陳女士：「妳為什麼想退貨呢？我們的產品有品質問題嗎？」陳女士猶豫了一下，才說出了原因。原來，陳女士今年已經快四十歲了，但她很愛美；可是穿了盧湘妮的裸露裝後，她才發現衣服過於裸露了，以至於她腿部和小腹的贅肉都顯露出來了，結果不但不美，反而變得難看。

　　聽了陳女士的解釋，盧湘妮才明白：一件裸露裝只適合特定的人。此後，在設計裸露裝時，她都詳細考慮到顧客的膚色和胖瘦。經過三個多月的努力，盧湘妮設計了幾十款裸露裝。為了保險起見，每一款裸露裝在投

讓錢自己長
你不是缺錢，只是沒種創業

入生產前，她都先拿到店裡徵求顧客的意見，反覆修改後才交付廠商生產。

由於她的認真仔細，她的裸露裝越賣越好，賺了兩百多萬元。可此時盧湘妮發現，市場上裸露裝變多了。有了實力後，她註冊了自己的品牌。此時，廠商看到盧湘妮的裸露裝生意越做越大，開始把生產價格提高。最初，盧湘妮同意提價，把一部分利益讓給廠商。可後來，廠商竟得寸進尺，連續幾次提價。

忍無可忍，盧湘妮終止和對方的合作，自己購入設備，快馬加鞭招人，自己生產。有了自己的工廠，裸露裝的利潤完全掌控在自己的手中。她的生意像滾雪球般越做越大。

在業務往來中，盧湘妮結交了在廣告公司當策劃的男友趙賓。在趙賓的幫助下，盧湘妮成功舉辦了幾次品牌推介活動。她的裸露裝品牌在顧客心中樹立起了良好的品牌形象，成了愛美女性追逐的目標。

她的裸露裝生意已成規模，許多外地的服裝店都向她進貨，有的甚至還派人來學習裸露裝的搭配技巧。為了不斷推陳出新，盧湘妮把生意交給趙賓打理。她自己帶領一個裸露裝設計團隊，專門設計時尚新潮的裸露裝。愛美之心人皆有之，裸露裝的魅力在於，它大膽把女孩的美含蓄地露出來。盧湘妮給我們的啟示是，愛美是女孩的天性，破解了美麗的密碼，你也許就揭開了財富之謎。

手指舞：巧手百變舞出滾滾財源

李霞彩長相並不十分出眾，但她有一雙美麗的手。誰能料到，這雙美手不但讓她收穫了愛情，還給她帶來滾滾財源。

「老天爺，你為什麼不給我美麗的容顏？你為什麼不給我動人的愛情？」李霞彩對著鏡子不斷歎氣。好友一個個都找到了白馬王子，唯獨她還是孑然一身，憂愁經常湧上她的心頭。

第四章　發揮自身優勢，特殊技藝成攬金高手
手指舞：巧手百變舞出滾滾財源

一個週末，李霞彩和幾個同事去逛街。在一家珠寶店，同事郝麗美看中了兩款戒指，不知道該選擇哪一款好。她打算年底結婚，所以急著選一款稱心的戒指。「要不你們幾個都戴上試試，綜合幾個人的意見就知道了。」珠寶店的老闆建議說。

於是，幾個人輪流戴上戒指比較起來。輪到李霞彩戴戒指時，旁邊一個帥氣的年輕人讚歎道：「小姐，妳的手真漂亮！」店老闆和同事也附和說：「妳的手指白嫩修長，真的很漂亮！」最終，那兩款戒指在李霞彩的手上比出了高低，大家一致認為那只鏤花的鉑金戒指更漂亮。

從珠寶店剛走出來，那名年輕人就追上李霞彩，靦腆問道：「小姐，能和你交個朋友嗎？」這麼久以來，從來沒有男孩子這麼主動表示想和自己交朋友，而且對方又很帥，李霞彩臉紅到了耳根。她還沒反應過來，年輕人就遞過來一張名片。她接過一看，他叫文強，是一家裝修公司的設計師。她抬頭想和他說點什麼，可他已消失在茫茫人海中。後來，李霞彩是鼓起很大的勇氣才撥給文強，多次來往後，兩人開始談戀愛。

愛情是甜蜜的，可不久，一個壞消息傳來：李霞彩的公司倒閉了。失業後的李霞彩整天悶悶不樂。

這天，文強興沖沖找到李霞彩說：「咱們創業吧。」看到李霞彩一頭霧水，文強把自己的想法一五一十告訴了她。原來，文強在網上了解到，許多戒指、手鏈、手錶等生產廠商為了宣傳推廣其產品，四處尋找手指美麗的女孩做廣告。因此，他想讓李霞彩憑藉她的手創造一番事業。

李霞彩於是打電話到各個珠寶、手錶廠商，告訴對方，自己的手指很漂亮，問人家要不要做廣告。兩個月過去了，她只做成了一個廣告，賺了四千五百元。文強鼓勵她說：「別氣餒！剛開始創業肯定會遇到很多困難，只要努力，市場會慢慢打開。」

可後來，李霞彩發現情況並非文強所說的那麼簡單。很多廠商做廣告時，都找有名的模特兒展示其產品。這些模特不但相貌出眾，手也很美。面對這樣的競爭對手，李霞彩一點信心都沒有，甚至想到了放棄。

讓錢自己長
你不是缺錢，只是沒種創業

就在李霞彩進退兩難的時候，一件事使她燃起了希望。七月的一天，好友蒙顏春拉她去跳舞。到了舞廳，李霞彩才知道，要跳的是鋼管舞。她有點生氣：「這種舞我不會，妳拉我來這裡不是浪費我的時間嗎？」蒙顏春笑著說：「這種舞蹈很好看，而且又能鍛鍊身體，試一下妳也會喜歡的。」無奈之下，李霞彩只好學。這一學，李霞彩還真的喜歡上了。

在學習鋼管舞的過程中，李霞彩突然產生了一個想法：假如編一個手指舞，會不會受到商家的歡迎呢？於是，鋼管舞還沒學會，李霞彩就匆匆趕到書店，買了一些有關舞蹈的書，再趕回家一頭埋進書中研究，一邊研究，一邊還對著鏡子舞動手指。

幾個星期後，李霞彩還真的編出了一套手指舞。為了更加專業，李霞彩找到在大學教舞蹈的王老師，把自己的手指舞蹈表演給他看。王老師看了之後，指出一些不足之處。李霞彩馬上修改。幾天後，李霞彩的手指舞終於大功告成。

李霞彩得知一家高級珠寶公司新推出一款女式鑽戒，準備大量投放廣告宣傳。李霞彩馬上找到該公司的李總，表明來意。李總很遺憾：「很對不起，我們已經物色到合適的手模特了。」李霞彩微笑問道：「你們找到的手模特會手指舞嗎？」「手指舞？我從沒聽說過。」李總很驚訝。李霞彩當即把自編的手指舞表演給他看。看完李霞彩的表演，李總讚歎不已，馬上找來幾個副總和策劃部經理。幾個人商量之後，最終讓李霞彩當他們產品的代言人。

一個月後，李霞彩的手指舞廣告在電視台一播出，立即引起了轟動。李霞彩纖細柔嫩的雙手戴著耀眼的戒指，流暢舞出各種動感、優美的動作，再配合著動聽的音樂，美感撲面而來。戒指的品牌頓時家喻戶曉，廣告的效果十分理想。李總非常滿意這個廣告，大方給了李霞彩一萬元的報酬。僅僅兩分鐘的廣告，就賺了一萬元，這是李霞彩沒有意料到的。

首戰告捷，李霞彩的名聲大振，來找她拍廣告的人逐漸變多。她的收入也由原來的每月幾千塊錢增加到了兩萬多元。李霞彩和文強到餐廳吃了

第四章 發揮自身優勢，特殊技藝成攬金高手
手指舞：巧手百變舞出滾滾財源

一頓，一邊還籌劃著怎樣把生意拓展。

可不久，有顧客反映李霞彩的手指舞不夠新潮。她仔細觀看了自己的表演錄影，確實有點呆滯，可如何改變才能更新潮呢？李霞彩經常思考這個問題。

一個週末，李霞彩和文強一起逛街時，看到廣場上懸掛的大螢幕液晶電視正在播放蔡依林演唱會，文強頓時停住了腳步。他是蔡依林的歌迷，每次看到蔡依林的演出，都不會錯過。這次也不例外，他站在廣場前，久久不肯離去，李霞彩催了多次都沒有用。

無奈之下，李霞彩只好耐著性子陪他看。隨著音樂的起伏，她發現蔡依林的舞跳得很好，雙手更是舞出各種優美的動作。李霞彩眼睛一亮：這些舞蹈多麼時尚新潮流啊！如果能夠把它融入自己的手指舞中，不是可以更加吸引人嗎？

看完演出後，李霞彩硬是要文強陪著自己購買了許多蔡依林的演出光碟。回來後，她放慢速度看了一遍又一遍，把蔡依林手指的每個動作畫下來，詳細分解成許多小動作，然後慢慢練習。兩個月過去了，李霞彩終於把手指舞改編成新潮時尚的舞蹈了。

她的一名老客戶得知消息，再次找她拍廣告。開拍後，只見她的手指忽伸忽屈，忽前忽後，忽彎忽直，時而向上翻轉，時而向下低旋，伴隨著動感的音樂，一股時尚氣息撲面而來，在場的人莫不入神看著。

廣告播出來後，該客戶的產品知名度大大提高，許多商家紛紛找到他，請求經銷他的產品。一時間，他的公司顧客盈門，生意非常好，李霞彩也得到了豐厚的報酬。

李霞彩乘勝追擊，花錢在電視上做了一個月的廣告，宣傳自己的手指舞。由於手指舞是個新事物，廣告一出來，立即引起人們的關注，找她拍廣告的商家接連不斷。李霞彩的月收入增加到了三萬五千多元。

一天，李霞彩接到一個女孩子的電話，問她：「妳能不能教我手指舞？

我可以付學費給你。」李霞彩當即拒絕，如果教她學會手指舞，自己不是多了一個競爭對手嗎？誰會那麼傻。

文強得知此事後，建議說：「要不咱們開一個手指舞培訓班，這樣可以增加收入。」李霞彩反對說：「手指舞是我花費了很多心血才編創出來的，開培訓班教會她們以後，她們不和我搶拍廣告才怪！」文強分析說：「相比較而言，培訓班市場比拍廣告要大。而且妳也不能光靠一種手指舞競爭，咱們一邊開培訓班，一邊編創更多的手指舞，才能長期立於不敗之地。」

李霞彩覺得文強分析得很有道理，於是開了手指舞培訓班。為了盡快招到學員，她印刷了許多傳單，散發給打扮時尚女孩，還在報紙上做了些廣告。很快，來報名的人絡繹不絕，第一期就招到了四十名學員。每個學員的收費是兩千元。李霞彩的月收入一下子就突破了十萬元。她一邊教別人手指舞，一邊又編創了多種不同風格的手指舞，每種手指舞一推出，都受到讚許。

他們已經開了八個手指舞培訓班，收入也不斷增加，早已圓了房車夢。手指跳舞，這樣的事並不多見。李霞彩卻自創了手指舞並闖出了一條與眾不同的路。她的經歷提醒我們，要大膽讓自己的思想跳舞。

變廢為寶，裝修廢物搖身成搶手兒童玩具

裝修公司使用膠合板施工時，或多或少都會留下一些邊角。這些大都被當成廢物丟棄掉。有個細心的外地工作者卻從中發現商機，把這些廢棄的邊角製成兒童玩具，大受歡迎。他也由此走上了成功的道路。

孫偉靈到一家裝修公司當業務。在工作中，他發現工人施工完後，都會剩餘許多膠合板，這些都被當成廢物丟掉了。每次看到，他都覺得很可惜。

一天，孫偉靈遇到以前一位客戶——做家具生意的王老闆。王老闆正在裝一車木屑。他告訴孫偉靈，這些木屑是他的家具廠在生產過程中產生

第四章　發揮自身優勢，特殊技藝成攬金高手
變廢為寶，裝修廢物搖身成搶手兒童玩具

的廢物，他準備裝車運到農村，賣給農民當柴火。孫偉靈的眼睛一亮，如果把裝修公司施工中產生的廢木收集起來賣到農村，不是也可以賺到一些錢嗎？他向王老闆詳細諮詢了廢木材的價格和運費等方面的情況。

接下來的日子裡，他一邊跑業務，一邊與各個裝修公司聯繫，提出免費幫他們處理裝修廢木材。裝修公司都巴不得有人幫他們處理這些廢物好省些事，都爽快答應了。隨後，孫偉靈雇了輛車，到各個施工現場收集廢木材，拉到近郊的農村當柴火賣。每天，他都能收集到一中型卡車的廢木材，轉手賣掉後賺了三百元，一個月下來，竟然也能賺到近一萬元。能夠從廢木材中賺到外快，孫偉靈很開心，然而這錢賺得並不輕鬆。

一日，他正在一個凌亂不堪的工地上收集廢物，突然不小心踩到了一顆釘子。釘子穿過皮鞋，深深刺進他的腳底，頓時鮮血如注。他到醫院包紮花了幾千塊錢，幾天的辛苦都白費了。

由於廢木材要在各個施工工地收集，需要耗費很多時間，孫偉靈還因此影響到了工作。一天，孫偉靈正在收集廢木材，公司老闆打電話來把他臭□了一頓。原來，由於他忙於收集廢木材，沒有太多的時間跟蹤客戶，公司交給他的一筆金額較大的業務被別的公司搶走了。最後威脅說：「下次再出現這樣的情況，你馬上給我走人！」

孫偉靈不想失去工作，賣廢木材於是成了雞肋，賺錢不多，丟掉又很可惜。廢木材的生意能不能拓展呢？孫偉靈經常思考這個問題。

一天，他經過一家玩具店時，看到店裡有許多小孩正在購買木製玩具。他想，木製玩具這麼受歡迎，如果把廢木材製作成玩具賣不是有利可圖嗎？再三考慮之後，他毅然辭掉工作，開始創業。

從公司裡出來的時候，孫偉靈身上只有三萬多元。他花了近一萬元買了一些木工工具和美術工藝書籍、玩具書籍。接著，他收集了一些廢木材，然後把自己關在租屋設計製作玩具。考慮到小孩喜歡卡通，他決定把廢木材製作成卡通人物。經過半個月的日夜忙碌，他終於設計製作成了卡通貓、卡通老鼠等各種玩具。這些玩具有的是切割成平面，有的拼接成立

體，每個玩具都栩栩如生，形態可人。隨後，他帶上玩具到多家玩具店推銷，可大的玩具店都拒絕進他的產品。

無奈之下，他只好找一家小店代銷。由於製作玩具的材料都是孫偉靈免費收集來，根本不需要投入材料成本，因此他以每個二十五塊錢的低價給店家代銷。令他感到意外的是，這些玩具很暢銷，一百個卡通形象玩具才三天就賣完了，他賺了兩千五百元。

其他玩具店看到他的玩具進價如此低而且又很暢銷，都紛紛主動找到他要求經銷他的產品，孫偉靈決定大展身手。他退掉自己原先租的小房子，以每月四千元的租金在郊區租了一套三房兩廳的房子作為「廠房」，然後以三千五百元的月薪水徵了兩名工人，一個簡陋的「玩具廠」就誕生了。

每天，他到各個裝修公司的施工場地收集膠合板廢物，然後和兩名工人一起把廢物切成小片，再製作成玩具。一個月後，七百多件木製玩具一生產出來就被玩具店搶購一空，除去房租和工人薪水，他賺了近一萬五千元。緊接著，他又把賺到的錢用於玩具工作室的註冊和應徵工人，擴大生產規模。由於他生產的玩具不但好看，而且價格又低廉，因此很暢銷。除了本地的玩具店，其他縣市的玩具店也向他要貨。他投入的幾萬塊錢像滾雪球般，滾出了五十多萬元。

孫偉靈租了塊兩百多平方公尺的空地，搭建了廠房，準備再次擴大生產規模，狠賺一把。然而，此時生意開始下滑。以往，玩具一生產出來馬上就有客戶要。如今卻出現了滯銷的場面，最初是玩具生產出來幾天後才能銷出去，後來發展到一個月後才勉強賣完。孫偉靈感到了前所未有的壓力，問題到底出現在哪裡呢？

一天，一家玩具店的張老闆來要貨時，孫偉靈讓他多進點貨。張老闆說：「任何一種玩具都只能風靡一時，況且你生產的玩具又不是非常時尚，小孩子玩過一段時間後就膩了。再過一段時間，我就不敢進你的貨了。」

一語驚醒夢中人，孫偉靈意識到必須不斷創新，才能使自己長久立於不敗之地。後來，他觀察到，市場上有一種拼圖的益智玩具很受兒童歡

第四章 發揮自身優勢，特殊技藝成攬金高手
變廢為寶，裝修廢物搖身成搶手兒童玩具

迎。他想，如果能設計一些木製的益智玩具該多好啊。可是，對益智玩具還不是很了解的他，怎麼也想不出具體的操作方案。有員工建議他應徵玩具設計師，專門設計玩具。但是孫偉靈覺得成本太高，得不償失，於是不考慮。

看著一堆賣不出去的玩具，萬般無奈，孫偉靈只好讓工人暫時停工。一天，閒著無聊的工人把玩具拆了又拼接，打發時間。孫偉靈看到了，突然喜上眉梢，這不就是很好的益智玩具嗎？如果把製作玩具的最後一步，即拼圖玩具留給兒童，不就可以讓他們動腦筋，開發他們的智力了嗎？這樣還可以節省勞力呢！孫偉靈的想法得到了員工的一致認可。

孫偉靈和員工馬上動手，把那些已經拼接好的玩具一個個全部拆開，逐一裝進袋子裡，然後找到玩具店推銷。不了解情況的玩具店老闆，看到孫偉靈親自上門推銷玩具，都很不耐煩說：「你的玩具現在不好賣，我們不敢進太多的貨。」孫偉靈告訴他們，這些玩具是益智拼圖玩具，跟以往的不一樣。玩具店老闆這才半信半疑進了一些。

然而，一個月過去了，這些益智玩具根本賣不出去，玩具店老闆紛紛打來電話要求退貨。明明是很好的玩具，為何賣不動呢？孫偉靈百思不得其解。經過幾天調查詢問，他找到了原因。原來是這些玩具的包裝太差，不能吸引小孩子的注意力。

孫偉靈找到一家包裝公司，包裝的外面印刷有玩具造型的圖片，並明顯註明「益智玩具」幾個字。袋子裡還裝有玩具的具體玩法，即用袋子裡的木片，拼接成外包裝上印刷的玩具造型。經過包裝的益智拼圖玩具，其主題更鮮明，外表更吸引人。

當這些玩具出現在各個玩具店時，頓時吸引了小孩子的目光，不少人掏錢購買。由於這些益智拼圖玩具需要動腦筋思考，動手拼接，很有趣味性，因此很快在小孩子中流行開來。購買的小孩越來越多，經銷商紛紛上門要貨。原先積壓的玩具，全都成了搶手貨，僅一個多星期就賣完了。

由於這些玩具是用膠合板做成的，因此還非常環保。一天，一位家長

一下子買了三個益智拼圖玩具，說：「這些玩具能夠鍛鍊孩子的思考能力、動手能力，而且又是用木材做成，沒有化學成分，給孩子玩很放心。」那個月，孫偉靈賺了近十萬元。

此時，裝修公司看到他頻頻來收集廢木材，也起了疑心，後來乾脆直接提出，必須付點錢才給他收集。孫偉靈感覺到，這樣下去不是長久之計。已挖到第一桶金的他決定轉型。

他不再收集廢木材，而是直接與膠合板廠商談判，簽訂長期合作協定，廠商以批發價給他提供膠合板。接著，他應徵了兩名玩具設計師，專門設計各種益智拼圖玩具，真正做到專業化。另外，為了搶奪市場，他與各個玩具店老闆談判，要他們與自己簽訂長期銷售合約。玩具店的老闆看到他生產的玩具越來越專業，都毫不猶豫與他簽約。這樣就把其他跟風者排斥在門外。

裝修廢物本沒有什麼價值，但經孫偉靈巧思之後，卻成了搶手貨。其中飽含智慧。因此，多動動腦筋，廢物說不定會成為寶貝。

為孩子順奶，匯出大事業

人人都知道母乳餵養寶寶好。但剛做媽媽的人未必知道如何正確為寶寶餵奶。為寶寶餵奶時，一不小心寶寶就可能嗆奶，嚴重的話會導致生命危險。那年輕的媽媽該如何是好呢？

張秀霞終於走進了婚姻的殿堂。次年，她的兒子來到了人間，張秀霞抱著寶寶，一股做母親的偉大幸福感油然而生。

初為人母，張秀霞顯得手忙腳亂。孩子尿尿、啼哭、驚悸……張秀霞應接不暇，原來養育孩子這麼辛苦。每次兒子啼哭，張秀霞都以為他餓了，可當她把奶塞進他嘴裡時，寶寶卻只吸了一口，就吐出來，繼續哇哇大哭。張秀霞既心疼又生氣，自言自語道：「我的小祖宗啊，求你不要為難媽媽，好不好？」寶寶根本不領情，哭得更凶了。

第四章　發揮自身優勢，特殊技藝成攬金高手
為孩子順奶，匯出大事業

看到餵奶這麼麻煩，加上自己又沒有什麼奶水，張秀霞向丈夫提出，為孩子餵奶粉，丈夫當即反對，說：「那不行，奶粉遠遠不及母奶有營養，再說一些奶粉的品質也很難讓人放心。」張秀霞只好硬著頭皮，學著為兒子餵奶。

一天，張秀霞上班時感覺奶水很漲。她下班趕回家，寶寶已經餓得哇哇大哭。她趕緊把奶塞進他的嘴裡，心想，今天媽媽奶水很多，你儘管喝得飽飽的。誰料，兒子猛吸了兩口後，突然劇烈咳嗽起來，臉漲得通紅，呼吸急促。張秀霞嚇得魂飛魄散，趕緊抱起兒子，叫車趕往醫院。

醫生檢查後發現，原來孩子吸奶太猛，奶水嗆進氣管裡了。由於搶救及時，寶寶最終脫離了危險。經過這件事張秀霞才意識到，為孩子餵奶看起來事小，實際上不簡單。一不小心會傷害到孩子，甚至奪去孩子的生命，絲毫不能馬虎。

張秀霞於是到書店買了很多有關為孩子順奶的書，仔細閱讀。一個星期後，她邊學習，邊實踐，終於掌握了如何為孩子順奶。比如孩子太餓時，不能讓孩子猛吸奶，而是先一點一點餵，一邊慢慢拍他的後背。為孩子餵奶時，要讓孩子坐好，孩子吸奶時，有節奏撫摸他胸前等。

掌握了順奶技巧後，張秀霞每次為孩子餵奶都成了種享受。看著小傢伙酣暢吸著奶水，一股甜蜜充盈心田。

寶寶逐漸長大了，吸奶的時候也變得調皮起來，有時正吸著奶，會狠狠咬張秀霞一口。張秀霞查看相關書籍後發現，原來小傢伙是牙齦癢，才這麼做。張秀霞很快找到了應對的辦法，餵奶前，先把寶寶逗得咯咯笑不停。寶寶累了，吸奶時，就顯得乖多了。

寶寶終於斷奶了，張秀霞舒了一口氣。此時，張秀霞的一些剛做媽媽的朋友紛紛找上門來，向她討教初當媽媽的經驗。這些朋友大都有工作，平時很忙，沒有時間去學習如何為孩子餵奶。張秀霞想，初當媽媽的人都不知道該如何為孩子餵奶，假如我做一名順奶師，專門為孩子順奶，肯定會受到她們的歡迎。

讓錢自己長
你不是缺錢，只是沒種創業

張秀霞告訴朋友如需要順奶服務，可以跟她聯繫。接著，她花了五百元，在報紙的分類廣告欄裡登了則小廣告。

低成本的廣告做出去後，張秀霞很快就接到了業務，為在某外商工作的馮女士剛出生不久的女兒熒熒順奶。熒熒吸奶時，只見張秀霞輕輕撫摩著她的後背，熒熒便安靜酣暢吮吸起甘甜的乳汁。熒熒每天要餵四五次奶，張秀霞於是每天四五次往馮女士家跑。張秀霞為熒熒順奶的收費是按月計算，每月收費一千五百元。第一個月，張秀霞只接到兩筆業務，賺到了三千元。錢雖然很少，但她感到很開心。畢竟萬事起頭難，她相信隨著知名度的提高，生意肯定會越來越好。

一天，張秀霞正在幫王老師的兒子順奶，王老師的婆婆竟生氣怒□道：「孩子根本不需順奶！妳純粹是個騙子！」張秀霞被罵得一頭霧水，心想：「明明是你們叫我過來幫孩子順奶的，現在卻罵我是騙子，到底是怎麼回事？」後來，她才了解到事情的原委。

原來，王老師看了張秀霞的廣告後，為了孩子的安全起見，請她來為孩子順奶。王老師的婆婆知道後，強烈反對說：「孩子自己會吸奶，用不著浪費錢。」兩人意見不合就吵了起來。

張秀霞莫名挨了罵之後，一怒之下，終止了該業務。然而，一個星期後，王老師的婆婆竟親自打來電話，請張秀霞去為她的孫子順奶。原來，張秀霞停止順奶後的第五天，王老師餵奶時，奶水把兒子給嗆住了，猛烈咳嗽了大半天。婆婆這才相信很有必要請一個順奶師，比起孫子的生命健康，花這點錢不算什麼。

為孩子順奶看起來似乎很簡單，但個中的苦張秀霞深有體會。在順奶的過程中，張秀霞多次遇到嬰兒大便撒尿。每次，她拚命忍住惡臭不說，有時遇到雇主要求她幫忙換尿布時，為了博得對方好的評價，張秀霞只好硬著頭皮答應。

當客戶越來越多後，張秀霞忙得不可開交。往往剛在這家導完奶，另一家就打來電話，讓她馬上幫孩子順奶。為了節省交通費，張秀霞買了

第四章　發揮自身優勢，特殊技藝成攬金高手
為孩子順奶，匯出大事業

一輛腳踏車。誰知，才用了不到一個月，價值近一萬元的腳踏車就被偷走了，張秀霞相當於白忙了一個月。

後來，張秀霞只好買了一輛非常破舊的腳踏車作為代步工具。破舊的腳踏車雖然免去被偷的擔憂，但是給她帶來了危險。一次，她剛在一家導完奶，另一家雇主就打來電話說孩子餓得哇哇大哭呢，要她馬上過去順奶。張秀霞馬上騎上腳踏車飛奔過去。由於腳踏車太破舊，騎到半路後車輪竟脫落，張秀霞重重摔了一跤。她顧不上疼痛，把腳踏車丟在一邊，攔住一輛計程車往雇主家趕……張秀霞的守信敬業贏得了客戶的好評，客戶紛紛推薦給親朋好友。張秀霞的順奶生意越做越好，月收入近兩萬五千元。但生意紅起來後，張秀霞一個人已經應付不過來了。

一日，張秀霞正在順奶，另一名雇主打來電話，要她馬上過去。張秀霞解說：「我正在幫別家的孩子順奶，您能不能稍微等一會兒呢？」沒想到，對方竟破口大□：「我的孩子正餓得哭個不停，妳要讓我等到什麼時候？我是花錢的了，妳怎麼這麼不講信用呢？」張秀霞心裡雖然很急，卻又不能脫身。結果，那天，她遲到了二十多分鐘，被那名雇主罵得狗血淋頭。後來，這樣的事她又遇到很多次。她覺得，這樣下去生意肯定沒法做大。

思來想去，張秀霞決定應徵幾名幫手。於是，她註冊了一家家政服務公司，徵了十名已婚女性。在對這十名已婚女性進行了一個月的順奶培訓後，張秀霞讓她們代替自己出去開展業務，她自己管理。

然而，由於經驗不足，她派出去的員工很快就遇到了問題。一日，一個名叫文麗的員工哭著跑回來說：「這工作太受氣了，我不做了！」張秀霞詳細詢問後，才了解了事情的原委。

原來，文麗平時不注重自己的著裝打扮。那天她為一有錢人家的小孩順奶。對方一看到她衣著不潔，手還有點髒，把她趕了出去，說：「妳這哪裡像是給孩子順奶的？跟個乞丐差不多。」文麗倍覺受辱，一路哭著回來了。

聽完文麗的哭訴，張秀霞覺得對方雖然言辭過激了一點，但人家也是

203

為孩子考慮，孩子的健康在父母看來是多大的事情啊！文麗這麼「骯髒」為孩子順奶，人家肯定不放心，更何況對方是有錢人！

張秀霞吸取了這個教訓，派員工順奶前，都要嚴格檢查員工的著裝和個人衛生狀況。只有達到要求，她才會讓她們出去工作。

後來，為了提升品牌形象，張秀霞還為員工統一製作了工作服，並且印上公司名稱和電話。整潔的工作服讓客戶看起來更加放心，同時員工穿著工作服去工作，也是一種很好的宣傳方式。

在開展順奶服務的過程中，張秀霞還接到許多新生兒父母的電話，要求她幫忙看護嬰兒。原來，很多新生兒父母都是工作繁忙的白領，有時兩人工作都很忙，很需要有人替他們暫時看護嬰兒。張秀霞於是趕緊推出了看護嬰兒業務，按小時收費，每看護一小時收費五十元。

由於張秀霞不斷克服困難、提高服務水準，她的順奶生意日益興隆，服務範圍也逐漸擴大。

照顧嬰兒是一門大學問，許多初為人母的女人，對此知之甚少。順奶師之所以有市場，是因為她幫母親們排除危險，確保孩子的安全。因此，多從人性化的角度考慮人們的需求，你才會更加受人信賴。

孕婦裝到母子裝，形變情不變

女人生下小孩後，孕婦裝就成了雞肋，穿又不能穿，丟掉又很可惜。一名年輕人獨具慧眼把孕婦裝修改成母子裝，實現了自己的財富夢。

張曼青的姐姐張曼雯懷孕時，姐夫買了五套高級孕婦裝。張曼雯生下小孩後，這幾套才穿了幾個月的孕婦裝就被她打入「冷宮」，不再問津。

一天，張曼雯清理衣櫃看到那幾套孕婦裝時，想到它們既不能穿，又占用空間，便準備把它們回收。恰好到她家做客的張曼青阻止說：「這幾套衣服還那麼新就回收，太可惜了！」妹妹說得沒錯，可畢竟這幾套衣服對自

第四章 發揮自身優勢，特殊技藝成攬金高手
孕婦裝到母子裝，形變情不變

己已沒有絲毫用處了，張曼雯便說：「要不我送給妳吧，將來妳懷孕時可以穿。」張曼青毫不客氣收下來。

看著這幾套材質優良、做工精美的孕婦裝，張曼青卻想：我現在連男朋友都沒有，等到我懷孕時，這些孕婦裝說不定已經過時了。假如真是這樣，這些衣服還是免不了成為廢品。想到這裡，張曼青倍覺惋惜。

一日，張曼青拿著一條上衣到一家裁縫店縫鈕扣時，看到店主馬小姐正在剪裁一條新褲子。張曼青好奇地問她：「這條褲子那麼新，妳為什麼把它裁減掉？」馬小姐說：「這條褲子的主人覺得褲子太寬鬆，想讓我幫他改緊一點。」原來如此。轉念，張曼青突然眼睛一亮，想：「何不把姐姐送給我的幾套孕婦裝改小試試呢？」

她趕緊返回家中，拿來那幾套孕婦裝，讓馬小姐根據她的身材標準，把衣服改小。馬女士接下了這筆活，三天後，她終於把那幾套十分寬鬆的孕婦裝改小成緊身的上衣。張曼青穿上，照著鏡子仔細端詳後，不禁喜上眉梢，改小後的衣服非常合身，款式也挺時尚。而且，每套孕婦裝的修改費才一百多元，就能把價值幾千元的衣服「救活」，張曼青覺得很划算。

一日，當她穿著改小後的孕婦裝去姐姐家做客時，姐姐上下打量了她一下，然後問道：「妳什麼時候買的新衣服？」張曼青告訴她這是孕婦裝改成的，姐姐驚歎說：「沒想到那孕婦裝改小後竟然這麼漂亮！」姐夫看了之後，也大加讚賞。

張曼青想：「女人生完小孩後，孕婦裝就不能穿了。如果幫她們把孕婦裝改成適合她們身材的尺寸，孕婦裝就可以繼續使用，不會浪費了。」一直有創業念頭的她，把自己的想法告訴家人後，家人的意見不一。父母勸她繼續工作，不要耽誤了前途，姐姐和姐夫則大力支持。

經過一番權衡後，張曼青終於辭掉工作開始創業。她買下了一個小店面，註冊了一家工作室，然後徵了一名服裝設計師，專門設計孕婦裝的修改款式。接著，她又找到為自己修改孕婦裝的那個馬小姐，與對方商定：款式設計好後，由她來完成最後的工序。因雙方簽訂的是長期合作協定，

馬小姐同意把修改孕婦裝的價格降到一百一十元一套。

做生意，知名度很重要。為此，張曼青花錢在報紙上做了個小廣告。廣告費不低，可效果卻不理想。兩個星期過去了，張曼青才接到兩筆工作，設計了六套孕婦裝，每套收費兩百五十元，總共賺了九百多元，如果去除店面租金和工錢，她實際上是虧本了。做廣告是找死，不做廣告就等死，張曼青體會到了這句話的含義。

後來，她還是找到了原因。改孕婦裝，服務的對象只是剛生完小孩的年輕媽媽，而自己在報紙上做廣告，有多少年輕媽媽能看到呢？投放廣告要針對消費群體和服務對象，張曼青似乎明白了廣告的真諦。年輕媽媽肯定經常到嬰兒用品店買東西，張曼青於是印刷了一大疊傳單，雇人到各個嬰兒用品店門口發。

這次目標瞄得很準。傳單散發出去沒多久，她的電話就響個不停，找她修改孕婦裝的人絡繹不絕。那個月，除去成本，她賺了一萬多元。改孕婦裝終於能賺錢了，張曼青自然很高興。然而，接下來的日子裡，利潤一直徘徊在一萬元左右。張曼青腦海裡經常盤旋著這樣一個問題：為什麼改孕婦裝的生意很難做大呢？

一天，一名年輕媽媽問張曼青：「我的孕婦裝改小後，剩下的布料妳能幫我縫製一套嬰兒裝嗎？」張曼青告訴她：「完全可以！」幾天後，當該年輕媽媽拿到由她的孕婦裝修改成的一套母子裝後，異常興奮：「原以為這套孕婦裝要浪費了，沒想到還能修改成適合我們母子的兩套衣服，真是太好了！」

看到這個年輕媽媽高興的樣子，張曼青想：孕婦裝見證了胎兒的發育過程，是母愛的象徵。母親都會把孩子當成寶貝，如果把孕婦裝改成母子裝，肯定更受年輕媽媽的歡迎。

下定決心後，張曼青把廣告宣傳內容改為，幫年輕媽媽把孕婦裝改成母子裝。為了使自己的服務更加吸引年輕媽媽們的注意，張曼青還用孕婦裝設計製作了幾套款式新穎的母子裝，然後印刷在傳單上面。

第四章　發揮自身優勢，特殊技藝成攬金高手

孕婦裝到母子裝，形變情不變

　　果然不出張曼青所料，孕婦裝改成母子裝的傳單發出去後，來改孕婦裝的年輕媽媽比以往多了好幾倍。符老師剛生完小孩不久，接到張曼青雇人散發的傳單後，原本打算去買嬰兒裝的她改變了主意，把自己的六套孕婦裝交張曼青，讓她製成母子裝。張曼青讓設計師設計好款式，符女士認可後，才交給裁縫加工。

　　一個星期後，當拿到六套做工精良的母子裝時，符老師很激動：「這些孕婦裝記載了我懷孕的歷程，記載了我對孩子的愛，現在孩子生下來了，孕婦裝改成母子裝，不僅避免了浪費，還把我們母子的感情聯繫在一起。」

　　由於孕婦裝改成母子裝大做感情文章，滿足了愛子心切的天下母親的需求，張曼青的生意日益興隆，月收入迅速增加到三萬多元。

　　然而，當她接的活越來越多之後，設計師卻經常「生病」，今天說頭痛，明天喊發燒，三天兩頭請假。後來，細心的張曼青才觀察到，他不是真的生病，而是嫌薪水低。用他的說法就是，做多也是這些錢，做少也是這些錢，一點都沒動力。他的抱怨不無道理，張曼青於是與他重新商定了薪水待遇：基本薪水加提成，每月基本薪水兩千五百元，每設計一套母子裝提成20%。

　　待遇問題解決後，設計師工作非常積極，設計的母子裝大受顧客的歡迎。可此時，由於活越來越多，設計師一個人已經忙不過來了，張曼青只好又請了一名設計師，同時也徵了兩名裁縫師傅，購置了必要的裁縫機器。

　　有了穩定的設計加工後方，張曼青的孕婦裝改母子裝的生意很好，收入不斷增加。

　　一天，張曼青在某商場看到一家賣平安符的小店生意很好，人們擠在店裡選購自己喜歡的平安符，其中不乏一些挺著大肚子的準媽媽。平安符到底有什麼魅力呢？張曼青走進去一看，只見各式各樣的平安符上寫著不同的祝福語。原來平安符承載了人們對親友的美好祝福，張曼青想，如果母子裝繡上祝福語，會不會更受年輕媽媽的歡迎呢？

　　於是，每當有年輕媽媽來改母子裝時，張曼青都要問她們要不要在衣

服上繡一些祝福語。當媽媽的哪個不愛自己的孩子？年輕媽媽們都很樂意把對孩子的祝福繡在母子裝上。

在母子裝上繡字的收費標準是繡一個字五塊錢。繡字服務推出後受到了廣大年輕媽媽的歡迎，幾乎每個來改孕婦裝的年輕媽媽都要在母子裝上繡字。因此，這項增值服務使張曼青的收入提高了不少。

幾年過去了，張曼青憑藉修改孕婦裝已經挖到了人生的第一桶金——一百五十萬元。孩子是母親身上掉下來的一塊肉，是母親的心頭肉。修改孕婦裝的魅力在於，它把雞肋變成了雞肉，而轉變的途徑就是「修改」。因此，雞肋是愚者的藉口。智者腦海裡中永遠沒有「雞肋」這兩個字。

化相親妝讓有情人終成眷屬

許多青年男女遲遲沒有收穫愛情，不是因為他們不優秀，而是因為他們不懂得打扮自己。事實證明，初次見面的良好印象可以為今後的繼續交往打下堅實的基礎。善於打扮的張可妮抓住機會，實現了財富夢。

一個寒風料峭的夜晚，李才能向對張可妮說：「我覺得我們合不來，我們到此為止吧。」張可妮捂著臉，淚流滿面衝出咖啡店。三年的感情說沒就沒了，之前沒有任何徵兆，兩人也沒有爭吵，為何他說變就變了呢？張可妮發了條簡訊問他：「為什麼？」李才能說：「我喜歡上了一個女孩，在第一眼看到她時。」張可妮不相信，三年感情敵不過那一眼，她要看看她到底有多迷人。

幾天後，李才能牽著一個女孩的手，在大街上漫步。女孩穿搭如此和諧，顯得如此飄逸清秀，連張可妮都愣住了，她瞬間明白自己輸在哪裡了。女孩的相貌並不出眾，但她的打扮水準卻是一流的。並不高級的衣服搭配後，配合她的淡妝，氣質馬上就提升了。

張可妮不輕易服輸，她要找到一個更優秀的男人，讓李才能知道，自己不是平庸的女孩。為了達到目的，她惡補裝扮技巧，大量閱讀美容知

第四章　發揮自身優勢，特殊技藝成攬金高手
化相親妝讓有情人終成眷屬

識、色彩搭配知識、服裝與體型搭配知識等的書。晚上，她拒絕朋友的邀請，一個人在房間裡穿著不同的衣服，對著鏡子，反覆觀看揣摩。

三個月後，當張可妮身著一襲薄似蟬翼的裙子出現在辦公室時，同事都驚得目瞪口呆。女同事圍上來七嘴八舌問起來：「可妮，妳穿這裙子真好看，很合你的身材。」「可妮，看不出來哦，原來那麼土，現在可時髦多了。」「可妮，這是誰為妳化的妝呢？」男同事則目光在張可妮的身上徘徊，張可妮感到無比自豪。

張可妮很快變得知名，成為朋友議論的焦點，丘比特之箭也正在向她射來。那天，參加大學同學的生日舞會，英俊的大偉頻頻邀請可妮跳舞；幾個月後，當李才能看到嫵媚動人的可妮牽著大偉的手在夕陽下漫步時，他第一次發現可妮如此美麗。

張可妮的打扮本領得到了朋友們的認可，她們紛紛找她，讓她幫忙參謀。一天下午，好友王麗急急忙忙找到張可妮說：「妳趕緊幫我化個妝。穿什麼衣服，怎麼塗口紅、畫眉毛全由妳決定，只要妳認為好看就行。」「妳這是要去幹嘛？這麼著急。」張可妮不解。「我今晚要去相親。」王麗說。

相親？這可是大事啊。張可妮二話不說，認真起來。王麗的身材中等，為了使她看起來更苗條些，張可妮讓她穿淡紅色、直條的上衣。王麗的皮膚很白嫩，為了使她看起來更性感，張可妮為她選擇領口較低的衣服。王麗臉蛋白裡透紅根本不用施粉，張可妮只是把她的眉毛畫得長些、細些。

忙了大半天，終於收工了。王麗往鏡子裡一看，自己竟變了個人似的，好看了許多。約會的時間到了，王麗滿心高興赴約。幾天後，王麗高興告訴張可妮，她釣到金龜婿了。對方是外商的經理。「第一次見面，他就誇我漂亮、有氣質。」王麗說，「多虧你幫忙，真的很感謝你。」說完，王麗硬塞了一千元錢給張可妮。

幫人化妝也能賺錢？張可妮驚喜萬分，社會上有那麼多人相親，如果能為她們化妝，不是可以賺很多錢嗎？她把想法和男友說了。男友很支

讓錢自己長
你不是缺錢，只是沒種創業

持，他說：「妳大膽去做吧，失敗了還有我呢。」

張可妮辭掉工作，租了個店面，辦齊手續，滿懷信心開始了她的化相親妝的生意。可開業了一個月，張可妮才做成兩筆生意，賺了一千五百多元。這樣下去沒多久就會關門的，張可妮急得團團轉。

開攝影店的叔叔給她指點迷津：「妳的生意剛開始，沒有客源生意肯定不好，你不妨做點廣告宣傳。」

叔叔的話很有道理。張可妮馬上花錢在當地的電視台做了一個月的廣告。張可妮的生意很快紅起來。次月，張可妮做成了二十筆生意，賺了兩萬多元。

一天，張可妮接到一個名叫趙蘭的女孩的電話，讓她上門為她化妝。趙蘭說：「妳一定要幫我把這個妝化好，我今晚相親的對象是個『海歸』。」

張可妮想，對方是「海歸」，肯定很時尚，必須為趙蘭化個時尚妝。可張可妮翻看了趙蘭的衣櫃，竟沒有發現一件時尚衣服。時間很急，這可怎麼辦呢？無奈之下，張可妮只好叫車到商場買回了一套。當晚，趙蘭雖然終於穿上時尚衣服去相親，但由於時間太急，那個妝化得並不完美。

這件事讓張可妮意識到，要做好化相親妝生意，必須早有準備，臨時抱佛腳很危險。張可妮於是購買了許多套高級漂亮的衣服，為化相親妝做準備。萬一去相親的人沒有合適的衣服，就把購買的衣服租給他們。這樣張可妮多了一筆收入，她的化相親妝生意也越做越專業。

生意多了難免會出現問題。一次，一名女孩滿肚子怨氣找到張可妮說：「妳化的什麼妝？對方昨晚和我相親後對介紹人說，我妖豔得像個狐狸精。」張可妮很吃驚，該女孩相親的對象是個酒店老闆。張可妮考慮到，女孩打扮得嫵媚才容易打動對方，沒想到對方是個保守的人。張可妮趕緊安慰女孩說：「妳不要著急，我今晚再免費為妳化個學生妝，妳再去試試。」

當晚，張可妮把女孩打扮成清純的學生模樣，為了顯得有氣質，還讓女孩戴上一副無度數的眼鏡。

第四章　發揮自身優勢，特殊技藝成攬金高手
化相親妝讓有情人終成眷屬

第二天一大早，女孩就趕來報喜說：「對方答應和我繼續交往了，多謝妳啦。」說完，還堅持給了張可妮一千元。

有了這次教訓，張可妮在化相親妝前，不敢貿然主觀根據自己的想法去化。她總是問清相親對象的喜好後，做到萬無一失。

由於認真努力，張可妮的相親妝化得越來越有水準，營業額日日攀升，每月能賺三萬多元。

此時，張可妮一個人已經忙不過來，而男友大偉主動辭掉工作，做她的助手。

一天，大偉的好友吳猛向大偉訴苦說：「我相了五次親，竟沒有一次成功。對方都說，我看起來很普通。兄弟，你能不能幫我個忙，下次我去相親前，你讓可妮也為我化個妝，看看有沒有效果。」

大偉爽快答應了下來。一個月後，有人幫吳猛介紹對象。吳猛趕緊跑來找大偉。大偉讓張可妮為吳猛化妝。

張可妮結合吳猛的臉型特點，替他做了個半露額頭的髮型。為了使吳猛更具魅力，張可妮把他的眉毛畫得很粗。吳猛的體型中等，穿休閒服裝最好看。張可妮讓吳猛從褲子、襯衫到鞋子，都穿休閒的。

兩個小時過去了，當吳猛走出來時，竟變成了一個文質彬彬的儒雅青年，在場的人莫不讚歎不已。那天晚上，吳猛相親回來後，馬上打電話告訴大偉：「今晚的相親感覺很棒，那女孩對我一直含情脈脈。謝謝你了，哥們兒。」

大偉於是跟張可妮商量：「乾脆，我們把業務擴大到為男士化相親妝吧。與女人相比，男人更不懂得打扮自己，相親時更需要別人為他們化妝。」張可妮說：「你分析得很正確，這個任務就交給你了。」

大偉爽快答應了下來。他買了很多書籍，研究男人體型與服裝搭配關係、技巧、方法等。幾個月後，大偉已經掌握了不同相貌、體型的男人的打扮技巧。

讓錢自己長
你不是缺錢，只是沒種創業

為了迅速擴大為男性化相親妝的業務，大偉找到幾家大型婚姻仲介公司，與它們合作。只要婚姻仲介公司介紹來一名顧客，大偉就付給它們兩百五十元的仲介費。

由於婚姻仲介公司掌握大量單身男人的資料，它們很快就介紹了不少即將相親的男性顧客給大偉。張可妮的生意再度興隆。不倒翁的哲理在於，一旦被打倒，它能很快站立起來。張可妮失戀後，並不是消沉，而是反省自己的缺點然後改正。她給我們的啟示是，失敗並不可怕，剖析自己、勇敢面對失敗才是成功者的姿態。

饞女子「吃」出大筆財富

唐雲是個好吃的人，看到美食就想嘗一嘗。但唐雲那點微薄的薪水根本沒法滿足她對美食的嗜好。唐雲於是約別人一起吃，每人出一點錢即可吃大餐。唐雲約吃飯很出名，常一起吃飯，她對美食瞭若指掌。她的很多朋友外出吃飯都向她諮詢。唐雲於是開了一家美食仲介，沒想到生意非常好，她把「吃」當成了自己的事業，「吃」出了一片天地。

唐雲從小就非常好吃，家裡有什麼好吃的東西，她都會一掃而光。因為吃得多，她的身體有點臃腫。大學畢業後，唐雲到一家公司當祕書。

第一個月拿到薪水，唐雲就揣著那一萬多元，找了一家稍微高級的餐廳準備吃一頓。這家餐廳生意異常好，幾乎座無虛席。落座後，唐雲突然感到很難堪，因為偌大的餐廳只有她是獨自來吃飯的。菜上來後，服務生問唐云：「小姐妳們有幾位？」唐雲說：「就我一個人。」服務生驚訝得睜大了眼睛，因為很少有人獨自來這裡吃飯，而且唐雲一個人竟點了三道菜。菜上齊後，唐雲吃得很開心。偶爾抬頭，唐雲才發現周圍好多人在用好奇的眼光看著自己。唐雲頓時臉頰發燙，只好草率吃完，逃離那家餐廳。

唐雲心疼不已，因為那頓飯花了她四百多元，而她吃了不到一半。自那以後，唐雲不敢獨自出去吃飯了，畢竟一個人出去吃太貴不划算，而且還被人像看怪物似的盯著，渾身不自在。但好吃的她每每走過餐廳就不由自主放慢腳步。

第四章　發揮自身優勢，特殊技藝成攬金高手
化相親妝讓有情人終成眷屬

一天，唐雲在報紙上看到一家新開業餐廳的廣告，那是內蒙古一家餐廳的連鎖店，主要經營草原小肥羊。廣告上寫著，草原小肥羊，肉嫩多汁，味美養顏。看了廣告，唐雲不斷吞口水，從小到大，她吃過不少美食，但還沒有嘗過草原小肥羊是什麼滋味。唐雲很想去嘗嘗，但一看到價格是一千多元一桌，她就打退堂鼓。自己一個人怎麼可能去吃一千多元的一桌飯？

上班跟同事聊天時，唐雲說起了那家餐廳。公司的女同事聽說草原小肥羊吃了可以養顏，都很想去嘗嘗。唐雲於是向大家提議說：「要不，我們一起去吃一頓吧？」許多同事的胃口早被唐雲吊起，都同意一起去吃飯。晚上，唐雲和十多名同事到那家餐廳吃了一頓。果然，草原肥羊味道非常的鮮美。大家吃得很開心，唐雲更是吃得肚子鼓鼓的。結帳時一算，每人才花了一百多元，同事都說：「真是太划算了！」

有了這次經歷後，唐雲喜歡一起吃飯，因為只有和多人一起一起吃飯，她就能少花錢、吃好菜。

一天，唐雲看到一家餐廳在門口促銷，門口掛的標語上寫著：本店招牌菜「江山一片紅」特價兩百五十元。

第二天上班時，唐雲又煽動同事一起去吃飯，但回應的人寥寥無幾。眼看計畫要泡湯了，唐雲鬱悶得只好上網。在某網站瀏覽時，唐雲看到論壇上有人團購商品。唐雲突然眼睛一亮，為何不在網上發文試試，說不定能召集一群人去吃飯呢？唐雲於是在論壇上發文。很快，許多網友要跟，爭著要一起吃飯，唐雲驚喜不已。結果那天晚上，唐雲帶著二十多人浩浩蕩蕩奔赴那家餐廳大吃了一頓，算下來每人才花了五十多元。有個網友滿足說：「才花五十多元就能品嘗到如此美味的大餐，太值了！」

因唐雲是一起吃飯的發起人，網友都把她尊為老大，都希望唐雲能經常約大家一起吃飯。有人支持，好吃的唐雲當然樂意，她每週都要約網友出去吃兩次飯。半年多過去了，唐雲幾乎吃遍了每一家餐廳，哪裡有美食，唐雲都一清二楚。她也和很多餐廳的老闆、經理混得很熟了。

後來，由於與公司主管發生了矛盾，唐雲被解雇了。在人力銀行轉了幾個星期，唐雲都沒有找到工作。

五月勞動節，唐雲帶著一群網友到一家餐廳吃飯。吃完飯後，十多名網友把錢交給唐雲付帳。唐雲剛走到櫃檯，餐廳經理就把唐雲叫進辦公室，然後遞給唐雲一個紅包說：「你多次帶客人來我們餐廳吃飯，我們老闆給你一點意思，表示感謝。」唐雲拒絕了對方的好意。

回來的路上，唐雲一直在想，既然自己那麼熟悉的餐廳、熟悉的美食分布，乾脆開個美食仲介，專門介紹人們去吃好菜。

說做就做，唐雲拿出自己的積蓄租了一間辦公室，然後拉了一部電話，印了一盒名片就出去聯繫業務。唐雲首先與各個餐廳聯繫，與對方談好合作事宜。唐雲每介紹來一桌客人，就給唐雲一百五十元的介紹費。接著，唐雲在論壇上發布了自己的美食仲介開業的消息。

唐雲的美食仲介開張的這一天，很多相識的網友都打來電話表示祝賀。一個網友讓唐雲介紹吃火鍋的餐廳，唐雲告訴她在某條路有一家餐廳的火鍋味美價廉。那位網友當天中午就帶著一群朋友到那家餐廳吃飯。餐廳老闆聽說是唐雲介紹來的，就履約給了唐雲一百五十元。這是唐雲的第一筆生意。

接下來的日子裡，唐雲每天在網上發文，介紹自己的美食仲介服務。每天，唐雲都接到很多網友的諮詢電話，都要唐雲給他們介紹美食。但一天下來，唐雲只能做成兩三筆生意。唐雲很不解，那麼多人打電話讓她推薦餐廳，為何每天才做成兩三筆生意？經過調查，唐雲明白了個中原由。

原來，很多網友讓唐雲推薦餐廳後，去吃飯時總是忘了告訴餐廳是唐雲介紹他們來的，這樣唐雲就白忙了。另外，也有個別餐廳不講信用，即使有人告訴餐廳是唐雲推薦她們來的，餐廳也隱瞞不認，唐雲的生意自然就不好了。怎樣才能解決這個問題呢？唐雲為此傷透了腦筋。

一天，唐雲去一家餐廳吃飯時，餐廳經理告訴唐云：「我們店最近做了一批打折卡，只要持此卡吃飯，就可以打折。」頓時，唐雲想到了個好

第四章　發揮自身優勢，特殊技藝成攬金高手
化相親妝讓有情人終成眷屬

方法。唐雲與合作的每一家餐廳聯繫，要求對方做一些打折卡送給她，顧客如果持此卡去吃飯可打折。而餐廳如果看到此卡就知道是唐雲介紹過來的。為了吸引顧客，很多餐廳都同意了唐雲的要求。

有了手裡的這一大把打折卡，唐雲的生意頓時興隆起來。唐雲的電話響個不停，很多人找上門來索要打折卡。一天下來，唐雲成功介紹了十多批客人到餐廳吃飯，賺了幾千塊錢。

唐雲接到一個自稱是某家具店張老闆的電話。張老闆問唐云：「你知道哪裡有正宗的韓國菜嗎？」唐雲向張老闆介紹了一家口味正宗的韓國餐廳。下午唐雲正在上班，一名中年男子走了進來，熱情與她握手。男子告訴唐雲，他就是張老闆，然後連聲對唐雲說謝謝。原來，該老闆聽了唐雲的建議，在那家餐廳招待了幾名韓國客戶。那幾名韓國客戶吃得很滿意，當場與張老闆簽訂了一千萬元的合約。張老闆為了表示感謝，硬塞給唐雲一萬元，並表示以後會經常讓唐雲介紹吃飯的地方。

一天，唐雲接到一名男子的電話，男子自我介紹姓歐。歐先生問唐云：「你知道哪裡可以吃到正宗的揚州拉麵嗎？」唐雲告訴他：「在濱海大道有一家。」歐先生說：「那家我去吃過，一點都不正宗。」接著歐先生抱怨說：「我父親從揚州過來，我想帶他去嘗嘗正宗的揚州拉麵，卻一直都找不到。」這下，唐雲也困擾了，因為這麼多餐廳中，就那家餐廳的揚州拉麵做得算是正宗了。唐雲只好說：「你如果方便，留下電話，我有消息再告訴你。」

為了解決客人的問題，唐雲到論壇上發文尋求網友的幫助。很快，一名為「甲達」的網友告訴唐雲，她伯伯以前是廚師，做的揚州拉麵非常正宗，如果歐先生願意，她伯伯可以上門為他做揚州拉麵，但歐先生得付勞動費。唐雲把消息告訴了歐先生，歐先生很高興把那位網友的伯伯請回家。嘗了網友伯伯的手藝後，歐先生和他的父親非常滿意，歐先生當場給了網友的伯伯一千元的勞務費。

回來後，網友的伯伯留了電話給唐雲並告訴她：「以後如果有人想吃揚

州拉麵，可以跟我聯繫。你介紹成一筆生意，我給你一百元介紹費。」網友伯伯的話使唐雲想到了一個商機。唐雲想，有很多人有著精湛的廚藝，如果把他們的資料集中起來，為他們介紹客戶，這可是個不小的市場。

第二天，唐雲在報紙上登出一則廣告，內容是：「如果你有好的廚藝，如果你想用你的廚藝賺些外快，請跟我們聯繫。」廣告登出後，唐雲接到了不少電話，都是報名讓唐雲為他們找工作的。唐雲把他們擅長做的菜和聯繫方式一一記錄下來。

接著，唐雲又在報紙上打廣告，推出了「私家菜」業務。即，你想吃什麼樣的美食，只要打個電話，立刻就有高水準的廚師上門為你製作。一時間，唐雲的電話響個不停，來尋找美食的人絡繹不絕，唐雲做成了很多筆生意。

一天，唐雲接到一個老外的電話，老外的英語說得很快，唐雲聽不懂對方在說什麼。後來，老外叫了她的翻譯來跟唐雲說話。翻譯告訴唐雲，這名老外會做正宗的西餐，以後如果有人想品嘗正宗的西餐可以跟他聯繫。接著，翻譯留下了老外的電話。

農產品國際貿易會召開，有很多外賓參加。在招待外賓時，主辦方找了很多家餐廳都沒找到會做正宗西餐的廚師。後來，主辦方找到唐雲，唐雲向對方推薦了那名老外。結果，那名老外做的西餐深受外賓的喜愛，唐雲的名氣越來越大。

此時，由於客戶增多，唐雲一個人已經忙不過來了。唐雲打電話，請姐姐過來幫忙。有了姐姐的幫助，唐雲的業務迅速擴大，平均每天能做成上百單生意，一個月下來能賺到十萬多元。

唐雲策劃了一次美食品嘗活動，許多餐廳為了提高自己的知名度，都拿出各自絕活，做出色香味俱全的各種美食供市民品嘗。由於宣傳工作做得好，活動舉辦得很成功，唐雲賺了一大筆錢，個人財富已經超過上百萬。唐雲成功的前提是充分利用了自己的愛好。而善於總結經驗加上辛勤努力是她成功的祕訣。

陪人相親，「十五瓦燈泡」點亮財富之燈

　　很多人相親時，由於不善言辭、羞怯表現很差，導致相親失敗。有一名年輕人多次當「燈泡」，陪朋友相親。由於他能說會道，朋友們相親屢屢成功。後來，他乾脆做起了陪人相親的生意，別人都笑他是傻瓜，他卻迎難而上。一年多過去了，他的陪人相親生意做得很好。

　　王瑞峽陪在政府機關工作的好友張先生去相親。在一家西餐廳，張先生和女方互相簡單介紹之後，竟拘束得不知道該說什麼好。女方看到張先生沉默不語，埋怨道：「你怎麼坐著一句話都不說呢？」張先生更加緊張了，漲紅了臉，張張嘴巴，還是憋不出一句話來。王瑞峽趕緊對女方說：「張先生有個習慣，他一見到漂亮的女孩子就會緊張得說不出話來。」女孩子撲哧一聲笑了起來，氣氛頓時活躍了起來。張先生不再感到緊張，和那個女孩越聊越投機。

　　接下來的幾天，王瑞峽都陪張先生去相親，每次他都瞄準時機，提一些兩人感興趣的話題，讓兩人聊得投機，並且不時誇張先生。兩個星期後，張先生終於相親成功，和那個女孩出雙入對了。

　　後來，經張先生的介紹，王瑞峽又陸續陪了好幾個人相親成功，對方竟慷慨塞給他紅包。王瑞峽想，婚姻是人生的大事，如今社會上未婚青年越來越多，很多人都希望透過相親來找到另一半。然而，很多人相親時，由於不善言辭、羞怯，導致相親的失敗。如果我專門做陪人相親的生意不是很賺嗎？

　　說做就做，他毅然辭掉了工作，當起了職業「燈泡」。為了盡快攬到生意，王瑞峽告訴朋友自己專職從事陪人相親的工作。朋友們得知王瑞峽專門從事陪人相親的職業都很感興趣，並為他介紹生意。

　　經朋友的推薦，王瑞峽陪在學校當老師的高先生去相親。與高先生相親的女方是一名護士，家庭條件較優越。晚上七點鐘，幾個人一起吃飯。點菜時，女孩問高先生：「你愛吃什麼菜呢？」高先生說：「隨便吧，你吃什

麼，我吃什麼。」吃完飯後，服務生說：「我們餐廳有水果贈送，不知道幾位想吃什麼水果？」女孩看看高先生，高先生對女孩說：「妳來決定吧。」

女孩忍不住說：「我不喜歡沒主見的男人。」高先生的臉一下紅了，氣氛頓時很尷尬。女孩都把話說到這個份上了，眼看這次相親要失敗了。急中生智，王瑞峽忙說：「這還要怪妳呢！」女孩不解問：「為什麼怪我？」王瑞峽說：「因為他一見到妳就六神無主了啊。」女孩抿著嘴，露出笑容。接著，王瑞峽挽起高先生的衣袖，指著他手上的傷疤問女孩：「妳知道他這個傷疤是怎麼來的嗎？」女孩問：「怎麼來的？」王瑞峽向高先生使個眼色，高先生便把他在緊急情況下救學生的事詳細告訴了女孩。女孩對高先生的看法才改變了過來。最終，女孩和高先生聊得很開心，兩人也走到了一起。

事成之後，高先生把王瑞峽介紹給一個開單身俱樂部的學生家長。該單身俱樂部經常為單身男女牽線搭橋，因此有很多相親的活動。該家長給王瑞峽介紹了多筆生意。王瑞峽幾乎每天晚上都陪人相親，每次相親的收費是五百元。一個月下來，王瑞峽賺了一萬多元。

一名老太打電話問王瑞峽：「你能陪我女兒去相親嗎？」王瑞峽說：「我是男的，只能陪男的去相親，你女兒最好找個女孩陪她。」老太聽了歎氣道：「我是沒找到，無奈之下才找你的。我這女兒啊，膽子特小，見到陌生人就臉紅，相親好多次了都沒有成功。看著她年紀越來越大，還沒有個婆家，我真為她擔心。」

聽了老太的話，王瑞峽也為她感到難過，但有什麼辦法呢？自己是個男的，如果陪一個女孩去相親，不把男方嚇跑才怪。轉念，王瑞峽想，在相親中，其實女方更需要人陪伴，因為女孩子大都膽小羞怯。在相親中，如果有一個嘴巴厲害的女孩陪她，成功的機會更高。王瑞峽於是決定徵一些口才伶俐的人，把陪人相親的生意拓展。

王瑞峽註冊了一家相親工作室，主要業務就是陪人相親。接著，他在報紙上打廣告，徵口才好的年輕男女各三名。但因為陪人相親大都在晚

第四章 發揮自身優勢，特殊技藝成攬金高手
陪人相親，「十五瓦燈泡」點亮財富之燈

上，因此他應徵的都是兼職，薪水待遇是按工作量計算，每次陪人相親收費五百元，員工得到三百元的報酬。王瑞峽則賺兩百元。人員齊後，生意很快就送上門來了——在商場當文書的劉小姐，在王瑞峽的相親工作室選了一名叫邱蕾的員工陪她去相親。可生意剛開張，問題就出現了。

一般來說，陪人相親至少要陪三次以上才能成功。邱蕾只陪劉小姐相了第一次親，劉小姐就氣呼呼向王瑞峽抱怨道：「你的員工一點素養都沒有。」原來，邱蕾的口才很好，在陪伴劉小姐相親的過程中，沒有把握好尺度，說得太多，劉小姐不僅沒有表現的機會，反倒被冷落在一旁了。對這種「太亮的燈泡」，劉小姐不生氣才怪！

了解了原因後，王瑞峽趕緊把員工召集，向他們聲明兩點：第一，陪人相親時，打扮不可太過顯眼；第二，陪人相親時，不能說得太多，應該創造機會讓相親雙方交流。為了防止出意外，王瑞峽還特別強調，如果有違反將扣薪水。

為了挽回自己的聲譽，王瑞峽真誠向劉小姐道了歉，推薦另一名員工給劉小姐，並向她保證絕對不會出現類似的事情。劉小姐才欣然答應。一個星期後，劉小姐高興告訴王瑞峽，她已相親成功，並對那名員工的表現讚歎不已。

為了感謝王瑞峽，劉小姐請在報社工作的哥哥幫王瑞峽的相親工作室寫了一篇報導。報導出來後，王瑞峽辦公室的電話響個不停，來找人陪伴相親的人絡繹不絕，王瑞峽的月收入有三萬多元。

然而，王瑞峽並沒有滿足。如今，他手下有兼職陪人相親的員工二十人。他思考著如何把生意做得更大。一天，王瑞峽在報紙上看到一則消息：一家公司舉辦白領相親大會，吸引了成千上萬的白領參加，即使進場費每人兩百五十元，單身男女還是蜂擁而至。王瑞峽眼睛一亮，還沒有人舉辦過相親大會，我為什麼不試試呢？

王瑞峽馬上租了一塊空曠的場地，接著在報紙上做廣告。與上述的相親大會不同，王瑞峽的相親大會不用門票。任何未婚男女都可以免費進

場，把自己的資料貼在布告欄供別人選擇，同時也可以觀看他人的資料，如果覺得對方的條件符合自己的要求，則可以找王瑞峽要聯繫電話，王瑞峽再派員工陪他們相親。

相親大會開始了，幾千人蜂擁而入，把整個會場擠得水泄不通。他們都忙著看別人的資料，有中意的就記下來，再跟王瑞峽聯繫，要人陪相親。

一位姓郭的小姐一口氣記下了十二位男子的資料，詳細對比之後，她最終確定張先生最適合她。接著，她打電話與張先生約定見面的時間和地點，然後交錢給王瑞峽，要他派人陪她相親。在王瑞峽的幫忙下，郭小姐和張先生結成連理。他們結婚那天還硬把王瑞峽拉去喝喜酒呢。

由於相親會辦得很成功，王瑞峽陪人相親的生意頓時聲名大噪。他的員工每天都接到陪人相親的業務，忙得不可開交。那個月，王瑞峽的收入竟然有九萬多元。

在一家外貿公司工作的張先生，急匆匆找到王瑞峽說：「你能找一個熟悉瑞士禮儀和風土人情的人陪我相親嗎？」原來，由於業務上的往來，張先生在網路上和一名瑞士女孩談戀愛。過幾天，瑞士女孩就要不遠萬里來和他相親。張先生非常渴望和那女孩的愛情能修成正果。可是，他又不懂得瑞士的社交禮儀和風土人情，怕這次相親的失敗，因此找到王瑞峽，要他想想辦法。

可王瑞峽也很為難，因為他的員工中根本沒有這樣的人才。王瑞峽讓那張先生留下電話，有消息再聯繫他。後來王瑞峽了解到，在一所大學任教的姚教授，曾在瑞士留學多年，對瑞士各方面的情況很了解。王瑞峽於是找到姚教授，表明來意。姚教授爽快答應了下來。三天後，瑞士女孩到來，在姚教授的幫助下，張先生和瑞士女孩聊得很開心。瑞士女孩對這次的相親很滿意。不久兩人定下了終身。張先生對王瑞峽非常感激。

兩年多過去了，王瑞峽做陪人相親生意，積累了很多經驗，陪人相親的成功率越來越高。這份事業他越做越順手。

初次相親對善於交際的人來說是小菜一碟。但對於內向害羞的人來

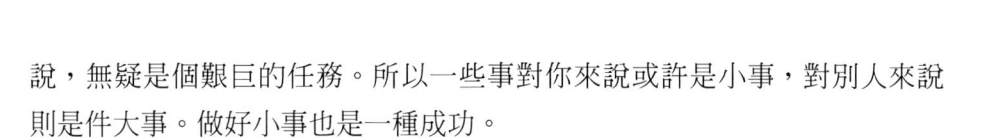

說，無疑是個艱巨的任務。所以一些事對你來說或許是小事，對別人來說則是件大事。做好小事也是一種成功。

把水果當裝飾品擺放，擺出滾滾財源

　　尹紅妹非常喜歡吃水果。她說，多吃水果不但可以減肥，還可以使肌膚保持年輕。後來，在吃水果的過程中，她發現把水果擺成各種造型也很好玩，於是沉迷於其中。朋友都笑她幼稚，像個小孩。誰能想到，她擺水果造型竟能擺出一片天地。

　　尹紅妹跳槽到一家房地產公司當企劃。第一天，她就被水果攤上各種各樣的水果迷住了，芒果、波蘿蜜、楊桃……看得她暈頭轉向。詢問價格後，她興奮不已，這些水果的價格最貴的才十塊錢。於是，她一下子買了兩百多元的芒果、楊桃、芭樂。那天，她把水果當午飯，一口氣吃了五斤多的水果。結果，下午在公司開會時，她肚子痛，每隔十分鐘就要上一次廁所。

　　由於工作的需要，尹紅妹經常陪客戶吃飯。餐廳高營養的飯菜很快使她的身體變得臃腫。再這樣下去，自己要變成水桶了，尹紅妹很緊張，減肥成了當務之急。

　　查閱了大量的減肥書籍後，尹紅妹決定採取水果療法，即透過多吃水果來減肥。她到市場買回幾十斤水果塞進冰箱裡，每天早上吃過早餐後，她都要吃半斤左右的水果。晚上如果沒有飯局，她就把水果當成晚飯，吃兩斤左右。同事得知她的做法後，都戲稱她為水果西施。

　　幾個月後，水果西施的體重終於減下來了，肌膚也變得更加有彈性。然而，這時她卻患上了胃潰瘍，胃病發作時，她痛得在床上打滾。醫生警告她，不能再這樣吃水果了。看著滿冰箱的水果，自己卻不能吃，尹紅妹乾脆拿出來擺成各種造型，打發時間。

　　十月十一日是尹紅妹的生日。她在家舉辦生日晚會，邀請了許多同事

讓錢自己長
你不是缺錢，只是沒種創業

和客戶參加。晚上七點多，人們走進尹紅妹家的客廳後全被客廳裡的水果造型迷住了。各種各樣的水果有的被堆成小山，有的被鑲嵌成小狗，有的被擺放成人臉。原來，尹紅妹覺得往年生日過得千篇一律，沒什麼意思，恰好這段時間她的胃潰瘍已經痊癒，於是別出心裁設計了許多水果造型，舉辦個水果生日晚會。那晚，大家一起吃水果、玩遊戲，玩得很開心。

一個星期後，好友阿芳邀請尹紅妹到她店裡擺放水果造型。阿芳開了一家果汁店，上次參加了尹紅妹的生日晚會後，被那些漂亮的水果造型所吸引，想請尹紅妹到店裡擺放些水果造型以吸引顧客。尹紅妹欣然答應了下來。

尹紅妹在阿芳的果汁店設計擺放了十多種水果造型：有的心形，有的堆成車，有的擺放成飛翔的小鳥，最妙的是尹紅妹用橘子和黑皮西瓜做了一個企鵝。水果造型擺好後頓時吸引了顧客的目光，人們邊喝果汁，邊仔細端詳尹紅妹的傑作，一邊還不停讚歎。看到水果造型受到顧客的稱讚，阿芳喜上眉梢，硬塞給尹紅妹一千五百元作為報酬。

擺放水果造型也能賺錢？尹紅妹想，要是每天能有這樣的收入，那可比上班強多了。令她感到意外的是，幾天後又有人找上門來，請她去擺水果造型。原來，一些商家在阿芳店裡看到那些活靈活現的水果造型後，也想請她在自己的店裡擺放水果造型。

既然水果造型有需求，我乾脆辭職專門擺水果造型算了，尹紅妹心想。好友阿霞得知她的想法後，勸說道：「妳太幼稚了，水果是用來吃的，誰會那麼傻，把水果當裝飾品擺放？」父母在電話中聽到她的想法後也強烈反對。然而，倔強的尹紅妹還是辭掉工作，開始了自己的創業路程。

她把自己關在家冥思苦想，設計了三十多種水果造型。接著，她把這些水果造型列印在傳單上，然後外出聯繫業務，在街上問人需不需要擺放水果造型。由於人們對水果造型還不是很了解，尹紅妹遇到的大都是冷言冷語。

皇天不負有心人，在尹紅妹的不懈努力下，終於有一家鞋店與她簽訂

第四章　發揮自身優勢，特殊技藝成攬金高手
把水果當裝飾品擺放，擺出滾滾財源

了擺放水果的協議。尹紅妹在該鞋店內用紅蘋果擺放了一隻一公尺高的大皮鞋。擺放這個水果造型，尹紅妹用去三十多斤蘋果。買蘋果的錢加上工錢總共花掉了該鞋店老闆兩千多元。但其效果非常明顯，行人看到該鞋店裡面的水果大鞋都非常好奇湧了進來，店裡很快擠滿了人，而附近幾家鞋店則冷冷清清。

看到擺放水果造型竟有這樣的效果，其他商家改變了主意，也請尹紅妹到他們店裡擺放水果造型，尹紅妹的生意終於做起來了。每擺放一次水果造型，視難易程度，她的收費從五百元到一千五百元不等。那個月尹紅妹接到了十二筆工作，賺了近一萬五千元。

小試成功後，尹紅妹對擺放水果造型充滿了信心，她在報紙上做了廣告，準備大展身手，然而情況卻出乎她的意料。廣告出去後，問津者寥寥無幾。兩個星期過去了，她才接到一筆工作。為什麼會這樣呢？尹紅妹百思不得其解。後來，好友阿金的話使她茅塞頓開：「擺放幾個水果造型誰都會，人家何必浪費錢請你擺放呢？」阿金的話很有道理，難道擺放水果造型真的沒有前途嗎？尹紅妹開始動搖了。

就在她將要放棄時，一幅畫改變了她的決定。那是一幅朋友送給她的迎客松，畫上挺拔的松樹象徵著不屈不撓。尹紅妹想，簡單擺放水果造型確實誰都會，但如果把人文精神加進去，就不是任何人都能做到的。尹紅妹再次把自己關在家裡，一心設計具有象徵意義的水果造型。

一個月後，幾十種象徵吉利、財源廣進的水果造型設計出來了。這些水果造型一推出，立刻受到商家的歡迎。一家即將開業的珠寶店找尹紅妹擺放水果造型。尹紅妹在該店門口用橘子擺放了兩個兩公尺多高的大元寶，象徵大吉大利、財源滾滾。結果，開業當天兩個水果造型的金元寶成了焦點，行人聚集在店門口，只為觀看這兩個特殊的元寶。由於看的人多，珠寶店開業當天人氣很旺，老闆非常滿意，多付給尹紅妹五百元報酬。

具有象徵意義的水果造型設計推出後，尹紅妹的電話整天響個不停，找她擺放水果造型的人非常多。她一個人已經忙不過來了。尹紅妹註冊了

一家水果造型設計工作室，招了兩名員工，一名負責接待，一名負責設計和擺放水果造型。

然而，此時尹紅妹發現，市場上從事擺放水果造型業務的人變多了。原來，別人看到她擺水果造型賺錢也插進來，想撈一把。可他們自己不設計水果造型，而是把尹紅妹設計好的造型直接抄襲。憤怒之餘，尹紅妹趕緊申請了專利，同時檢舉那些抄襲者。在她的嚴厲打擊下，那些仿冒者紛紛退出市場。

最初，找尹紅妹擺水果造型的都是一些想辦促銷活動的商家。可這些商家畢竟不是很多，當市場慢慢飽和後，尹紅妹的擺水果造型生意冷淡了下來。

一天，尹紅妹去參加朋友麗月的婚禮時，看到婚禮現場放有兩個用麵團捏成的小孩。不明就理的她問了別人後才了解其原因：主人放這兩個小孩的目的是希望新人早生貴子。出於職業敏感，尹紅妹想，如果用水果來擺放小孩的造型，不是更吉利嗎？

尹紅妹得知朋友的朋友阿蘭要結婚，便主動聯繫阿蘭，把自己的想法告訴她。阿蘭聽了非常感興趣，與未婚夫商量後，答應讓尹紅妹擺放小孩水果造型。爲圖吉利，尹紅妹用龍眼擺放了兩個非常逼真的小孩子造型，象徵新人早生龍子。婚禮舉行當天，人們都被這兩個水果造型吸引住了，紛紛讚揚新人想得很周到。

尹紅妹把小孩造型推向市場，結果很受歡迎。即將舉行婚禮的新人紛紛找她擺放小孩水果造型。受這件事啟發，尹紅妹想，其實只要是喜慶的日子，都可以擺放水果造型。於是，她又推出了生日水果造型、週年紀念日水果造型、開業水果造型、喬遷新居水果造型等。這些具有喜慶意義的水果造型同樣受人們的歡迎。尹紅妹的水果造型事業於是越做越專業、越做越大，早就實現了房車夢。

單單擺放幾個水果造型是沒有什麼意義的。尹紅妹的成功在於，她把文化內涵加入到水果造型中。

從業務員到兩千五百萬身家的公司老闆

　　王勇大學畢業後，到一所重點小學當國文老師，王勇剛走上工作崗位，王勇對工作充滿了激情，備課、上課、批改作業一絲不苟、認真負責，深受校長的讚許和學生歡迎。王勇有很大的成就感，對這份工作頗滿意，他從三年級教到六年級，送走了第一批學生後，王勇的心裡很空虛。下一個學期，根據學校的安排，王勇又要從三年級教起，重複以前的工作。王勇心裡不由得感到鬱悶，一下子看透了自己今後幾十年的人生路，那就是不斷重複。王勇忽然很討厭這樣的工作，毅然辭掉了工作。

　　剛從學校出來，王勇不知道自己能夠做什麼。兩個月過去了，王勇的工作依然沒有著落。他投了許多履歷均如石沉大海，沒有任何回音。當老師時存下的錢已剩不多，王勇這時深感不安。

　　王勇得知一家廣告公司徵業務員，決定去試試。雖然知道當業務很苦，但總比在家待著耗時間好。面試的內容很簡單，王勇順利通過，成為電視台的一名廣告業務，基本薪水為兩千五百元，拉到廣告提成10%。

　　經過幾天的簡短培訓之後，王勇掌握了電視廣告的基本知識和價格。接下來的日子裡，王勇每天都挨家挨戶送名片，問人家要不要做廣告。但除了個別商家禮貌性招呼外，王勇遭到的要嘛是白眼，要嘛是冷漠。這樣的事王勇遇到不少。一次，王勇到一家公司聯繫業務，該公司的企劃經理接過王勇的名片後，竟看都不看就扔到垃圾桶裡了。王勇感到前所未有的屈辱，很想把那人狠揍一頓，但他拚命壓住了心中的怒火。自己當老師時是多麼受學生和家長的尊敬，可如今人家根本不把他放在眼裡。

　　第一個月下來，其他的業務或多或少都拉到了廣告，只有王勇的成績是零。開會時，廣告部主管逐一表揚了其他業務，對王勇則是毫不留情批評：「你以前當過教師，教師應該很善於和別人打交道，但你的業績卻是最差的，書都讀到哪裡去了？」王勇心裡又氣又羞，簡直無地自容。他想馬上辭職，可又不甘心失敗，只好強忍著留了下來。

讓錢自己長
你不是缺錢，只是沒種創業

開完會後，王勇總結了原因，主要是自己對電視廣告和客戶情況的了解還不夠。於是他放了幾天假，每天看各個電影頻道的廣告，還收集了各種報紙廣告並做了詳細的記錄。經過幾天的分析，王勇發現一些大客戶投放廣告的量很大，幾乎每種媒體都投放廣告。而一些小的客戶一般只投放一種媒體。還有一些新產品剛上市時商家大都會投放廣告。王勇於是決定主攻大客戶，同時留意市場上有哪些新產品上市。

皇天不負有心人，一家有十二家分店的大型美容院老闆在王勇鍥而不捨的「騷擾」下最終與王勇簽訂合約，投了三十五萬多元的廣告。王勇拿到了第一筆提成四萬多元。做一個廣告就能拿到這麼多的提成，王勇感到自己的汗水沒有白流，同時也信心大增，對廣告銷售工作也開始喜歡。

在跑業務的過程中，王勇發現街上的店面往往只是產品的經銷商或代理商。總經銷商和總代理商大都「藏」在辦公室裡，而廣告投放大都是由總經銷商或總代理商決定。王勇於是主攻辦公室。他搜遍了辦公室，聯繫到了很多廣告客戶，做成了一個白酒和一個食用油的廣告。但這兩個廣告都是以貨物抵廣告費，因此王勇拿到的提成是白酒和食用油。王勇把這些白酒和食用油送給以前接觸過的老闆和企劃、銷售經理，不管他們是否幫自己投過廣告。由於人情關係做得到位，這些老闆和企劃、銷售經理很樂意與王勇打交道。他們均表示以後有廣告會首先考慮給王勇做。

幾個月很快過去了。王勇的業績竟然從零躍居第一。廣告部的全體同事均對他刮目相看。接下來的幾個月裡，王勇的業績都很出色，在廣告部名列前茅。

在跑電視廣告的時候，經常有客戶問王勇做不做報紙廣告、車體廣告。更有一些與王勇關係好的客戶直接找王勇幫他們投報紙、車體廣告。王勇想，既然有這麼多人想做報紙、車體廣告，為什麼不兼職做車體、報紙廣告呢？王勇找到某發行量大的報紙廣告部，廣告部主任答應王勇，如能拉到廣告可以給他 10% 的提成。王勇又找到車體廣告的總代理公司，公司老闆提出公車、大巴車體廣告的底價，答應王勇高出部分作為提成。

這樣，王勇同時兼做好幾種廣告，收入增加了不少。不久，某品牌電器公司一下子把五百多萬元的廣告費交與王勇投放。單這一筆，王勇就賺了三十五萬多元。王勇體會到了一個成功業務員的成就感。

一日，王勇發現一家剛開業不久的建材店。店面兩百多平方公尺，是某品牌塗料的總代理，看樣子很有實力。這是一個新登陸的品牌，為了打開市場，老闆肯定會投放廣告。王勇走進店裡找到老闆，大談塗料市場情況並提出一些行銷策略，其中不乏獨到之處。店老闆看到王勇對這個行業的分析很透徹，很客氣請他坐下為他倒茶。老闆對王勇說：「我代理的塗料剛剛上市，正煩惱怎麼打出品牌、擴大銷路。你能不能給我提些意見？」王勇告訴他，最好在公車上做一些車體廣告，另外還要找一些有經驗的業務員跑家裝公司和房地產開發商。塗料老闆覺得王勇的分析很在行、合理，當場提出如果王勇願意，可到他公司任銷售經理，月薪兩萬五千元，外加各種補貼。王勇當時挺心動。雖然他現在做廣告業務每月賺的錢不少，但跑業務畢竟很辛苦，還要經常請客戶吃飯，開銷也很大，一年下來也沒有剩下什麼錢，在這裡當經理比在外面跑業務日曬雨淋輕鬆多了。

王勇沒有立即應允，要求考慮幾天。回到家，王勇把這件事告訴父親。父親是個保守的人，認為這是個好機會，要他趕快應允。王勇又把這件事跟女友商量。王勇在外面跑業務辛苦不用說，還整天陪客人吃喝玩樂，根本沒時間陪女友。因此王勇的女友也強烈建議王勇去當銷售經理。王勇聽從了大家的意見，辭掉了業務員的工作，到那家塗料公司任銷售經理。

上班一段時間以後，王勇發現自己根本不喜歡這工作。公司要求每天早上八點必須準時到公司，下午六點鐘才能離開，中午幾乎沒有時間休息。公司裡大多是老闆的親戚，工作態度很差，連打字、倒水給客人之類的小事都要王勇來做。而且老闆的親戚還經常到老闆那裡告狀，說王勇的壞話。有意無意，老闆開始像防賊那樣防著他，生怕王勇會搶了他的生意似的。

銷售經理必須和客戶打好關係，王勇有次請客戶吃飯，飯後王勇拿著發票找老闆報銷。沒想到老闆竟說：「這是你們的私交，不能報銷。」王勇感到自己快窒息了。他開始懷念當廣告業務員時自在與輕鬆的日子，沒有固定的上班時間，拉到廣告就可以拿提成。而且當廣告業員可以接觸各行各業，能夠熟悉市場動態。在這裡，王勇感到好像有一張無形的網把自己罩住了，沒有一點自由。

　　王勇不顧家人的反對辭掉了銷售經理的工作，重新做起廣告業務。他沒有回原來的公司，而是做一個自由廣告人。他為自己安排了合理的工作時間，每天早上七點多起床後，跑步鍛鍊身體，然後吃早餐，查看各媒體上的廣告資訊。九點多開始打電話跟以前的客戶聊天，約他們出來吃飯，打好關係。下午，王勇在家看電視、報紙，收集廣告客戶資訊。晚上約有廣告投放計畫的朋友出來唱歌、喝咖啡。由於混得很熟，王勇的朋友有廣告都交給王勇投放。王勇拿了不少提成。

　　王勇用自己做廣告賺來的錢，加上借來的一部分錢，註冊了一家廣告公司，自己當起了老闆。

　　自己開公司壓力很大，不小心就破產了，自己得從零開始。為了節約費用，王勇租了一棟簡陋的辦公室。辦公家具都是王勇到舊貨店以最低的價格買回來。公司剛開始運轉，王勇既當老闆又當業務，每天外出聯繫業務。但幾個月下來，王勇賺到的錢只夠付公司的各種費用。自己手中有這麼多的客戶，為什麼賺不了錢呢？王勇經常思考這個問題。經過調查之後，王勇才知道問題在於自己沒有廣告媒介。做其他廣告媒介的代理拿的只是一小部分傭金，大部分利潤都被廣告媒介所有者鯨吞。

　　王勇開始留心觀察，思考著怎樣開發自己的媒介。一日，王勇去車站寄包裹。車站候車大廳人來人往，客流量很大。候車大廳的柱子被一些乘客用筆劃得面目全非。王勇心裡一亮，這不是很好的廣告媒介嗎？他找到車站的主要負責人，提出想租候車大廳裡柱子上的廣告發布權。站長正為柱子上的「汙染問題」發愁呢，聽了王勇的要求，立即應允。王勇與車站

第四章　發揮自身優勢，特殊技藝成攬金高手
從業務員到兩千五百萬身家的公司老闆

簽訂合約，王勇每年向公車站交九千元，即可擁有大廳內所有柱子的廣告發布權。有了自己的廣告載體，賺錢就容易多了。王勇找到一家礦泉水廠的李老闆，說服他在候車廳的柱子上發廣告。李老闆是王勇的老客戶，與王勇的關係很好，他很爽快投三十五萬元的廣告費，在車站候車大廳發布一年的廣告。除去各種費用，這筆生意王勇賺了二十五萬元。王勇如法炮製，取得其他三個車站候車大廳柱子上的廣告發布權並成功售出。短短兩個月，王勇賺到了一百多萬元。

接著，王勇把公司的業務擴大到印刷、策劃、諮詢等方面，同時徵了三名大學生和五名業務員。但正是因為業務員，王勇蒙受巨大損失差點破產。

二〇〇五年七月，一名業務員拉到一筆一百五十萬元的廣告。在收廣告費時，他私刻王勇公司的印章，與對方簽訂合約，讓對方把錢打到他指定的帳戶裡，收到錢後他馬上消失了。王勇沒有收到廣告費，以為客戶反悔不做廣告了，沒有放在心上。兩個月後，王勇接到傳票，那家公司告他。對方稱，王勇收了他的廣告費卻沒有為他發布廣告，還拿出合約和轉帳單作為證據。王勇這才知道那名業務員的陰謀，但為時已晚。王勇敗訴，只好賠償對方的損失，辛苦賺來的錢一分不剩，薪水都發不起，還有兩個員工搶走了公司的電腦。還好，另外幾名員工堅持留了下來，與王勇共進退，令王勇感動不已。

那段時間，王勇四處籌錢，終於挺了過來，公司逐漸恢復了元氣。接下來，王勇開發了火車站、機場等人流量大的地方的廣告載體。還透過拍賣得到了幾個位置極佳的大型戶外廣告發布權，公司的業務蒸蒸日上。

真正讓王勇名氣大噪的是，王勇在某著名品牌飲料公司的廣告招標中中標。為了打開市場，該公司準備投三千萬的廣告費，要求各廣告公司遞交各自的策劃方案。王勇和自己公司的員工連續幾週日夜作戰，精心準備好了方案遞交上去。最終，王勇公司中標，這讓其他大廣告公司跌破眼鏡，因為他們還沒聽說過王勇公司的名字。這次中標，王勇賺了五百多萬

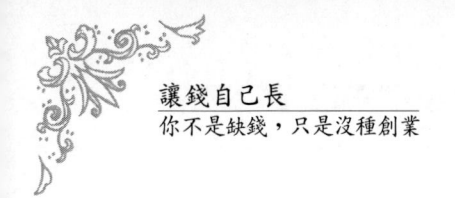

元。更重要的是，由於一炮打響，其他大商家主動找上門，把廣告交給王勇來做。這一年，王勇急招了十多人，光房地產廣告就接了二十多個，賺了兩千五百多萬元。王勇把公司搬到了高級辦公室，在某高級社區買了一套兩百五十多萬元的房子，還買了一輛兩百五十多萬元的轎車。

成功的路有千千萬萬條，成功的方式也千差萬別。總結王勇的成功經驗我們不難發現，其成功的祕訣是，看準了就大膽去做並且不要動搖。

愛書女孩，修書賺了五百萬

藍小姐是個愛書的人，大學畢業後開了個舊書攤，當起了書攤公主。收購來的舊書難免有破損，愛書的她細心修補好每一本破損的書。誰也沒有想到，因為修書，她走出了一條非凡的路⋯⋯

藍小姐大學畢業後應徵了幾家公司，都以失敗告終。她乾脆不再找工作，以四萬多元的價格接手了一個舊書攤，賣起了舊書。

賣書最苦的莫過於收購舊書了。書攤前主人雖然傳授了許多收購舊書的經驗給她，比如收購舊書要按斤收購，每斤兩塊錢；又比如圖書館清理書庫，或每年六月份大學生畢業時，可以以很低價收購到大量好書等。

但藍小姐一個文弱的女孩做起來非常吃力，第一次收購舊書的經歷令她記憶猶新。那天，她到一所大學學生宿舍前面的公告欄貼了張收購舊書的廣告。十幾分鐘後，她的手機響個不停，找她收購書的人排起了長隊。藍小姐只花了五千多元就收購到了一大堆書。

看著這些心愛的寶貝，藍小姐別提多高興，可是搬運書成了問題。她叫了一輛小貨車來拉，司機卻拒絕幫她搬書，除非她加錢。為了省錢，藍小姐只好自己一個人把書搬上車。七月，太陽非常火辣，藍小姐才搬了幾分鐘就累得氣喘吁吁，渾身是汗。路過的幾名大學生看不下去了，主動上來幫忙，藍小姐這才有機會歇息一下。

第四章　發揮自身優勢，特殊技藝成攬金高手
愛書女孩，修書賺了五百萬

　　藍小姐的汗水沒有白流。由於收購來的舊書成本非常低，平均一本才兩塊錢左右，她卻賣到二十五元甚至更高，利潤非常可觀。第一個月，她賺了一萬多元。

　　對她來說，賣書最大的樂趣就是，沒有生意時，她可以捧著書讀，與主人公同歡樂共憂傷。舊書的內容很豐富，天文、地理、小說、散文等，什麼都有。不足的是，這些舊書封面大都很破爛，猶如衣衫襤褸的乞丐，讓人一看就不舒服。最初藍小姐不大在乎，後來她想，如果把舊書修補好，應該更受到顧客的歡迎。

　　在這個想法的驅使下，藍小姐買來牛皮紙、剪刀、膠水、針、線等工具和材料。空閒時，她耐心修補破損的舊書。對撕破的封面、內頁，她大都用針把撕開的兩半縫起來。對缺損的封面、內頁，她根據缺損的面積大小，剪出合適的牛皮紙，然後再貼上去。藍小姐做得很認真仔細。書修補好後，竟然比原來「新」了好多倍，粗略一看，很難看出修補的痕跡。

　　藍小姐把修好的書擺放到書架上後，前來看書、買書的人變多了。在某外商工作的張先生是個金庸迷，走近藍小姐的書攤，他一眼就看中了藍小姐剛修好的一套《射雕英雄傳》，問清價格只要五十元後，他當即掏錢買下來。他對藍小姐說：「很多書攤都有賣這套書，我之所以在妳這裡買，是因為我看重妳對書的珍愛。這套舊書被妳修補得這麼好，可見妳很認真仔細。」

　　藍小姐聽了很是感動。自那以後，她修書的動力更大，凡是收購來的書有破損的，她都專心致志修補。有時因為修書，她熬到半夜才睡覺。因為修書，她的書攤生意總比別人好，她的收入也提高到一萬五千多元。

　　一天，一名劉姓男子拿著一本泛黃的舊書問藍小姐：「妳能幫我修好這本書嗎？」藍小姐接過書翻看後發現，這是一本古書。出於對書的熱愛和信奉顧客至上的服務宗旨，她爽快答應了。

　　第二天，原本破損不堪的書被藍小姐修補得非常整齊美觀。劉先生拿到書時非常滿意，並問修書費是多少。藍小姐原本不打算向劉先生要修書

231

讓錢自己長
你不是缺錢，只是沒種創業

費的，但由於修這本書耗費了她很多時間和精力，劉先生既然主動提出來了，她便說：「十元。」劉先生卻硬塞給她二十五元，說：「我買這本書花了不少錢，但書破損嚴重，我心裡很不舒服，妳能把書修補得這麼好，可見妳下了很大的工夫。」

幾天後，劉先生帶著幾個人，抱著幾大袋子的舊書，要藍小姐為他們修書。藍小姐這才了解到，劉先生和他的朋友都是古書收藏愛好者，經常到各地買古書。由於古書大多有破損，他們不懂也沒時間修補，一直為此苦惱不已。藍小姐為劉先生修的第一本書讓劉先生很滿意，於是約了這幾個要好的古書友，把破損的古書扛來，讓她修補。「價格就按二十五元一本，如果覺得低，還可以商量。」劉先生說。

藍小姐接下了這筆生意。考慮到古書的價值，她修書時，只用線來縫，堅絕不用膠水，怕時間久了其中的化學物質會損壞書。為了把書修得美觀，她買了各種顏色的線和紙，針對書的顏色，用相應的線和紙。縫補的時候，她對自己要求非常嚴格，針線走得稍微有點不整齊，她馬上拆了重新縫。

忙了二十多天，她終於把兩百多本古書修好了。劉先生和他的朋友非常滿意，如約付了五千多元修書費給她。修書竟然也能賺到五千多元！藍小姐高興之餘，乾脆在書攤前立了一塊牌子，上面寫著：本書攤提供修書服務。她的想法是：城市這麼大，肯定有許多愛書的人，他們收藏的書或多或少有破損，肯定有人願意掏錢讓她修書。最主要的是，提供修書服務可以使自己在所有的書攤中「脫穎而出」，提高自己的知名度。

牌子立起來後，立即引起了人們的好奇心。人們都說：「只見過修電器、修汽車，修書還是第一次聽說過。」儘管如此，但找藍小姐修書的人還是逐漸增多，有拿武俠小說的，也有拿漫畫的。幾名學生甚至拿著課本找藍小姐修說：「這些課本見證了我的學生時代，我要好好保存它們。」

幾個月過去了，藍小姐修書平均每月竟賺了兩千五百多元。錢不是很多，但修書服務的特殊性把路人都吸引過來，這使得她的書攤每天都很熱

第四章 發揮自身優勢，特殊技藝成攬金高手

愛書女孩，修書賺了五百萬

鬧，舊書的營業額大大提高，她的收入竟翻了一倍。

修書還使藍小姐結識了許多愛書的朋友，他們有的是學生，有的是公司白領，甚至有的是老闆。這些朋友除了找她修書，還向她提供一些舊書收購資訊，哪裡有舊書出售，他們都很熱心打來電話告訴藍小姐。這一點讓藍小姐感動不已，作為回報，藍小姐收購到好書，都留著賣給這些朋友。

一日，一名顧客對藍小姐說：「妳用紙做修書材料，想法很好。可是用紙來修補很容易弄髒，而且沒過多久，書又被翻得破損不堪。這樣反覆修下去，書會變得越來越破爛，最後只能丟掉。」

藍小姐覺得客人說得很有道理，但有什麼辦法呢？書本來就是紙做，不用紙來修，用什麼來修呢？藍小姐為此苦惱不已。

一天，藍小姐逛街時，看到有人用一種透明的黏性薄膜貼在手機上，這樣可以防止劃傷手機外表，使手機看起來什麼時候都很新。藍小姐的眼睛一亮，想：如果書修好後，再用一張薄膜貼在上面，不是可以防止書被損壞嗎？

藍小姐到批發市場買回了厚厚的一疊薄膜。每次為顧客修好書後，她都一絲不苟在修好的封面或書頁上貼上薄膜，防止書再次被損壞。此舉受到顧客的一致讚揚，藍小姐的聲譽越來越好。人們寧願多走點路到她的書攤看書、購書，也不願到別的書攤去。

一天，藍小姐為在某學校任教的孫老師修書時，因孫老師的書封面、封底已被撕爛，她用一張厚厚的牛皮紙做了個封面和封底。牛皮紙貼上去後，藍小姐覺得牛皮紙上一片空白，給人以枯燥乏味的感覺。學美術出身的她便根據自己的構思，在上面畫了一幅山水畫，並在封面工工整整寫上該書的名字。孫老師取書時看到藍小姐為書製作了如此美觀的封面、封底，非常滿意，大大誇獎了藍小姐一番。

受這件事的啟發，藍小姐推出換封面和封底服務，如果書的封面和封底破損嚴重，可以換手工製作的封面和封底，價格卻不變。為了吸引顧客，藍小姐還特意製作了幾個漂亮的封面和封底樣本，擺在書攤的顯

讓錢自己長
你不是缺錢，只是沒種創業

眼位置。

果然，服務推出後，顧客來修書時大都要求換封面和封底。藍小姐便根據書的內容，製作不同藝術風格的封面和封底。比如，如果是愛情小說，她就在封面上畫一對牽手的戀人；如果是散文集，她就畫美麗的自然風光；有時，她甚至把書中描寫的場景畫到封面上……這樣一來，藍小姐修書不只是簡單的手工技術活，而成了藝術創作。她可以根據自己的靈感和構思製作不同的封面，把自己的思想、情感，把藝術之美傳達給顧客，顧客拿到修好的書時都驚喜不已。

一天，一名周姓中學生來到藍小姐的書攤前問道：「阿姨，您能替我的書換個封面和封底嗎？」說著，他拿出一本嶄新的《假如給我三天的光明》，遞給藍小姐。藍小姐好奇問他：「這本書封面和封底都完好無損，你為什麼要換掉呢？」周同學說：「這本書的封面一點都不好看，我希望妳為我製作一個好看點的封面。」藍小姐想，既然他這麼相信自己，乾脆就幫他換吧，於是接下了這筆工作。

這本書講述的是盲人海倫凱勒自強不息的故事。藍小姐裁好封面和封底後，在封面畫了一幅美麗的畫，畫中人面對著太陽和美麗的山水，面露微笑，臉上還掛著兩滴喜悅的淚水，意為眼睛盲了心靈不盲。周同學對此封面非常滿意，說一定好好珍藏這本書。

此時，藍小姐冒出一個大膽的想法：很多書內容非常好，但封面卻製作得不好看，假如推出換個性藝術封面服務，肯定會受到很多人的歡迎，於是她在報紙上登了廣告。

廣告登出來後，找她換封面的人絡繹不絕。藍小姐認真對待每一本書，設計製作封面都是經過反覆對比後才裝訂上去，深受顧客的好評。

藍小姐換封面的業務已超越舊書的銷售，她乾脆把重點轉移到封面的製作上，徵了幾名助手，專門為愛書的人設計製作個性藝術封面。由於個性藝術封面製作越來越有水準，很多知名出版商找上門來要求與她合作。藍小姐終於從「書」中挖到了「黃金屋」，賺了五百多萬元。

書也能修嗎？藍小姐的經歷告訴我們，書可以修。只不過她把修書當作一門藝術、一種享受。娛樂自己的同時如能娛樂別人，說不定就是條好財路。

打大肚皮主意，在大肚皮上做廣告的女孩賺了五百萬

張雨瑛是個漫畫狂，自小就愛畫漫畫。牆壁上、書桌上、課本上，處處都留下了她的漫畫傑作。大學畢業後，她竟不務正業，又畫起了漫畫。後來，甚至異想天開，竟在孕婦肚皮上畫畫，就在人們罵她腦子有問題的時候，她卻無意中打開了一扇財富門。

張雨瑛的父母都是知識份子，自從八歲那年，母親為她買了一盒水彩筆並教會她畫一些簡單的畫後，張雨瑛就迷上了畫畫。從此，她就成為麻煩製造者。家裡凡是能畫畫的地方，都留下過她的傑作。高中畢業後，張雨瑛以優異的成績考取了某所大學的美術系。張雨瑛大學畢業後，到某大型企業做企刊編輯。

張雨瑛的好友孫麗娜懷孕了，挺著一個大肚子的孫麗娜請假在家，倍感無聊。一天，張雨瑛去看望她時她說：「妳來得正好，幫我在肚皮上畫畫，然後拍幾張照片。我要保存下來，作為懷孕期間的紀念。」張雨瑛已經好久沒畫畫了，手正癢呢，當即答應了。二十幾分鐘後，張雨瑛在孫麗娜的大肚皮上畫了一隻十分可愛的卡通豬。當她把卡通豬拍下來給孫麗娜看後，孫麗娜非常滿意說：「肚子裡的小傢伙肯定也是這麼胖嘟嘟。」

孫麗娜的朋友周芳齡也是個準媽媽。她來孫麗娜家做客時，看到肚皮畫的照片後不斷讚歎，並問孫麗娜這畫是找誰畫。孫麗娜告訴她是張雨瑛畫的之後，周芳齡向孫麗娜要了張雨瑛的電話號碼並給張雨瑛打電話，讓張雨瑛也幫她在肚皮上畫畫。

讓錢自己長
你不是缺錢，只是沒種創業

張雨瑛到周芳齡家，在她的肚皮上畫了一對鴛鴦。周芳齡和丈夫看了這對美麗的鴛鴦後相視一笑。周芳齡動情對丈夫說：「我們就是一對永遠不分開的鴛鴦。」為了表示感謝，周芳齡讓丈夫給張雨瑛五百元的報酬，張雨瑛再三推辭不過，只好收下。

在肚皮上畫畫還能賺錢，這讓張雨瑛感到很驚喜。後來，她想，第一次懷孕的經歷對準媽媽來說終生難忘。如果在她們的肚皮上畫畫，然後拍成照片，給她們留著做紀念，她們肯定很樂意。張雨瑛於是有了辭職出來創業的想法。她把自己的想法告訴孫麗娜後，孫麗娜肯定了她的想法說：「懷孕期間，誰都想留點東西做紀念。妳畫畫的水準很高，在肚皮上畫畫肯定有市場。」

張雨瑛終於辭掉待遇不錯的工作，專門在孕婦肚皮上畫畫。父親得知消息打來電話責備她說：「妳不好好工作，偏偏要在肚皮上畫畫，這簡直就是不務正業，這能賺到錢嗎？別異想天開了！妳要是嫌工作不好，爸託關係幫你找一份好工作就是了！」親戚們也打電話來勸阻張雨瑛，有的甚至毫不留情罵她腦子有問題。可倔強的張雨瑛不顧眾人反對，執意要在肚皮上畫畫。

孫麗娜深知創業的艱辛。為了□明張雨瑛，她遊說自己認識的孕婦朋友，讓她們找張雨瑛在肚皮上畫畫。張雨瑛很快做成了幾筆生意。每在肚皮上畫一幅畫，她收取的費用是一百元。透過朋友介紹，張雨瑛做成了五十多筆生意，賺了五千多元。

光靠朋友介紹，顯然很難把在肚皮上畫畫的生意繼續維持下去。張雨瑛於是在知名網站論壇上發文，介紹肚皮畫畫，還花了五百元在報紙的分類廣告欄做了個小廣告。這些小小的宣傳方式，雖然花費不多，但效果挺不錯，找張雨瑛在肚皮上畫畫的孕婦逐漸增加。

在外商上班的許小姐在網路上看到張雨瑛的貼文後，馬上加了她的聯繫方式，和她聊了起來。當張雨瑛把自己替別的孕婦畫畫的照片傳給她看後，她一下子就被迷住了，當即叫張雨瑛幫她畫畫。第二天，張雨瑛在許

第四章　發揮自身優勢，特殊技藝成攬金高手
打大肚皮主意，在大肚皮上做廣告的女孩賺了五百萬

小姐的肚皮上畫了兩個可愛的嬰兒。許女士的丈夫原本不贊成妻子在肚皮上畫畫，看到這兩個可愛的嬰兒後，他笑瞇瞇說：「我老婆懷的肯定是雙胞胎。」

徐小姐是某學校的老師，她看到廣告後請丈夫開車把張雨瑛接到她家，讓張雨瑛在她的大肚皮上畫上她和丈夫的結婚照。這樣的畫難度顯然很大，但張雨瑛還是十分認真畫。忙了三個多小時終於畫好了。只見肚皮上的畫非常逼真，跟結婚照簡直一模一樣。徐小姐和丈夫非常滿意，硬塞給了張雨瑛一千五百元，說這幅肚皮畫值這個價。

徵得徐女士的同意後，張雨瑛把她的肚皮畫照傳到自己的部落格上。上傳沒幾天，這幾張美麗的肚皮照點擊率已上萬。網友紛紛留言，讚歎這肚皮畫很有創意，畫得也很漂亮。一些準媽媽朋友還向張雨瑛要了聯繫方式，讓張雨瑛也在她們的肚皮上畫畫。遺憾的是其中一些朋友住太遠，張雨瑛只能「望洋興嘆」了。

某日，一個自稱劉先生的網友，在張雨瑛的部落格上留言，說是要跟張雨瑛合作。張雨瑛跟他聊了一下才知道，劉先生是某廣告公司的老闆。他看了張雨瑛部落格上的肚皮畫後，覺得很有創意，想與她合作，推出肚皮廣告。

張雨瑛頓時有了興趣，畢竟在肚皮上畫廣告，比單純畫畫市場要廣闊得多。經過幾次面談後，張雨瑛和劉先生簽訂了合作協定。根據協定，張雨瑛負責聯繫孕婦和在肚皮上畫廣告，劉先生負責拉來客戶，收入一人一半。

協定才簽訂沒幾天，劉先生的客戶周先生就決定投放肚皮廣告。周先生他們公司是生產童裝，他說：「肚皮廣告很新奇，在孕婦肚皮上畫上童裝廣告，肯定能引起媽媽們的關注。」廣告合約簽訂後，張雨瑛馬上聯繫孕婦，著手準備起肚皮廣告的事宜來。可聯繫孕婦並不像她想像中那麼容易。在醫院婦產科門口，她向前來檢查身體的孕婦解釋肚皮廣告時，沒有人理睬她。

讓錢自己長
你不是缺錢，只是沒種創業

後來，張雨瑛才了解到，孕婦之所以對肚皮廣告很冷漠，是因為她們感到不安全，怕對肚子裡的孩子產生不良影響。為了解這個問題，張雨瑛諮詢了某醫院的張醫生，張醫生說顏料不含有毒物質，不會對皮膚有傷害。另外，妳畫畫時用的是毛筆，筆尖非常柔軟，不會刺傷皮膚。因此，在肚皮上畫畫不會對孕婦和胎兒構成威脅。為此，張醫生還特地為張雨瑛開了一份證明。

有了張醫生的證明，張雨瑛很快就招到了八名孕婦。作為回報，每在肚皮上畫一次廣告，張雨瑛就給她們每人一千五百元的報酬。

張雨瑛終於在八名孕婦肚皮上畫上了周先生公司的產品。接著，張雨瑛讓攝影師拍下來，然後在電視上播放。廣告一播出來，就引起了人們的關注，不少觀眾打電話給周先生公司，諮詢他們的產品。這筆廣告業務，張雨瑛拿到了十萬元的分成。

接下來，張雨瑛又和劉先生合作了幾筆廣告業務，賺了不少錢。當然，在做肚皮廣告的過程中，張雨瑛也不可避免遇到過麻煩。

一次，一名余姓準媽媽，沒有告訴家人就擅自來做肚皮廣告。余小姐的丈夫和公公聞訊趕來，將張雨瑛臭□了一頓，然後不顧余小姐的反對，強行將她拉回去。

最危險的一次，是替一家奶粉公司做肚皮廣告。那天，就在張雨瑛十分認真在一個柳姓孕婦肚皮上畫廣告時，突然柳女士身體一陣抽搐。接著，她捂著肚子叫喊道：「痛死我了，我、我不行了！」張雨瑛嚇得魂飛魄散，趕緊掏出手機撥打急救電話。十幾分鐘後，救護車呼嘯趕來，將柳女士送往醫院。剛到醫院不久，柳女士就產下了一名男嬰。

事後，柳女士家人找到張雨瑛，將她臭□了一頓，並威脅張雨瑛，要她賠償五萬元，否則將起訴她。張雨瑛告訴對方，柳女士是同意她在肚皮上畫廣告，而且雙方簽訂了協議，柳女士家人看到協議後才作罷。

經過這件事後，張雨瑛應徵孕婦時更加小心了。凡是肚子特別大，臨近產期的孕婦，她一概不招。在孕婦肚皮上畫廣告前，她還先詳細詢問孕

婦最近幾天的身體狀況。如孕婦最近幾天身體有過不舒服的情況，她絕不會在對方肚皮上畫廣告。

張雨瑛替一家飲料廠做了肚皮廣告。肚皮廣告播放出來後，該廠廠長立即打來電話抱怨說：「肚皮上的廣告畫得很漂亮，可是你們為什麼不將孕婦打扮一下再拍攝呢？孕婦沒有經過打扮就直接拍攝，整體形象就大打折扣了。」對方的抱怨很有道理。張雨瑛趕緊叫停廣告，重新再畫一次。這次，在孕婦肚皮上畫完廣告後，張雨瑛叫化妝師將孕婦打扮了一番，還讓孕婦穿上統一的美麗服裝再拍攝。經過修改的肚皮廣告播放後，效果果然大不一樣，藝術性大大提高，飲料廠廠長非常滿意。

此後，每次做肚皮廣告，張雨瑛都要十分認真將孕婦們打扮漂亮才拍攝。由於肚皮廣告不斷改進，前來投放肚皮廣告的客戶越來越多，肚皮廣告日益興隆起來。

一天，一個方姓老闆問張雨瑛：「能不能在孕婦肚皮上畫廣告，然後讓她們到現場表演？」原來，方老闆新開了一家舞廳，舞廳將開業。他想讓張雨瑛找來孕婦，在她們肚皮上畫廣告，在他的舞廳開業那天，讓孕婦到現場表演。

張雨瑛沒有當場接下這筆業務，因為她擔心，孕婦在台上走動會影響到胎兒，這可是關係到生命安全的事，得慎重才行。事後，張雨瑛特地再次去諮詢了張醫生，張醫生說：「適當走動不但不會危及胎兒發育，反而有助於胎兒和孕婦的身體健康。」聽了張醫生的答覆，張雨瑛這才打電話給方老闆，大膽接下了這筆生意。

方老闆的舞廳開業這天，張雨瑛帶著十名肚皮上有畫的孕婦，在方老闆舞廳前的舞台上，裸露著肚皮，緩慢擺出各種造型。台下聚集了一大堆圍觀的人，人們都被這奇特的表演給吸引住了。一名報社記者見狀還拍了照片。第二天，報紙刊登出孕婦廣告的報導，方老闆的舞廳相當於免費再次做了廣告，效果非常好。

受這件事的啟發，張雨瑛向劉先生提議成立一支孕婦表演隊，專門為

剛開業的商家做宣傳。開業的那天在孕婦肚皮上畫廣告，然後讓她們到現場表演，劉先生採納了張雨瑛的建議。

孕婦表演隊一推出就受到了廣告客戶的歡迎，前來諮詢的客戶很多，不少客戶還當場簽訂了合約。

張雨瑛領了二十名孕婦，為一家紙尿褲生產公司宣傳。當這二十名孕婦，裸露著畫有該紙尿褲廣告的肚皮，在台上以時裝表演的步伐走動時，立即吸引來大批觀眾。其中不少是剛生了小孩的新媽媽。她們在欣賞表演的同時，也購買了該公司的產品。該公司的企劃經理感歎說：「以前做促銷，絞盡腦汁採取了很多方法，效果都不大理想，問津者寥寥無幾。想不到在孕婦肚皮上做廣告竟有如此好的效果。」

隨著肚皮廣告越來越搶手，張雨瑛對孕婦的需求量也越來越大。接了廣告卻無法找到孕婦的情況時有發生。為了解決這個問題，她乾脆在報紙上發布應徵孕婦的廣告。由於張雨瑛給的報酬很高，孕婦看到廣告後，紛紛打電話來報名，找孕婦難的問題一下子就解決了。

以前，在孕婦肚皮上畫廣告都是由張雨瑛一個人來完成。肚皮廣告業務量增大後，她一個人根本忙不過來。於是，她到大學校園以時薪兩百五十元的報酬，應徵了五名美術系的大學生，讓他們在孕婦肚皮上畫畫，張雨瑛負責監督和潤色修改。

為了使孕婦廣告做出特色，張雨瑛還請來舞蹈老師，教孕婦表演各種優美的動作。有時，她甚至還應客戶的要求讓孕婦表演各種情景劇。

眼看肚皮廣告越來越搶手，張雨瑛覺得自己的付出與得到不成比例，於是她果斷終止了與劉先生的合作，自己創業。然而，由於劉先生早已熟悉了肚皮廣告的製作流程，加上劉先生公司實力較雄厚，很多顧客都選擇與劉先生合作。張雨瑛創業後，業績並不理想。

一天，張雨瑛到商場買衣服時，看到一個挺著大肚皮的男人問銷售員：「有沒有特大號的襯衫？」看著那名男子像孕婦般的肚皮，張雨瑛感到好笑的同時突然來了靈感，一些胖男人的肚皮簡直和孕婦一模一樣，在他們肚

皮上也可以做廣告呀！而且，與在孕婦肚皮上做廣告相比，在胖男人的大肚皮上做廣告安全多了。

張雨瑛趕緊打廣告，應徵了二十名大肚皮的男人，與他們簽訂合作協定。此項業務一推出，立即吸引來了很多客戶。

張雨瑛爲一家服裝公司做肚皮廣告。她在這二十名胖子的大肚皮上畫上廣告後，帶著他們到廣場表演。只見這二十名胖子裸露著畫有那家服裝公司廣告的大肚子，扭動著肥胖的身子，表演各種滑稽的動作。他們的表演很快吸引來大批觀眾，人們都被他們的表演逗得哈哈大笑。隨後，張雨瑛把他們的表演拍攝下來，再投放到電視等廣告媒介上，收到了良好的效果。

增加了男人大肚皮廣告後，張雨瑛很快將競爭對手劉先生甩開。張雨瑛在肚皮上做廣告已經賺了五百多萬元。由孕婦肚皮到肥胖男人的大肚皮，張雨瑛劍走偏鋒，從險要處走出了一條與眾不同的道路。她的成功告訴我們，要善於從人們喜歡的人或事中發現商機。因爲凡是人們喜歡的人或事，它們本身就有賣點。

無本商機，另類思維賺大錢：
讓錢自己長！你不是缺錢，只是沒種創業

作　　　者：陳亞輝		**國家圖書館出版品預行編目資料**
發　行　人：黃振庭		
出　版　者：沐燁文化事業有限公司		無本商機，另類思維賺大錢：讓錢
發　行　者：沐燁文化事業有限公司		自己長！你不是缺錢，只是沒種創
E - m a i l：sonbookservice@gmail.com		業 / 陳亞輝 著 . -- 第一版 . -- 臺北市
粉　絲　頁：https://www.facebook.com/sonbookss/		：沐燁文化事業有限公司，2024.10
網　　　址：https://sonbook.net/		面；　公分
地　　　址：台北市中正區重慶南路一段 61 號 8 樓		POD 版
		ISBN 978-626-7557-57-0(平裝)
8F., No.61, Sec. 1, Chongqing S. Rd., Zhongzheng Dist., Taipei City 100, Taiwan		1.CST: 創業 2.CST: 職場成功法
		494.1　　　　　113015254

電　　　話：(02)2370-3310
傳　　　真：(02)2388-1990
印　　　刷：京峯數位服務有限公司
律師顧問：廣華律師事務所 張珮琦律師

-版權聲明

原著書名《財富灵感》。本作品中文繁體字版由清華大學出版社有限公司授權台灣崧博出版事業有限公司出版發行。
未經書面許可，不可複製、發行。

定　　　價：350 元
發行日期：2024 年 10 月第一版
◎本書以 POD 印製

電子書購買

爽讀 APP

臉書